21世纪高等学校计算机规划教材

21st Century University Planned Textbooks of Computer Science

面向对象技术及UML教程

Object-Oriented Technology and UML

李磊 王养廷 主编

杜启军 副主编

人民邮电出版社

北京

图书在版编目（C I P）数据

面向对象技术及UML教程 / 李磊，王养廷主编. --
北京 : 人民邮电出版社，2010.5(2022.12重印)
21世纪高等学校计算机规划教材
ISBN 978-7-115-22425-5

Ⅰ. ①面… Ⅱ. ①李… ②王… Ⅲ. ①面向对象语言
，UML－程序设计－高等学校－教材 Ⅳ. ①TP312

中国版本图书馆CIP数据核字(2010)第042496号

内 容 提 要

本书主要包括 3 部分内容：面向对象编程的基本知识、UML 介绍和 UML 工具的介绍，其中详细讲解了 UML 的主要模型图的图符、含义和应用。主要内容包括用例图、顺序图和协作图、类图和对象图、包图、状态图和协作图、构件图和 UML 部署图。在讲述 UML 各种模型图时，不仅介绍图符的用法和含义，还着重介绍这些模型图的应用。另外，本书还以 Rational Rose 为例简要介绍了如何使用 UML 工具进行 UML 主要模型图的绘制，以及如何利用 Rational Rose 进行模型到代码、代码到模型的双向工程。

本书在内容组织和安排上强调实用性，书中介绍了面向对象的概念、面向对象实现技术以及相关的软件开发过程，最后给出一个实例详细介绍如何在实际项目中应用 UML 进行面向对象分析和设计。

本书内容浅显易懂，适合作为高等院校相关专业的 UML 教材，也可以作为计算机行业从业人员学习 UML 的参考书。

21 世纪高等学校计算机规划教材
面向对象技术及 UML 教程

◆ 主　　编　李　磊　王养廷
　副 主 编　杜启军
　责任编辑　刘　博
◆ 人民邮电出版社出版发行　　北京市丰台区成寿寺路 11 号
　邮编　100164　　电子邮件　315@ptpress.com.cn
　网址　http://www.ptpress.com.cn
　固安县铭成印刷有限公司印刷
◆ 开本：787×1092　1/16
　印张：12.25　　　　　　　2010 年 5 月第 1 版
　字数：312 千字　　　　　　2022 年 12 月河北第 13 次印刷

ISBN 978-7-115-22425-5

定价：22.00 元

读者服务热线：(010)81055256　印装质量热线：(010)81055316
反盗版热线：(010)81055315

出版者的话

现今社会对人才的基本要求之一就是应用计算机的能力。在高等学校，培养学生应用计算机的能力，主要是通过计算机课程的改革，即计算机教学分层、分类规划与实施；密切联系实际，恰当体现与各专业其他课程配合；教学必须以市场需求为导向，目的是培养高素质创新型人才。

人民邮电出版社经过对教学改革新形势充分的调查研究，依据目前比较成熟的教学大纲，组织国内优秀的有丰富教学经验的教师编写了一套体现教学改革最新形势的“21 世纪高等学校计算机规划教材——高校系列”。在本套教材的出版过程中，我社多次召开教材研讨会，广泛听取了一线教师的意见，也邀请众多专家对大纲和书稿做了认真的审读与研讨。本套教材具有以下特点。

1. 覆盖面广，突出教改特色

本套教材主要面向普通高等学校（包括计算机专业和非计算机专业），是在经过大量充分调研的基础上开发的计算机系列教材，涉及计算机教育领域中的所有课程（包括专业核心骨干课程与选修课程），适应了目前经济、社会对计算机教育的新要求、新动向，尤其适合于各专业计算机教学改革的特点特色。

2. 注重整体性、系统性

针对各专业的特点，同一门课程规划了组织结构与内容不同的几本教材，以适应不同教学需求，即分别满足不同层次计算机专业与非计算机专业（如工、理、管、文等）的课程安排。同时本套教材注重整体性策划，在教材内容的选择上避免重叠与交叉，内容系统完整。学校可根据教学计划从中选择教材的各种组合，使其适合本校的教学特点。

3. 侧重培养应用能力

目前社会对人才的需要更侧重于其应用能力，包括须具备扎实的计算机基础理论、良好的综合素质和实践能力。本套教材注意通过实践教学与实例教学培养解决实际问题的能力和知识综合运用的能力。

4. 教学经验丰富的作者队伍

高等学校在计算机教学和教材改革上已经做了大量的工作，很多教师在计算机教育与科研方面积累了相当多的宝贵经验。本套教材均由有丰富教学经验的教师编写，并将这些宝贵经验渗透到教材中，使教材独具特色。

5. 配套资源完善

所有教材均配有 PPT 电子教案，部分教材配有实践教程、题库、教师手册、学习指南、习题解答、程序源代码、演示软件和素材等，以方便教与学。

我社致力于优秀教材的出版，恳切希望老师们在使用的过程中，将发现的问题及时反馈给我们，以便再版时修改。

前　言

统一建模语言（Unified Modeling Language，UML）汇集和融合了著名的面向对象技术专家 Grady Booch、James Rumbaugh 和 IvarJacobson 的研究成果。它是一种简洁的、统一的可视化建模语言。UML 是一种定义良好、易于表达、功能强大且适用于各种应用领域的建模语言，已被 OMG 采纳为标准，目前 UML 已成为面向对象技术领域内占主导地位的标准建模语言。

对于系统的使用者，开发人员可以用 UML 来表达系统的功能，让使用者了解系统能够提供的功能和价值。对于系统分析师，他们可以使用 UML 作为系统架构设计的工具。对于软件工程师，他们可以利用 UML 进行构件和类的设计，描述系统中对象之间的动态交互。对于系统的管理者，他们也可以使用 UML 来刻画系统中硬件或是软件构件的部署与配置情形。

本书以面向对象程序设计、UML 基础知识和实际应用为主，由浅入深地向读者介绍了面向对象编程的基础知识、UML 的基础知识以及如何在实际项目中应用 UML 技术，并且以 Rational Rose 为例介绍了如何使用 UML 工具。

本书共分为 13 章，第 1 章主要讲解了面向对象的基础知识；第 2 章主要介绍了 RUP（统一软件过程），RUP 是目前的软件过程中与 UML 结合最好的过程；第 3 章简要介绍了 UML 的基础内容，包括 UML 的概念、UML 的发展历史、UML 的主要内容，以及 UML 2.0 中的新内容；第 4 章主要介绍了 UML 的工具，并以 Rational Rose 工具为例，讲解了如何绘制 UML 的各种关系图，以及如何使用 Rose 的双向工程；第 5 章到第 11 章详细介绍了 UML 的用例图、顺序图、协作图、类图、对象图、包图、状态图、活动图、构件图和部署图，包括 10 种模型图的含义、使用的图符以及如何在实际应用中使用这 10 种模型图；第 12 章介绍了面向对象的实现技术，包括面向对象语言的介绍、面向对象类和接口的设计，以及面向对象的基本编程规范；第 13 章以一个具体的实例“打击游戏”为例，将该实例作为一个软件项目，参照软件公司的项目组织和开发方式，应用 UML 完成项目的需求分析、设计实现、集成和测试的过程，帮助读者学会如何使用 UML 进行实际软件项目的开发。

本书既可以作为高等院校计算机专业的学生学习 UML 或面向对象程序设计的基础教材，也可作为从事计算机行业的技术人员学习 UML 的参考书。

本书由李磊、王养廷和杜启军共同编写，其中第 4 章、第 5 章、第 6 章、第 7 章、第 8 章、第 9 章由李磊编写，第 1 章、第 2 章、第 12 章、第 13 章由王养廷编写，第 3 章、第 10 章、第 11 章由杜启军编写。

由于作者的水平有限，书中难免存在错误之处，恳请广大读者批评指正。如果读者有问题，请发送电子邮件到 cd_sywe@sohu.com，编者将及时给您答复。

编　者

2010 年 1 月

目　录

第1章 面向对象技术概述

面向对象（Object-Oriented）不仅是一些具体的软件开发技术与策略，而且是一整套关于如何看待软件系统与现实世界的关系，用什么观点来研究问题并进行求解，以及如何进行系统构造的软件方法学。本章先来了解一下面向对象技术的基本知识和基本概念，为后面介绍面向对象分析和设计建模语言（UML）做好铺垫。面向对象程序设计方法已经被大家广泛接受，成为当前最流行的程序设计方法。对于程序设计的初学者，经常会遇到的问题是：为什么要使用面向对象的程序设计方法？接下来的问题是：当遇到一个实际问题时，如何进行面向对象的分析、设计和实现？本章首先回答第一个问题，在以后的章节中，结合 UML 详细讲解第二个问题。

1.1 面向对象方法学

面向对象是一个常用的词，大家经常说起，也经常看到。那么什么是面向对象呢？这里从两个层次来介绍这个概念：第一个层次就是面向对象思想；第二个层次是面向对象程序设计语言。

严格意义上说，面向对象思想与程序设计无关，它是人们对自然世界的一种认识，把世界中的所有事物都看作是对象，每个对象既是独立的，同时这些对象又是相互联系的。把这种思想应用到软件开发上，开发人员可以把需要解决的问题看成是多个独立的，同时又相互联系的对象组成的一个系统，这样有助于开发人员更深入地理解问题本身。

现在绝大多数的程序设计语言和开发环境都声称自己是面向对象的，那么什么是面向对象程序设计语言呢？主要看这个语言定义的类型是否都支持对象的声明，以及这个语言对对象的封装、继承和多态的支持程度。不同的语言面向对象的程度不同，如 Java 语言比 C++ 语言的面向对象程度高。原因是 Java 语言对基本的数据类型进行了对象封装，这样使用 Java 语言开发的程序，所有的变量都可以是对象。

面向对象分析设计方法是指如何把现实世界的问题经过转换，可以用面向对象程序设计语言实现。也就是常说的面向对象分析和面向对象设计。

1.1.1 面向对象方法学概述

程序设计的目的是设计出可以使用的软件系统。为了设计出高质量的软件系统就需要研究程序设计中涉及的基本概念、描述工具和所采用的方法。至今为止，常见的有结构化程序设计方法和面向对象程序设计方法。

早期的计算机软件由于规模小、复杂度低，主要由单个的程序员来完成软件的开发。随着高级语言的出现，人们希望计算机可以完成更复杂的工作，这就要求编写规模更大、复杂度更高的软件。随着软件复杂程度的提高，软件的开发和维护费用也不断地在提高，人们需要更加有效的软件开发方法，因此提出了结构化程序设计方法的概念，出现了一批支持结构化方法的程序设计语言，如 Pascal、C、Ada 等。结构化程序设计方法主要特点是：自顶向下、逐步求精；模块化；语句结构化。简单地说，利用结构化程序设计方法实现程序设计需要经过两个基本过程：分解和组装。

随着软件规模的进一步增加，结构化的程序设计方法的弱点也就暴露出来了，采用结构化程序设计方法分析问题主要是从计算机实现的角度来考虑问题，面对复杂问题时，不利于理清问题本身。因此对问题的抽象程度比较低，程序的重用性和扩展性比较低。在这种情况下面向对象程序设计方法应运而生。

面向对象程序设计方法包括面向对象分析、面向对象设计和使用面向对象程序设计语言的实现，还可以包括面向对象的测试。采用面向对象方法进行分析时，所分析的问题都使用对象来描述，对象之间通过消息进行联系。对象经过抽象变成一个一个的类。下面通过一个例子来说明面向对象程序设计与结构化程序设计的区别。

例如有一个文本文件 Test.txt，现在要求把文本文件中所有的小写字母变成大写字母，结果还保存在 Text.txt 文件中。

首先采用结构化程序设计方法进行分析和设计。结构化程序设计需要先分析程序要完成的主要工作，接下来分析程序需要的数据结构。

程序要完成的工作有：

- 把文件 Test.txt 中的内容读入内存。
- 对文件中的内容进行检查，如果发现小写字母进行转换。
- 把转换后的结果保存到文件中。

程序中用到的数据结构分析如下。

为了能够方便进行检查和处理，需要开辟一个缓冲区来存放从文件中读入的数据。根据每次从文件中读入数据大小的不同，需要开设的缓冲区大小也不相同。如果每次从文件中读入一个字符进行处理和保存，这时候只需要一个存储单元；如果每次从文件中读入一行，这时就需要一个大一点的缓冲区了。

通过上面的分析可以看出，这个软件包括 3 个部分：读入数据，处理数据，保存数据。再加上一个总控模块。程序的模块结构图如图 1.1 所示。

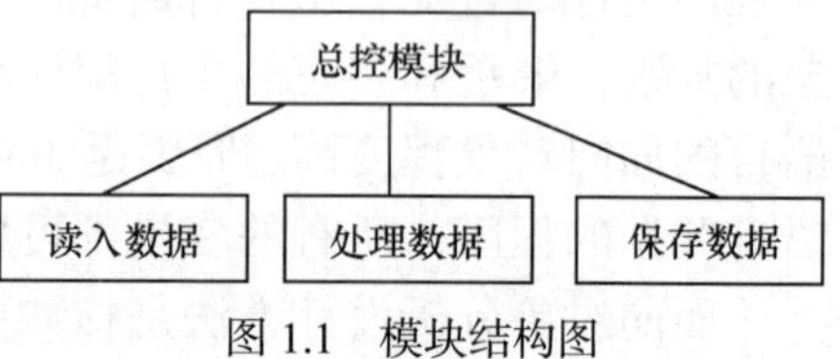

图 1.1　模块结构图

如果采用面向对象分析方法来分析这个例子，则首先会找出一个一个的对象，然后再找出这些对象之间的联系。

首先找出系统中那些可能的类，从问题描述中可以看出，这个例子是要处理一个文本文件；一般的面向对象语言都会提供一个文件类，用于基本的文件操作。这样我们就找到了两个类：

- TextFile：要处理的文本文件类。
- File：系统提供的标准文件处理类（不同的系统名字不同）。

接下来看一下这两个类的关系，第一个类 TextFile 继承了第二个类 File，并对第一个类进行了扩充，支持文本文件的操作。两个类的类间关系如图 1.2 所示。

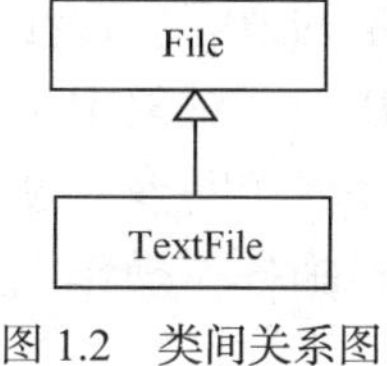

图 1.2　类间关系图

从上面的例子可以看出，面向对象程序设计方法从分析问题的角度和分析设计的方法上与结构化程序设计都是不一样的。如何进行面向对象的分析和设计，本书将在后面章节中进行详细介绍。

1.1.2　面向对象方法学的基本特征

面向对象程序设计的基本特征包括了封装、继承和多态，对象之间是通过消息相互作用的。下面对这些特征进行介绍。

1．抽象

抽象是解决实际问题经常采用的策略，也是人类认识世界的本能方式。所谓抽象是指从许多事物中，舍弃个别的、非本质的属性，抽取出共同的、本质的属性的过程，它是形成概念的必要手段。

交通图就是应用抽象的一个很好范例。在人们驾车外出旅行时，需要一张交通路线图。在这张图上，有道路、河流、山脉、旅游景区、快餐店、加油站等各种标志，它们都是对实际景观抽象的结果。这些标志只能说明某个地理位置有一条道路、一条河流、一座加油站等，而并没有反映出某一座特定的加油站的特征。实际上，每一个加油站在其建筑、占用面积、人员管理等诸多方面都有所不同，但所有这些加油站都是用来为汽车加油的，这是所有加油站的共同特征。对于所有的出行人来说只要知道有一个能够加油的地方就可以了，并不需要知道这个加油站的人员、规模等信息。

数据抽象是一种更高级别的抽象方法。它将现实世界中存在的事物作为抽象单元，其抽象内容既包括事物的属性特征，也包括行为特征。数据抽象是面向对象程序设计所采用的核心方法，通过数据抽象得到现实世界的一个一个的事物，这些事物就是一个一个的对象。

例如，现实世界中一个学校有许多学生，在抽象过程中每个学生可以用学号、姓名、性别、年龄、家庭住址等信息进行描述；同时每个学生还可以有注册学籍、选修课程等行为。通过这些从每个学生身上抽象出的信息和行为，可以任意描述出该学校每一个现实世界中的学生。

2．封装

封装是指将现实世界中某个事物的属性与行为聚集在一个逻辑单元内部的机制。封装指将对象属性和操作结合在一起，构成一个独立的对象。它的内部信息是隐藏的，不允许外界直接存取对象的属性，而只能通过指定的接口与对象联系。

实际上，封装并不是新的概念，在日常生活中，处处可以看到封装机制的应用。例如，一台日常的电视机由许多电器元件组成，每一个电器元件都有一定的性能指标，完成一定的功能。但是在使用电视机时，用户不需要了解这些电器元件的功能，只需要操作电视机前面面板上提供的按钮来实现换台、调节音量等功能。这就是封装，用户只需要操作电视机提供的按钮，而不需要了解内部每个电器元件的工作原理与工作过程。

在面向对象的程序设计中，封装是指将对象的属性和行为分别用数据结构和方法描述，并将它们绑定在一起形成一个可供访问的基本逻辑单元。用户对数据结构的访问只能通过提供的方法实施。例如，一个学生的基本信息可能有学号、姓名、性别、出生年月、家庭住址等，对这些属性的操作行为主要应该包括：获取这些属性的当前值，将这些属性设定为某个给定的值等。现在，将描述这些属性的数据结构和为了对它们实施各种操作而设计的方法封装在一个对象中，并将其中的数据结构隐藏起来，不允许外界直接访问，而将其中的方法作为外界访问该对象属性的用户接口对外开放。这样一来，其他对象只能通过这些方法对该对象实施各项操作。显而易见，封装是实现数据隐藏的有效手段，是一种很好的管理数据与操作行为的机制，它可以保证数据结构的安全性，提高应用系统的可维护性和可移植性。

3. 消息传递

消息是指对象之间在交互中所传递的通信信息。简单地说，消息是一个对象要求另一个对象实施某项操作的请求。在一条消息中，需要包含消息的接收者和要求接收者执行哪项操作的请求，但并没有说明应该怎样做。具体的操作过程由接收者自行决定，这样可以很好地保证系统的封装性。

消息传递是对象之间相互联系的唯一途径。发送者发送消息，接收者接收该消息，并通过调用相应的方法响应该消息。

这个过程被不断地重复，使得整个应用程序在人的有效控制下运转，最终得到相应的结果。可以说，消息是驱动面向对象程序运转的源泉。

4. 继承

继承是类之间的一种常见关系。这种关系为共享数据和操作提供了一种良好的机制。通过继承，一个类的定义可以基于另外一个已经存在的类，分别将它们称为“子类”和“父类”，“父类”又称为“基类”。子类可以继承父类的全部内容，并在此基础上，对父类表述的内容加以扩展或覆盖。

根据继承关系的特性，可以将继承分为下面两种主要形式。

- 直接继承和间接继承。如果类 C 的定义直接派生于类 B，则称 C 直接继承于 B，且 B 是 C 的直接父类。如果类 C 直接继承于 B，类 B 直接继承于类 A，则称 C 间接继承于 A，A 为 C 的间接父类。间接继承体现了继承关系的可传递性。
- 单继承和多继承。如果一个类只有一个直接父类，则该继承关系被称为单继承；如果一个类有多于一个以上的父类，则该继承关系被称为多继承。Java 语言只支持单继承，不支持多继承。

继承机制是实现程序代码重用的基石，是提高软件系统的可扩展性和可维护性的主要途径。所谓继承是指一个类的定义可以基于另外一个已经存在的类，即子类基于父类，从而实现父类代码的重用。

在定义子类时，子类从父类继承了父类所有的属性和方法，并根据自己的需要添加新的属性和方法。例如已有一个父类：

类名：Person 主要属性：name、age、sex 主要方法：born()、died()

定义一个新的类 Student 是类 Person 的子类，并定义了新的属性和方法如下：

类名：Student 主要属性：major、department 主要方法：register()

这时新定义的子类中有 5 个属性：name、age、sex、major、department；3 个方法：born()、died()、register()。

父类与子类相比，涵盖了更加共性的内容，更具有一般性；而子类所添加的内容更具有个性，是一般性之外的特殊内容。因此这种类的继承关系充分地反映了类之间的“一般—特殊”关系。类的继承具有传递性，即子类还可以再派生子类，最终形成一个类层次结构。位于上层的父类概念更加抽象，位于下层的子类概念更加具体。所以说，从下往上看，是逐步抽象的过程；从上往下看，是逐步细化的过程。实际上，解决问题的过程就是不断抽象和细化的过程。

父类可以派生子类，子类又可以派生他自己的子类，如此下去就形成了一棵或多棵类树。一般的面向对象语言开发环境都会提供一个以层次安排的类组成的类库，这些类可以完成程序设计语言中最常用和最基本的功能，方便开发者使用，同时开发者也可以直接从类库中的类派生自己需要的类。

5. 多态

当对象收到消息时要予以响应。不同的类对象收到同一个消息可以产生完全不同的响应效果，这种现象叫做多态。利用多态机制，用户可以发送一个通用的消息，而实现的细节由接收对象自行决定，这样，同一个消息可能会导致调用不同的方法。

实际上，多态概念的应用相当广泛。例如，在定义一个父类“几何图形”时，为其定义了一个绘图操作。当“几何图形”的子类“正方形”和“三角形”都继承了“几何图形”类的绘图操作时，该操作根据不同的类对象，将执行不同的操作，在“正方形”类对象调用绘图操作时，该操作将绘制一个正方形。而当“三角形”类对象调用绘图操作时，该操作将绘制一个三角形。这样当系统请求绘制一个几何图形时，同样的“绘图”操作消息因为接收消息的对象不同，将执行不同的操作。

在面向对象程序设计中，多态性依托于继承性。利用类的继承机制可以形成一个类的层次结构，把具有通用功能的消息放在较高层次，而具体的实现放在较低层次，在这些较低层次上生成的对象能够对通用消息作出不同的响应。多态性是面向对象程序设计的精髓之一，它可以增加应用程序的可扩展性、自然性和可维护性。

上面阐述了面向对象的几个主要的特性：抽象性、封装性、消息传递、继承性和多态性。深入理解这几个特性是掌握面向对象程序设计方法的关键。

类的继承性使得在定义新类时，开发人员可以充分利用已存在的类，即将新类作为子类，已存在的类作为父类，形成子类继承父类的结构，从而实现父类代码的重用，提高软件开发的效率。而且还可以在子类与父类之间利用多态性增加系统的灵活性、理解性和扩展性。

对于同一个消息，不同类的对象可以作出不同反应的现象被称为多态性。多态性是指不同类的对象调用同一个方法，却执行不同的代码段的现象。在程序设计阶段，它指的是一个给定类型的变量可以引用不同类型的对象，并且能够自动地调用变量所引用的对象类型的特定成员方法，这就使得针对某个成员方法的调用，将根据应用这个调用的对象类型得到不同的操作行为。

例如，在 Java 语言程序中，实现这种处理机制的方法是利用指向父类对象的引用可以指向其子类对象的特征，使用该引用调用成员方法，并根据该父类引用所指的当前对象类型，确定调用哪个成员方法。由于直到程序执行时才会得知该父类引用所指对象的类型，因此选择执行哪一个成员方法，只有在程序执行时才能够动态的确定，而在程序编译时不能确定，这种连接机制称为动态联编。

可以看出，若要实现多态性，需要具备下面两个条件。

第一，多态性作用于子类，它是依赖于类层次结构中的一项新功能。在面向对象语言中，需要提供一个指向父类对象的引用或指针，用来指向它的任何子类对象的能力，这是实现多态性的先决条件。因此需要先定义一个指向父类的引用或指针，然后根据需要在程序的运行过程中让它引用或指向其子类的对象，并根据当前引用或指向的对象类型调用相应的成员方法。

第二，若得到多态性的操作，相应的方法必须同时包含在父类和子类中，且对应的方法的定义完全一样，子类中该方法的访问属性不能严于父类中该方法的访问属性。

多态机制是建立在继承机制的基础上的，它是面向对象程序设计语言的精华，恰当使用多态特征可以设计出灵活性高、使用范围广的程序。

1.2 面向对象的类和对象

面向对象最基本的两个概念就是类和对象，前面介绍了对象可以从 3 个层面来理解，同样类这个概念也可以从两个层面上来理解，一个是面向对象方法，一个是面向对象程序设计语言。面向对象方法中的类可以指一类事物，而对象既可以指一类事物也可以指某个具体的事物。在这个层面上这两个概念有一定的区别，但有时也可以通用。在面向对象程序设计语言层面上来说，可以把类看成是一个数据类型，如整型这样的数据类型，而对象则是该数据类型的一个变量。

对象是现实世界中事物的抽象，用来描述现实世界中的每一个事物，如现实世界中的一个人、一位教师和一名学生都是一个一个的对象。在面向对象分析中，开发人员根据需要开发的系统，了解现实世界中该问题领域中的每个实际的事物，这些事物被描述成一个个对象。例如，要开发一个学生成绩管理系统，来管理一个学校的学生成绩。这样开发人员需要先了解实际的学生成绩如何管理，学生成绩管理中涉及学生、教师、成绩和课程等领域的事物，这些事物就是一个一个的对象。

在系统实现时选择具体的程序设计语言或开发环境，每个对象映射成一组状态和多个操作方法。这些状态描述了每一个对象的具体特征，其他对象可以请求这个对象操作方法来改变对象的状态。

类是指一类事物的集合。它是对现实世界一类事物抽象的结果，其主要包含对一类事物属性及作用在这些属性上的行为的描述。在编写程序时，首先要对描述各类事物的类进行定义。在实际的程序设计中，可以简单地认为类是一种类型。在面向对象设计时主要对类的外部接口进行设计，在类的实现时完成一个类的属性和方法的描述。这个类的对象可以通过接口与其他对象进行通信，其他对象只能通过接口来访问该对象，从而实现类的信息封装。

在编程实现时，程序是由有限个对象构成的，对象是程序操作的基本单位。所谓程序运行，就是对象之间不断地发送消息及响应消息的过程。因此，定义类之后，需要通过对类实例化来构造对象。在 Java 语言中，对象属于引用型变量，需要经历声明、创建、初始化、使用和清除几个阶段。

1.3　面向对象程序设计语言

面向对象程序设计方法需要能够描述面向对象的程序设计语言支持，否则这种设计方法只能是纸上谈兵。目前，随着面向对象程序设计方法的日趋成熟，支持面向对象的语言也逐渐丰富起来。下面简要介绍面向对象程序设计语言的特征以及几种有代表性的面向对象的程序设计语言。

所谓面向对象的程序设计语言（Object-Oriented Programming Language，OOPL）是指提供描述面向对象方法所涉及的类、对象、继承和多态等基本概念的程序设计语言，具体地讲，它应该支持面向对象的主要特性。至今为止，出现过很多种面向对象的程序设计语言，但比较知名且具有代表性的面向对象程序设计语言主要有以下几种：Simula67、Smalltalk、Eiffel、C++、Java。下面就这几种语言的特点作简要介绍。

1. Simula67 语言

Simula 语言于 1967 年发布，因此又被称为 Simula67。Simula67 的前身是 Simula1，最初的设计目的是用于模拟离散事件。随着不断地改进和完善，发展到 Simula67 时已经演变为一种通用的程序设计语言，而模拟离散事件只是它的一个应用领域。Simula 的基础是 ALGOL60（在 20 世纪 60 年代非常流行的结构化程序设计语言）。它沿用了 ALGOL60 的数据结构和控制结构，并引入了对象、类和继承等概念。

Simula 语言主要特点如下。

- 具有主程序的概念。它同 ALGOL60 一样，可执行程序由一个主程序和若干个分程序构成，可以部分地支持类的分别编译。
- 支持嵌套定义，特别是允许类被嵌套定义。
- Simula 中的类不同于数据类型，它是一组对象模板。程序可以直接存取对象的数据结构，因此 Simula 的对象并没有完全实现数据抽象。
- 引入了虚拟子程序的概念。所谓虚拟子程序是指在定义子程序时不指明参数，而在子类中定义，这样可以使得每个子类定义的参数格式不同，从而提高程序设计的灵活性。
- 支持部分的多态性。在 Simula 程序中，如果说明 a 是 classA 类的对象引用，则可以用 a 指向 classA 类或 classA 类的子类对象。如果 b 是 classA 类的子类 classB 的对象引用，则赋值 a:=b 是合法的；但 b:=a 只有在 a 实际指向 classB 类或 classB 类的子类对象时才合法。前者将在编译时检查，后者则在运行时检查。
- Simula 除了虚拟子程序应用动态联编外，一般都采用静态编译。虽然 Simula 也提供了一些用于强制性动态联编的命令，但都存在一些弊病。

2. Smalltalk 语言

Smalltalk 是第一个真正的面向对象的程序设计语言。1972 年由美国 Xerox 公司研究中心（PARC）所属的一个软件概念小组（Software Concepts Group）经过数年的努力，在 Flex 系统的基础上研制成功。后经不断地构思、试验和改进，陆续推出若干个版本，其中在 1981 年推出的 Smalltalk80 最具有影响力，成为面向对象程序设计语言发展史上的里程碑。

Smalltalk 有 5 个核心概念：对象、类、实例、消息和方法。对象是面向对象系统的唯一元素。在它的内部，包含了一些用来描述实体属性状态的私有变量和实现各种操作的方法。

类描述了一组性质相似的对象，类的每个对象被称为该类的一个实例。消息是发送者要求接收者为之实施某项操作的命令请求，接收者通过调用相应的方法响应消息。方法描述了操作的实现细节。

继承性是 Smalltalk 的特色。所谓继承是指子类可以调用父类的全部属性和操作，整个系统的数据是通过子类机制组成树形结构。这种机制为信息共享提供了有效的技术支持。Smalltalk 的基本语法结构是表达式。表达式是一个字符序列，所描述的对象被称为表达式的值。

在 Smalltalk 中，建立程序就是根据类创建对象，执行程序就是不断地向对象发送消息。Smalltalk 的主要特点是：信息表示与信息处理高度一致；属于弱类型语言；具有比较完善的抽象机制；语言融合于环境之中。

3. Eiffel 语言

Eiffel 是继 Smalltalk80 之后的另一种纯面向对象的程序设计语言。它是由 OOP 领域中的著名专家 B.Meyer 等人于 1985 年在美国交互软件公司（Interactive Software Engineering Inc）设计的。它支持对象、类、方法、实例、消息、继承和动态联编等面向对象的基本概念，特别是支持多继承。就这点而言，Eiffel 是众多面向对象的程序设计语言的先驱。Eiffel 的主要特点是支持全面的静态类型化，拥有大量的软件开发工具。

静态类型化使得 Eiffel 能够保证在运行时发往对象的消息都可以被对象识别，动态联编则可以保证一条消息所请求执行的方法被动态的确定。

Eiffel 在许多方面克服了 Smalltalk80 存在的缺陷，借鉴了混合式面向对象的程序设计语言所采用的策略，又发展了独具特色的机制，因此，在面向对象程序设计领域中有较高的地位，也颇为引人注目。在 20 世纪 90 年代初期，用 Eiffel 开发的产品数目曾经一度仅次于 C++，名列第二。

4. C++语言

C++是一种十分流行的面向对象的程序设计语言。C++语言最先由 AT&T 公司 Bell 实验室计算机科学研究中心的 B.Stroustrup 在 20 世纪 80 年代初设计并实现。它以 C 语言为基础，增加了对数据抽象的支持，并具有面向对象的特征。

C++是对 C 语言的扩充，扩充的绝大部分内容借鉴于其他著名程序设计语言中的精华特性。例如，从 Simula67 中吸取了类，从 ALGOL60 中吸取了引用和在分程序中声明变量，综合了 Ada 的类属、抽象类和异常处理等。

一方面，C++保持了 C 语言的紧凑、灵活、高效和易于移植的优点，它对数据抽象的支持主要体现在类的机制，对面向对象的编程风范主要体现在虚拟函数。由于 C++既有数据抽象和面向对象的能力，又比其他面向对象语言的运行性能好。另一方面，加之 C 语言普及率非常高，从 C 语言过渡至 C++较为平滑，C++与 C 语言的兼容性好，使得大批 C 语言程序可以方便地在 C++环境下重用，因此 C++受到了广大软件开发人员的青睐，很快成为面向对象的主流语言。

5. Java 语言

为了保证 C 语言与 C++环境的极大兼容性，维护用户使用 C 语言的习惯，C++语言实际上既可以作为支持结构化程序设计的语言，又可以作为支持面向对象程序设计的语言使用，而 Java 语言则是一种完全的面向对象的程序设计语言。它由 SUN MicroSystem 公司于 1995 年 5 月正式发布，其简捷易学、面向对象、适用于网络分布环境、解释执行、支持多线程、具有一定的安全和健壮性等一系列特性深受人们关注。

最初开发 Java 语言是为了编写家用电器的控制程序。它采用了面向对象的基本原理，但又避免涉及运算符重载、多继承等复杂概念。Java 是一种解释执行的语言，并且它的解释程序及对类的支持大约只需要 40KB 的容量，加上标准类库和线程的支持也只有 215KB 左右，因此系统开销很小，适用于小型的信息处理环境。又因为它具有自动回收废弃空间的功能，所以简化了程序的内存管理。

Java 提供了类机制和有效的接口模型。在对象中封装了描述个体属性状态和操作行为的成员变量和成员方法，实现了模块化和信息隐蔽。

通过类的继承机制，子类可继承父类提供的方法，从而实现代码的重用。通过子类覆盖父类的方法，可以实现面向对象的多态。

Java 是面向网络应用的语言。通过它提供的类库，可以处理 TCP/IP 规程，并通过 URL 在网络上访问其他对象，从而方便地实现与其他计算结点的协同工作。

Java 解释程序能直接对 Java 的字节码进行解释执行。由于可以从字节码获得部分编译信息，因此使得连接过程更加简捷。Java 所提供的多线程机制可以让应用程序并发执行，其同步机制有助于实现数据共享。

由于 Java 提供了自动回收废弃空间、异常处理等功能，一切对内存空间的访问都必须通过对象的实例进行，因此 Java 可以有效地阻止部分故障，具有一定的安全、健壮性，这对于网络编程来说是至关重要的。

由于 Java 具有上述特性，所以备受关注，越来越多的软件开发人员开始转向选择 Java 语言开发软件产品。随着 Java 核心、Java 虚拟机技术的日趋完善，Java 语言必将显现出无穷的魅力，发挥出越来越大的作用。

上面列出的这些面向对象程序设计语言都是有代表性的语言，学习这些语言有助于理解面向对象程序设计。

1.4　小　　结

本章首先介绍了什么是面向对象，什么是面向对象程序设计方法，与结构化程序设计的区别；然后介绍了面向对象程序设计方法的基本特征：封装、继承、多态和消息传递；接下来讨论了面向对象最基本的概念：类和对象；介绍了几种有代表性的面向对象程序设计语言。通过本章的学习，希望读者对面向对象程序设计有一个简单的了解，为下面介绍 UML 打下一个基础。读者如果想了解更多的关于面向对象程序设计方面的知识可以查阅相关的书籍和资料。

1.5　习　　题

1. 简述面向对象的基本特征。

2. 结合你自己熟悉的面向对象程序设计语言，简要说明面向对象程序设计语言与结构化程序设计语言的区别。

第2章 RUP软件开发过程

前面一章已经介绍了面向对象的基本概念，面向对象程序设计方法一般适用于比较大型的软件项目的开发。为了保证项目的成功，不仅需要面向对象的分析设计工具，还需要一个好的软件开发过程。RUP（Rational Unified Process）又称为统一软件过程，能够有效地管理工作进度，控制和改善工作效率。它是目前的软件过程中与 UML 结合最好的过程，支持面向对象的软件开发，本章将对 RUP 进行简要的介绍。

2.1 RUP软件开发过程概述

软件开发过程是指开发软件产品的一整套活动，主要包括软件描述、软件开发、软件有效性验证和软件不断改进。不同的软件开发商，针对不同的开发项目可能会采用不同的方式组织上述 4 项活动的实施。软件开发模型则是对软件开发的全过程、活动和任务的抽象描述。选择合适的软件开发过程将有利于提高软件开发的效率、软件产品的质量，以及日后的软件维护能力。

2.1.1 RUP简介

RUP 是 Rational 公司推出的软件过程模型，它是软件业界迄今为止商品化最成功的软件过程模型。RUP 的近千页文档可以从 Rational 公司的网站（http://www.rational.com）下载，RUP 的主要特征包括：

- 采用迭代的、增量式的开发过程。
- 采用 UML 语言描述软件开发过程。
- 有一系列功能强大的软件工具支撑。

由于 UML 和 RUP 都是 Rational 公司的研究成果，两者有天然的联系。RUP 的文档里面充满了 UML 模型，需求建模、分析与设计、实现、测试等阶段的主要工作都是用 UML 来描述的。与 RUP 配套的软件工具相当完备，如面向对象分析设计工具 Rose，配置管理工具 ClearCase，变更控制工具 ClearQuest，需求管理工具 ReQuisitePro，文档生成工具 SoDA，测试工具 Purify，还有 TeamTest/TestStudio 工具等。

2.1.2 RUP主要特点

RUP 有 3 个突出的特点：

- 用例驱动。
- 以构架为中心。
- 采用迭代和增量模型。

所有的软件开发都是用户需求驱动的。统一软件开发过程采用用例来描述用户需求，同时提供了一套方法把用例转化为设计的类图，进一步变成最终的程序代码。在整个软件开发过程中，需求用例是可跟踪的。也就是说，无论是在设计阶段还是在实现阶段的产品都可以找到相应的需求。用例还可以作为用户测试和验收最终软件产品的标准。

构架是一个小的、"皮包骨头"的系统，它实现了用户的核心需求，包括了系统中最重要的静态和动态特征。构架刻画了系统的整体设计，它舍弃了细节部分，突出了系统的重要特征。现在越来越多的软件系统开发过程使用构架。在这方面统一软件过程也有相应的内容，它提供了创建构架的相应方法和过程,可以帮助分析人员和设计人员很好地完成构架的设计。

在进行软件系统开发时，统一软件开发过程采用迭代和增量的开发方式，把一个软件产品划分成多个较小的部分，每次完成一个部分，这个部分是产品的一个增量部分。每个增量部分的生产过程都是受控的。

采用迭代过程的好处是：

- 把一个复杂的系统分解成多个简单的系统。
- 提高软件项目的可控性。
- 降低软件开发的风险。
- 有效地应对需求变更。

2.1.3 RUP 最佳实践

RUP 在不断的实践过程中，总结出 6 个最有效的实践经验，称为最佳实践。这些最佳实践是对实际软件开发过程应用的总结，为大家使用 RUP 提供参考，帮助大家实施 RUP 软件过程。这 6 个最佳经验是：

- 迭代的软件开发。
- 需求管理。
- 使用基于构件的体系结构。
- 可视化软件建模。
- 验证软件质量。
- 控制软件变更。

RUP 的核心是为软件开发团队提供指南、文档模板和工具，以使整个团队能够最有效地利用这些最佳的软件开发经验。下面逐一介绍这些经验。

1. 迭代的软件开发

当今的软件系统十分复杂，很难按照首先定义整个问题、设计整个系统、构建软件、最后测试产品的顺序线性进行。而是需要一种迭代的方法，通过不断的细化来增进对问题的理解，在多个迭代的基础上递增地得到一个有效的解决方案。RUP 支持迭代开发，在软件开发生命周期的每个阶段都注重风险最高的问题，显著降低项目的各种风险。这种迭代的方法通过可见的进展情况、可执行版本来促进最终用户的参与和反馈，从而有助于降低开发过程中的风险。而且，因为每个迭代结束时都提交一个可执行的系统版本，使开发团队能够始终将注意力放在产品上，经常性的阶段检查也确保项目按计划进行。迭代方法还可以有效应对变更。

2. 需求管理

所有的软件开发都是由用户需求驱动的。RUP 描述了如何启发、获得所需要的功能和性能需求，以及如何使用标准的文档描述这些需求，使这些需求方便跟踪、易于表达、容易与用户进行交流。RUP 中使用用例来描述功能需求，使用场景来描述用户使用系统的交互过程。这些需求驱动软件的设计、实现和测试，使最终系统更充分地满足用户需要的最佳方法。RUP 提供了贯穿整个开发，和最终产品一致的跟踪方法。

3. 使用基于构件的体系结构

RUP 侧重在利用资源进行规模开发之前，注重体系结构早期的开发和基线。它描述了如何设计一个能适应变化、直观、有利于系统复用的灵活的体系结构。RUP 支持基于构件的软件开发。构件是完成一个明确功能的模块或子系统。RUP 提供了一个系统方法说明如何使用新构件和现有构件来定义系统的体系结构。

4. 可视化软件建模

RUP 可以帮助系统开发人员通过可视化的方法为软件建模，利用构件来设计体系结构。使用抽象可视化模型描述有助于进行不同方面的沟通，描述如何把各个部分有机组成一个系统。在 RUP 中主要使用 UML 进行可视化建模。

5. 验证软件质量

软件的性能和可靠性低下是影响软件质量和软件使用的重要因素。因此应该根据基于可靠性、功能性、应用性能和系统性能方面的需求对软件的质量进行评审。RUP 可以帮助开发人员进行这些方面的规划、设计、实现、执行和评审。质量评估分布在整个过程的各个阶段，让所有的相关人员都参与，它列出了系统要达到的目标和要求。

6. 控制软件变更

变更是软件系统开发过程中常见的问题。变更可能对软件开发产生致命性的影响，因此 RUP 提出了变更管理。一方面尽量避免变更，另一方面在变更不可避免的环境下，需要对变更进行跟踪和控制。RUP 描述了如何控制、跟踪和监视变更，从而保证迭代开发过程的成功。它也指导人们如何控制产品的变更，为每个开发人员建立一致的工作空间。RUP 还描述了如何自动化集成和构建管理，从而使一个团队的工作协调一致。

2.2 RUP 过程框架

RUP 不仅是一个过程，还是一个通用过程框架，可以适应不同的应用领域、不同的组织类型、不同的性能水平和规模的项目。

2.2.1 RUP 过程框架模型

使用 RUP 开发软件产品，每个软件产品的开发过程都应该包括多次循环。每个循环包括 4 个阶段：初始、细化、构建和产品化。每个阶段又包括多个迭代过程。

统一软件过程是一个二维结构，过程框架如图 2.1 所示。横向是多个阶段和迭代，纵向是 9 个工作流：

- 业务建模

- 需求
- 分析设计
- 实施
- 测试
- 部署
- 配置与变更管理
- 项目管理
- 环境

每个工作流程包括多个角色、活动和产品。RUP 中的角色包括所有与项目有关的人，如用户、项目组开发人员等。活动是指在过程中每个角色完成的具体工作。在统一软件过程中包括大量的活动，如用例分析、类的设计等。产品是指每个活动、流程、过程的工作结果，如模型、源代码、可执行代码和文档等。

2.2.2 RUP 过程阶段

RUP 中的软件生命周期在时间上被分解为 4 个顺序的阶段，每个阶段结束时都有一个主要的里程碑，在每个阶段结束时，对本阶段的工作是否达到预定的目标进行评估。如果评估结果令人满意的话，项目就可以进入下一个阶段。

1. 初始阶段

初始阶段有时也称先启阶段。初始阶段的目标是为系统建立商业用例，确定要开发系统的边界，找出与系统交互的所有外部实体，列出实体与系统的交互过程。初始阶段在 RUP 中具有非常重要的意义，在这个阶段中所关注的是整个项目进行中的业务和需求方面的主要风险。对于建立在原有系统基础上的开发项目来讲，初始阶段可能很短。初始阶段结束时是第一个重要的里程碑——周期目标里程碑。生命周期目标里程碑评价项目基本的生存能力。

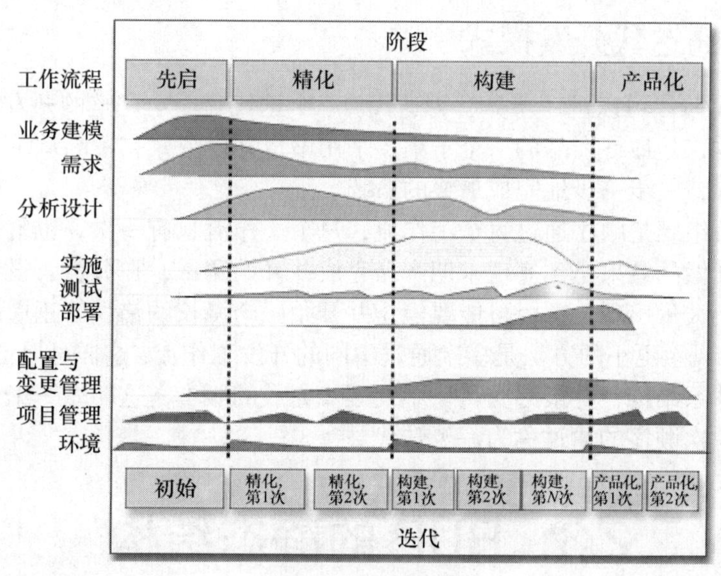

图 2.1 RUP 框架模型

2. 细化阶段

细化阶段也称为精化阶段。细化阶段的目标是分析问题领域，准备构架的设计，编制项目计划，淘汰项目中最高风险的元素。为此必须在理解整个系统的基础上确定系统的构架，包括系统的范围、主要的功能需求以及性能需求。同时为项目建立支持环境，包括创建开发案例，创建模板并准备工具。细化阶段结束时第二个重要的里程碑——周期结构里程碑。生命周期结构里程碑为系统的结构建立了管理基准，并使项目组能够在接下来的构建阶段中使用这个基准。

3. 构建阶段

在构建阶段，主要完成选择所需要的构件，开发应用程序的主要功能，并把这些功能集成为产品，并对这些产品进行测试。从某种意义上说，构建阶段是一个制造过程，其重点放在管理资源、控制运作以及优化成本、进度和质量上。构建阶段结束时是第三个重要的里程碑——功能里程碑。初始阶段功能里程碑决定了产品是否可以在测试环境中进行部署。此刻要确定软件、环境、用户是否可以开始系统的运作。此时的产品版本也常被称为“beta”版。

4. 产品化阶段

产品化阶段又称为交付阶段，这个阶段的重点是确保软件对最终用户是可用的。产品化阶段可以跨越几次迭代，包括为发布做准备的产品测试，基于用户反馈的少量的调整。在产品化阶段的终点是第四个里程碑——发布里程碑。此时需要判断最初预定的目标是否实现，是否应该开始下一个开发周期。

不同的项目在不同阶段的进度和工作量所占的比例有所不同，对一个典型的中等项目工作量和进度间的分配的经验值如表 2-1 所示。

表 2-1　各个阶段工作量和进度分配

	先启	精化	构建	产品化
工作量	5 %	20 %	65 %	10%
进度	10 %	30%	50%	10%

2.2.3 RUP 迭代开发模式

RUP 中的每个阶段可以进一步分解为迭代。一个迭代是一个完整的开发循环，产生一个可执行的产品版本，是最终产品的一个子集。采用增量开发方式，不断从一个迭代过程到另一个迭代逐步积累，一步一步地完成最终的系统。

传统上的项目组织是顺序通过每个工作流，每个工作流只有一次，也就是我们熟悉的瀑布生命周期。这样做的结果是到实现末期产品完成并开始测试，在分析、设计和实现阶段所遗留的隐藏问题会大量出现，项目可能要停止并开始一个漫长的错误修正周期。

一种更灵活，风险更小的方法是多次通过不同的开发工作流，这样可以更好地理解需求，构造一个健壮的体系结构，并最终交付一系列逐步完成的版本，这叫做一个迭代生命周期。在工作流中的每一次顺序的通过称为一个迭代。

2.3 RUP 的静态结构

在 RUP 模型图 2.1 中包括 9 个工作流，被称为 RUP 的核心工作流。核心工作流进一步分为 6 个核心过程工作流和 3 个核心支持工作流。模型图中的阴影部分描述了不同的工作流在不同的时间段内工作量的不同。值得注意的是，几乎所有的工作流，在所有的时间段内均有工作量，只是大小不同而已。这些工作流在整个生命周期中一次又一次被访问，核心工作流在项目中轮流被使用，在每一次迭代中工作流的重点不同。

1. 业务建模

业务建模工作流描述了系统开发的一个构想，使用业务用例模型来描述这个构想，包括业务对象模型中定义组织的过程、角色和责任。大多数实际工程项目的主要问题在于软件工程和企业工程这两个领域无法进行有效的交流，导致对企业工程的分析无法直接进行转换以用于软件开发。RUP 通过为这两个领域提供了一个共同的语言和过程，同时说明如何创建和维护业务模型和软件模型之间直接的可跟踪性来解决这个问题。

在业务建模中，开放人员使用所有的业务用例来为业务过程建立文档，这确保所有的项目参与者可以对未来的软件系统到底需要支持什么样的业务过程达成共识。并对业务过程进行分析建模，根据项目的大小，如果需要则形成业务过程文档。

2. 需求

需求工作流的目标是描述系统应该做什么，并使开发人员和用户就这一描述达成共识。为了达到该目标，要对需要的功能和约束进行提取、组织、文档化，最重要的是理解系统所解决问题的定义和范围。

3. 分析设计

分析设计工作流将需求转化成未来系统的设计，为系统开发一个健壮的结构，并调整设计使其与实现环境相匹配，优化其性能。分析设计的结果是一个设计模型和一个可选的分析模型。设计模型是源代码的抽象，由设计类和一些描述组成。设计类被组织成具有良好接口的设计包（Package）和设计子系统（Subsystem），而描述则体现了类的对象如何协同工作以实现用例的功能。设计活动以体系结构设计为中心，体系结构由若干结构视图来表达，结构视图是整个设计的抽象和简化，该视图中省略了一些细节，使重要的特点体现得更加清晰。

4. 实施

实施工作流的目的包括以层次化的子系统形式定义代码的组织结构，以构件的形式（源文件、二进制文件、可执行文件）实现类和对象，将开发出的构件作为单元进行测试，以及集成由单个开发者所产生的结果，使其成为可执行的系统。

实施工作流的目的是：

- 通过分层次的组织实现子系统来定义代码的结构。
- 用构件的形式来实现类。
- 将所开发的构件作为单元进行测试。
- 把每个实现人员的工作成果集成到一个可执行的系统中。

RUP 中还描述了如何重用已有构件，或实现新定义良好的构件，使系统更易于维护，提高可重用性。

5. 测试

测试工作流要验证对象间的交互作用是否符合设计要求，验证软件中所有构件是否正确集成，检验所有的需求是否被正确的实现。在测试工作流中发现并确认缺陷，在软件部署之前对这些缺陷进行处理。RUP 提出了迭代的方法，意味着在整个项目中都需要进行测试，从而尽可能早地发现缺陷，从根本上降低了修改缺陷所带来的成本。测试类似于三维模型，分别从可靠性、功能性和系统性能 3 方面来进行。对每个方面都描述了如何经历规划、设计、实现、执行和评估的测试生命周期。另外，测试工作流还描述了何时及如何引入测试自动化的策略。测试自动化对迭代方法尤其重要，在每个迭代结束和产品新版本开始时都要进行回归测试。

6. 部署

部署工作流的目的是成功地生成版本并将软件分发给最终用户。部署工作流描述了那些与最终用户相关的活动，包括：软件打包、生成软件本身以外的产品、安装软件、为用户提供帮助。在有些情况下，还可能包括计划和进行 beta 测试版、移植现有的软件和数据以及正式验收。

部署工作流的目的是把开发完成的产品版本提交给它的最终用户。尽管发布活动大部分集中在交付阶段，但许多活动还需要在较早阶段就进行准备。

7. 配置与变更管理

配置与变更管理工作流描绘了如何在多个成员组成的项目中控制和管理变更。配置和变更管理工作流提供了一套准则来跟踪软件创建过程中的各个版本。配置与变更管理工作流描述了如何管理并行开发、分布式开发，如何自动化创建工程。同时也阐述了对产品修改原因、时间、人员进行记录。把谁、什么时候、为什么对什么产品做的什么修改记录下来。另外，它还包括变更需求管理，也就是如何报告和管理故障，以及如何使用故障数据来跟踪进展和发展倾向。

8. 项目管理

软件项目管理平衡各种可能产生冲突的目标，管理风险，克服各种约束并成功交付使用户满意的产品。其目标包括：为项目的管理提供框架，为计划、人员配备、执行和监控项目提供实用的准则，为管理风险提供框架等。

软件项目管理是平衡竞争目标、管理风险、战胜困难、成功地提交一个满足客户和用户需要的产品的艺术。这一工作流侧重于一个迭代开发过程的特定内容。这个工作流并不是成功的秘诀，它只是提供了一个能够有效提高项目管理质量的项目管理方法。

9. 环境

环境工作流的目的是向软件开发组织提供软件开发环境，包括过程和工具。环境工作流集中于配置项目过程中所需要的活动，同样也支持开发项目规范的活动，提供了过程指导手册并指导项目组如何来实现过程。环境工作流的重点是在项目环境中，进行软件开发过程的配置活动。

2.4 RUP 的角色

角色是抽象的职责定义，它定义的是所执行的一组活动和所拥有的一组工件。角色通常由一个人或作为团队相互协作的多个人来实现。项目团队成员通常要履行许多不同的角色职能，就像一个人可以担任许多职务，一个人也可以担任许多不同的角色。角色并不代表个人，而是说明个人在业务中应该如何表现以及他们在业务活动中应该承担的责任。虽然大多数角色都由组织内部人员来实现，但开发组织之外的人员也担当了一种重要的角色——所开发项目或产品的相关人员。角色有一组互相联系的活动需要执行。这些活动密切相关，在功能上互相补充，按职责划分所以最好由同一个人来执行。RUP 角色可以分为以下 5 个角色集：

- 分析员角色集
- 开发人员角色集
- 测试人员角色集
- 经理角色集
- 其他角色集

2.4.1　分析员角色集

分析员角色集包括了主要从事需求获取和研究的各种角色。主要有：业务流程分析员、业务设计员、业务模型复审员、需求复审员、系统分析员和用户界面设计员。

业务流程分析员负责分析业务流程，确定系统的边界，组织业务用例模型。例如，确定存在哪些业务主角和业务用例，他们之间如何进行交互。

业务设计员通过描述一个或几个业务用例的工作流程来详细说明组织中某一部分的流程。业务设计员指定实现业务用例所需的业务角色及业务实体，并且明确这些业务用例的行为属于哪个业务实体，由哪些业务角色来完成。

业务模型复审员负责对业务用例模型和业务对象模型进行正式复审。在大多数情况下，担任业务模型复审员的人员都需要具备业务领域的基本知识，或者对将用来实现业务自动化的技术具备基本的知识。

系统分析员通过概括系统的功能和界定系统来领导和协调需求获取及用例建模。例如，确定存在哪些执行者和用例，以及他们之间如何交互。

用户界面设计员主要负责领导和协调用户界面的原型设计和正式设计。

2.4.2　开发人员角色集

用于组织主要从事软件设计与开发的各种角色。主要角色包括：构架设计师、构架复审员、代码复审员、数据库设计员、系统设计员、设计复审员、实施员和集成员。

构架设计师负责在整个项目中对技术活动进行组织和协调。构架设计师要确立每个构架视图的整体结构、视图的详细组织结构、子系统的划分以及这些子系统之间的接口。

构架复审员负责计划并执行对软件构架的正式复审。

代码复审员负责审查源代码的质量，指定审查计划，执行源代码复审。

数据库设计员负责定义表、索引、视图、约束条件、触发器、存储过程、表空间或存储参数，以及其他在存储、检索和删除永久性对象时所需的数据库专用结构。

系统设计员负责定义一个或几个类的职责、操作、属性及类间关系，明确应该如何根据实施环境对这些类加以调整。

设计复审员计划并进行设计模型的正式复审。

实施员负责根据项目开发标准进行构件开发与测试，以便将构件集成到更大的子系统中。

集成员负责制定集成计划，在集成工作区将构件组合起来，生成一个工作版本。

2.4.3　测试人员角色集

用于组织主要从事软件测试的各种角色，包括测试设计员和测试员。

测试设计员负责对测试进行计划、设计、实施和评估，主要工作包括生成测试计划和测试模型，执行测试过程，评估测试范围和测试结果，以及测试的有效性，生成测试评估摘要。

测试员主要负责执行测试。

2.4.4 经理角色集

用于组织主要从事软件工程流程管理与配置的各种角色，包括变更控制经理、配置经理、部署经理、流程工程师、项目经理和项目复审员。

变更控制经理负责对变更控制过程进行监督。

配置经理负责为产品开发团队提供全面的配置管理。

部署经理负责制定部署计划，其中包括产品发布计划。

流程工程师负责在项目开始前配置流程，并在开发工作过程中不断改进流程。

项目经理负责分配资源，确定优先级，协调与客户和用户之间的沟通。

项目复审员负责在项目生命周期中的主要复审点处评估项目计划工作。

2.4.5 其他角色集

除了上面列出的角色外，RUP 中还定义了一些其他的角色用于组织主要从事项目支持或负责其他职能的各种角色。这些角色统统归入其他角色集。

2.5 RUP 的活动

在 RUP 中，为每个角色定义了要完成的工作，每个单独的工作成为一个活动。一项活动是一个工作单元，由参与项目的某一成员执行，活动有明确的目的，其内容通常表述为创建或更新某些工件，如一个模型、一个类或一个计划。每个活动都被分配给具体的角色。一个活动一般延续几个小时到几天，它通常涉及一个或几个角色，只影响一个或少数几个工件。一项活动应该是一个便于实施的计划单元及流程单元。如果活动太小，它将被忽略；而如果活动太大，则不得不将活动分解描述。有时可能要对同一工件重复进行多次活动，特别是当由同一角色（但不一定是同一个人）从一次迭代到另一次迭代，对系统进行改进和扩展的时候更是如此。RUP 按照 4 个阶段来设计活动，每个阶段列出了核心活动。

2.5.1 先启阶段核心活动

先启阶段的核心活动有：明确地说明项目规模；计划和准备商业理由、评估风险管理、人员配备、项目计划和成本/进度/收益率折衷的备选方案；综合考虑备选构架，评估设计和自制/外购/复用方面的折衷，从而估算出成本、进度和资源；准备项目的环境，评估项目和组织，选择工具，决定流程中要改进的部分。

2.5.2 细化阶段核心活动

细化阶段的核心活动有：快速确定构架、确认构架并为构架建立基线；根据此阶段获得的新信息改进前景，对推动构架和计划决策的最关键用例建立可靠的了解；为构建阶段创建详细的迭代计划并为其建立基线；改进开发案例，定位开发环境，包括流程和支持构建团队所需的工具和自动化支持；改进构架并选择构件。评估潜在构件，充分了解自制/外购/复用决策，以便有把握地确定构建阶段的成本和进度。集成所选构架构件，并对主要场景进行评估。通过这些活动得到的经验有可能导致重新设计构架、考虑替代设计或重新考虑需求。

2.5.3　构建阶段核心活动

构建阶段的核心活动有：资源管理，控制和流程优化；完成构件开发并根据已定义的评估标准进行测试；根据前景的验收标准对产品发布版进行评估。

2.5.4　产品化阶段核心活动

产品化阶段的核心活动有：执行部署计划；对最终用户支持材料定稿；在开发现场测试可交付产品；制作产品发布版；获得用户反馈；基于反馈调整产品；使最终用户可以使用产品。

2.6　RUP 的工件

工件是项目期间生成并使用的最终或中间产物。工件用于获取和传达项目信息。工件可以是文档、模型或模型元素。例如，商业理由或软件构架文档，用例模型或设计模型，还有像子系统这样的模型元素。

为使整个软件系统的开发易于管理，工件根据核心工作流程组织成各个集合。有些工件在若干核心工作流程中都要用到（如风险列表、软件构架文档和迭代计划）。这些工件属于最初生成它们的核心工作流程。在 RUP 中每个阶段的核心活动都产生文档，下面按照阶段列出主要的文档。

先启阶段的主要工件包括：前景、商业理由、风险列表、软件开发计划、迭代计划、软件验收计划、项目专用模板、用例建模指南、工具、词汇表、用例模型、领域模型和原型。

细化阶段的主要工件包括：原型、风险列表、项目专用模板、工具、软件构架文档、设计模型、数据模型、实施模型、前景、软件开发计划、指南、迭代计划、用例模型、补充规约、商业理由、分析模型、培训材料。

构建阶段的主要工件包括：可以发布的系统、部署计划、实施模型、测试模型、培训材料、迭代计划、设计模型、项目专用模板、工具、数据模型、补充规约、用例模型。

产品化阶段的主要工件包括：产品工作版本、发布说明、安装产品与模型、培训材料、最终用户支持材料、测试模型。

2.7　小　　结

现代软件开发面临着要尽快将产品推向市场和开发高质量、低成本产品的矛盾。要成功解决软件开发中的矛盾，必须将软件开发作为一种团队活动。为了有效组织开发和进行交流，团队中所有的成员需要使用公共的过程、公共的表达语言，以及支持该语言和过程的工具。RUP 就是这样一种公共过程，而且已经在多个软件开发组织的实践中被证实可以有效解决上述矛盾。统一建模语言（UML）则可以作为开发团队的公共语言。UML 不是完整的开发方法，UML 规范也没有定义标准的过程，而 RUP 则是有效使用 UML 的指南。

因此本书在讲述 UML 之前，先对 RUP 进行简单的介绍，希望读者对 RUP 有一个概要的了解，为下面更好地学习 UML 打下一个基础。

2.8 习　题

1. 简述 RUP 的结构。
2. 简述 RUP 的 4 个阶段。
3. RUP 有哪些核心工作流？
4. 登录 Rational 公司的网站，浏览 RUP 的主要文档。
5. 登录 Rational 公司的网站，学习 RUP 中给出的两个实例。

第 3 章 UML 概述

UML 最早是由世界著名的面向对象技术专家 Grady Booch、James Rumbaugh 和 Ivar Jacobson 在 1996 年提出的。UML 是在面向对象方法的基础上发展而来的，它总结了以往建模技术的经验和当今的许多优秀成果，并结合其他众多的优秀的软件方法和思想演变而成。它不是系统设计的方法，只是一种系统建模的标准。

本章重点介绍 UML 的基本概念、UML 的演变过程、UML 的主要内容以及 UML 的应用领域。

3.1 什么是 UML

3.1.1 UML 简介

UML（Unified Modeling Language，统一建模语言）是一种定义良好、易于表达、功能强大且普遍适用的建模语言。它支持面向对象系统的分析、设计、实现、交付等各个环节，可以用于系统的理解、设计、浏览、维护和信息控制。

- Unified：表示 UML 是一种语言，其在全世界的使用范围非常广泛，被应用于很多领域。
- Modeling：表示 UML 的主要用途是进行系统建模，也就是进行系统规划的描述。
- Language：表示 UML 只是一种建模语言，而不是一种编程语言或某种标记语言。

UML 融入了软件工程领域的新思想、新方法和新技术。它的作用域不限于支持面向对象的分析与设计，还支持从需求分析开始到系统交付，以及后期维护的软件开发全过程。

UML 是一个标准的图形表示法，它不是面向对象的分析和设计，也不是一种方法，它仅仅是一组符号而已。UML 还是一种描述程序设计思想的工具，它不局限于某个特定的开发平台或某种特定的程序开发语言。它的特点是使用图符和文档相结合的方式来描述现实世界中的问题及解决问题的具体方案。

3.1.2 UML 的主要作用

随着系统规模的扩大，系统越来越复杂，系统的设计和开发变得越来越困难，因此在系统设计中采用模型化设计方式就显得尤为重要。模型化可以帮助用户从较高的层次理解系统，使用户更专注于系统设计的重要部分，收集关键信息，而不必注意一些无关紧要的部分。

模型是真实事物的抽象，系统建模实际上是去掉了任何无关或者可能引起混淆的信息，模型是对真实系统的简化。要有效地进行系统建模，就必须熟练掌握一门建模语言，UML 正是目前应用最广的建模语言。

对于大多数人来说，学习一门面向对象语言并不难，难的是如何进行面向对象程序设计，如何发挥面向对象语言提供的优势。UML 可以帮助理解面向对象技术，进行面向对象的设计。在理解用户需求方面 UML 提供了专门的用例图，使用用例图可以方便有效地捕获用户需求。在描述系统的静态结构方面，UML 提供了类图和包图。UML 还提供了其他的图来描述系统的行为和构成。模式是重要的面向对象设计技术，使用 UML 还可以有助于表述和学习模式。

采用 UML 可以促进与领域专家进行交流。软件开发面临最大的问题是如何在一个合理的费用前提下构造一个正确的系统，以满足用户的需求。这个问题主要表现在如何同用户进行有效地交流。软件开发人员有自己的专业和术语，用户同样也有自己的专业和术语，为了构建软件系统，软件开发人员需要了解用户的专业和术语，也就是了解用户领域的知识。向该领域的专家学习并同他们进行交流是学习领域知识很好的方法。UML 提供了专门的用例图以了解用户需求。用例图强调系统的整体性、强调系统的外在功能、强调系统对使用者有什么帮助和好处、强调系统与外部的交互。辅以其他的 UML 模型图，可以很好地对要开发的系统进行描述，为进一步构造正确的系统打下坚实的基础。

采用 UML 可以帮助系统设计人员理解全局。开发大型的软件项目时，经常会犯只注重细节，而忽略了整体的错误。这时系统设计人员希望能够从全局来了解和理解一个系统，UML 提供了多种模型图用来从高层描述系统。通过使用这些图，可以方便地了解整个系统的功能、结构和行为。

在具体的软件项目开发中，使用 UML 进行系统建模时不一定非要用到 UML 中所有的模型图。不同的项目中，每种模型图的详细程度也可能不同。因此在使用 UML 进行建模时，用到哪些模型图，每张图的详细程度如何，这些主要取决于问题的复杂程度和软件开发的需要。

概括起来说，UML 主要有如下作用。

1. 为软件系统建立可视化模型

UML 符号具有良好的语义，不会引起歧义；基于 UML 的可视化模型，使系统结构直观、易于理解；使用 UML 进行软件系统的模型不但有利于系统开发人员和系统用户的交流，还有利于系统维护。

模型是系统的蓝图，它可以对开发人员的规划进行补充，模型可以帮助开发人员规划要建的系统。有了正确的模型就可以实现正确的系统设计，保证用户的要求得到满足，系统能在需求改变时站得住脚。对于一个软件系统，模型就是开发人员为系统设计的一组视图。这组视图不仅描述了用户需要的功能，还描述了怎样去实现这些功能。

2. 为软件系统建立构件

UML 不是面向对象的编程语言，但它的模型可以直接对应到各种各样的编程语言。例如，它可以使用代码生成器工具将 UML 模型转换为多种程序设计语言代码，如可生成 C++、XML DTD、Java、Visual Basic 等语言的代码，或使用反向生成器工具将程序源代码转换为 UML；甚至还可以生成关系数据库中的表。

3. 为软件系统建立文档

UML 可以为系统的体系结构及其所有细节建立文档。不同的 UML 模型图可以作为项目不同阶段的软件开发文档。

3.2　UML 演变

面向对象建模语言最早出现于 20 世纪 70 年代中期。从 1989 年到 1994 年，面向对象建模语言的数量已经逐渐增加到了五十多种。在所有的建模语言中，每种语言都有自己的特点，都有自己的应用领域。但是面对如此之多的建模语言，使用面向对象方法的用户并不了解不同建模语言的优缺点及相互之间的差异，因而很难根据应用特点选择合适的建模语言，市场迫切需要一种统一的面向对象建模语言。

20 世纪 90 年代中期，面向对象方法已经成为软件分析和设计方法的主流。此时出现了一批第二代的面向对象方法，其中引人注目的主要有 Grady Booch 的 Booch 方法、James Rumbaugh 的 OMT 方法和 Ivar Jacobson 的 OOSE 方法。

Grady Booch 是面向对象方法最早的倡导者之一，他提出了面向对象软件工程的概念。1991 年，他将以前面向 Ada 的工作扩展到整个面向对象设计领域，推出了 Booch 方法。该方法区分系统的逻辑和物理结构并描述这两种结构的静态和动态语义。Booch 方法被区分为微观和宏观的过程。微观开发过程代表开发者或开发小组的日常活动；宏观开发过程是微观开发过程的控制框架，这个更广的过程确定一些相应的成果和活动，以帮助开发小组进行有效的风险评价以便及早对开发过程进行修改。宏观过程侧重风险和结构方面，对日程、结构和完整性最为重要。

Booch 方法是 UML 的主要来源，其包含的面向对象概念十分丰富。主要概念有：类、对象、继承、元类、消息、域、操作、机制、模块、子系统、进程等。其模型主要包括：逻辑静态视图（类图、对象图），逻辑动态视图（顺序图、状态图），物理静态视图（模块图、进程图）以及物理动态视图。

OMT（Object Modeling Technique）方法是 Rumbaugh 在 1991 年正式提出的。该方法是在实体—关系模型上扩展了类、继承和行为而得到的。OMT 方法从 3 个视角描述系统，相应地提供了对象模型、动态模型、功能模型这 3 种模型，并且该方法将系统开发过程分为 4 个阶段：分析、系统设计、对象设计、实现。

OOSE（Object-Oriented Software Engineering）方法是 Ivar Jacobson 在 1992 年提出的，以其“用例”驱动（Use Case Driven）的思想而著称。OOSE 方法与 Booch 方法和 OMT 方法有所不同，它涉及整个软件生命周期，包括需求分析、设计、实现和测试 4 个阶段。

OOSE 方法中的一个关键概念就是“用例”。用例是指行为相关的事物序列，该序列由用户在与系统对话中执行。该方法对以用例作为一种途径来驱动需求捕获、分析和高层设计提供了极好的支持。使用用例捕获需求是 OOSE 对传统面向对象建模方法的很好的补充。

虽然面对众多的建模语言，但在实际应用时，由于客观原因使用户很难进行选择。首先，由于用户没有能力区别不同语言之间的差别，因此用户很难找到一种比较适合其应用特点的建模语言；其次，由于众多的建模语言各有千秋，很难用其中的一种来完全替代其他的建模语言；最后，虽然不同的建模语言有很多相似之处，但仍存在某些细微的差别，由于概念上存在差别，给使用不同建模语言的用户进行交流带来了极大的困难。因此在客观上，非常有必要在精心比较不同的建模语言优缺点及总结面向对象技术应用实践的基础上，组织联合的设计小组，根据实际应用需求，综合各种不同的建模语言的优点，创建出统一的建模语言。

1994 年 10 月，Grady Booch 和 Jim Rumbaugh 开始致力于这一工作。他们首先对 Booch 方法和 OMT 方法进行了合并，并于 1995 年 10 月发布了第一个公开版本，称之为统一方法 UM（Unitied Method）0.8。1995 年秋， Ivar Jacobson 加入到 Grady Booch 和 Jim Rumbaugh 的这一工作中来，并引入了其用例（Use Case）思想。经过 Booch、Rumbaugh 和 Jacobson 3 人的共同努力，于 1996 年 6 月和 10 月分别发布了两个新的版本，即 UML 0.9 和 UML 0.91，并将 UM 重新命名为 UML（Unified Modeling Language）。1996 年，越来越多的机构将 UML 作为其商业策略。UML 的开发者得到了来自多方面的正面反应，并倡议成立了 UML 成员协会，以完善、加强和促进 UML 的定义工作。当时的成员有 DEC、HP、I-Logix、 Itellicorp、IBM、ICON Computing、MCI Systemhouse、Microsoft、Oracle、Rational Software、TI 以及 Unisys。

截至 1996 年 10 月，UML 获得了工业界、科技界和应用界的广泛支持，已有 700 多个公司表示支持采用 UML 作为建模语言。1996 年底，UML 已稳占面向对象技术市场 85%的份额，已经逐渐成为可视化建模语言事实上的工业标准。1997 年 1 月，UML 1.0 版本被提交到 OMG，作为软件建模语言标准化的候选。1997 年 11 月 7 日 OMG 正式采纳，并把 UML 作为业界标准。1998 年 OMG 接管了 UML 标准的维护工作，推出了 UML 的 1.3 版、1.4 版、1.5 版，后来又推出了 2.0 版。UML 的简要发展历程如图 3.1 所示。

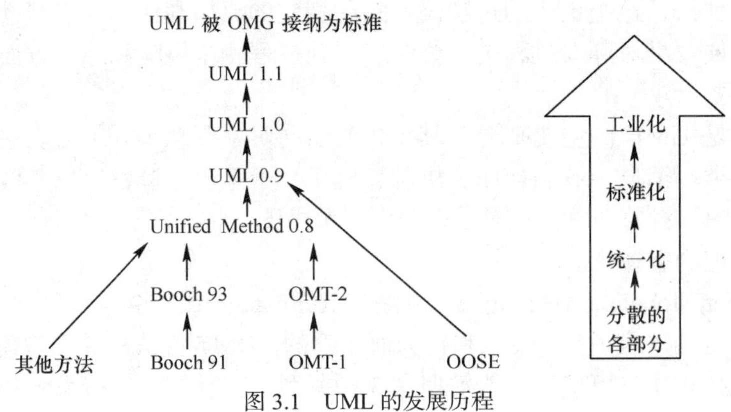

图 3.1 UML 的发展历程

3.3 UML 组成

UML 用来描述系统的静态结构和动态行为。其中静态结构详细描述了系统中主要对象的属性和方法，以及这些对象之间的相互关系。动态行为详细描述了系统中重要对象的时间特性和对象间为完成某个目标而相互进行通信的机制。

作为一种建模语言，UML 的定义包括了 UML 语义和 UML 表示法两个部分。

（1）UML 语义。它描述基于 UML 的精确元模型定义。元模型为 UML 的所有元素在语法和语义上提供了简单、一致、通用的定义性说明，使开发者能在语义上取得一致，消除了因人而异的最佳表达方法所造成的影响。此外，UML 还支持对元模型的扩展定义。

（2）UML 表示法。它定义了 UML 符号的具体表示法，为开发者或开发工具使用这些图形符号和文本语法、为系统建模提供了统一的标准。这些图形符号和文字所表达的是应用级的模型，在语义上它是 UML 元模型的实例。

UML 中的重要内容可以由 5 类，共计 10 种模型图来定义，利用这些模型图，可以描绘系统的不同方面。

3.3.1 用例图

用例图（Use Case），在有些书籍中也被称为用况图，它主要描述了用例与执行者间的交互。用例描述的是用户可见的需求，一个具体的用户目标。执行者是系统的主体，表示提供或接收系统信息的人或系统。

用例图主要用来描述用户的需求，它从用户的角度描述系统的功能，并指出各功能的执行者，强调谁在使用系统，系统为执行者完成哪些功能。

图 3.2 所示为一个在线购物系统的用例图，它表示顾客利用在线购物系统，在进行商品的浏览。

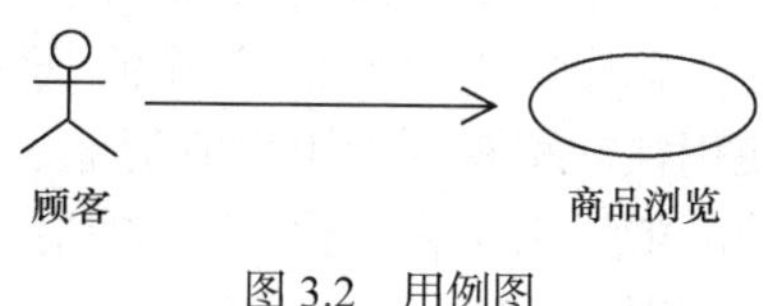

图 3.2 用例图

3.3.2 类图、对象图、包图

类图、对象图、包图，统称为静态图，主要用来描述系统的静态特性。下面分别介绍这 3 种图。

类图主要描述系统中类的静态结构。一方面，在类图中不仅需要定义系统中的类，详细表示类的内部结构，如类的属性和方法。另一方面还需要详细表示类与类之间的联系，如关联、依赖、聚合等。类图描述的是一种静态关系，在系统的整个生命周期都是有效的。

对象图是类图的实例，使用与类图几乎完全相同的标识。对象图和类图的不同点，主要体现在以下两个方面，首先，对象图显示类的对象实例，而不是实际的类。对象图表示的是类图的一个实例；其次，由于对象存在生命周期，因此对象图与类图的生命周期也不一样，它只能在系统的某一时间段存在。

包图主要由包或类组成，主要表示包与包、包与类之间的关系。包图主要用来描述系统的分层结构。

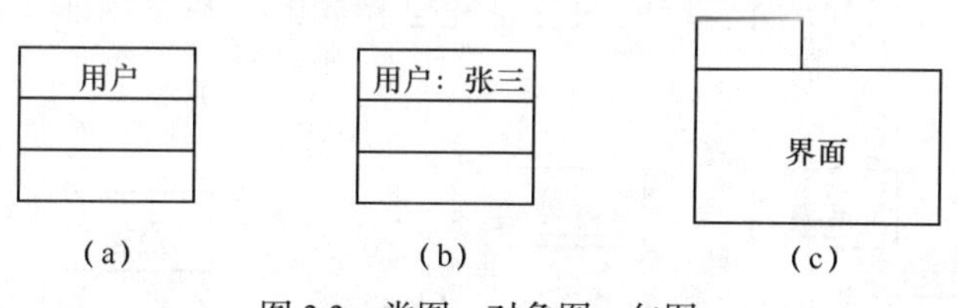

图 3.3 类图、对象图、包图

图 3.3（a）所示为一个“用户”类的图符，它是类图中的主要元素，图 3.3（b）所示为“用户”类的具体对象“张三”的对象图图符，图 3.3（c）所示为“界面”包的图符，它表示了所有与界面相关的类或其他包的一个集合。

3.3.3 状态图、活动图

状态图和活动图统称为行为图，主要描述系统的动态模型和系统中组成对象间的交互关系。

状态图主要描述类的对象所有可能的状态以及事件发生时状态的转移条件。一般情况下，状态图被作为对类图的具体补充。在实际使用状态图时并不需要为所有的类都画状态图，仅为那些有多个状态、其行为受外界环境影响并且发生改变的类画状态图。

活动图主要描述为了满足用例要求所要进行的活动以及活动间的约束关系，它有利于识别系统中的并行活动。活动是用例的具体补充，它详细描述了为了满足某个用例所要进行的业务工作流。

活动图定义了工作流从哪里开始到哪里结束，工作流中具体发生哪些活动，这些活动按什么顺序发生。活动是工作流其间完成的任务。使用活动图有利于用户清楚地了解系统中某个功能的详细实现步骤。

图 3.4（a）所示为一个系统用户具体身份的状态图，图 3.4（b）所示为系统用户登录系统的活动图。

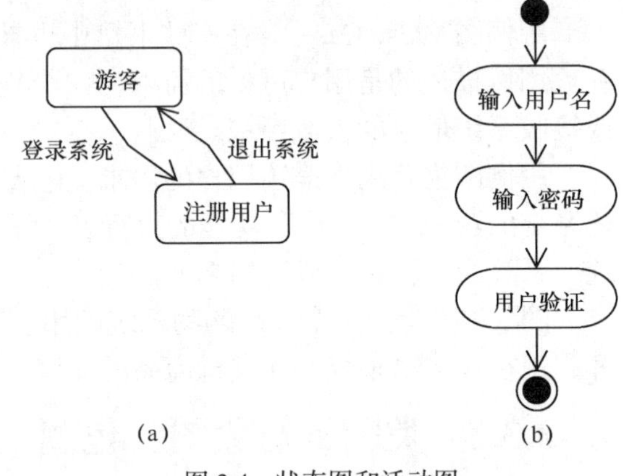

图 3.4　状态图和活动图

3.3.4　顺序图、协作图

顺序图和合作图统称为交互图，主要描述对象间的交互关系。

顺序图显示对象之间的动态合作关系，着重体现对象间消息传递的时间顺序，它强调对象之间消息发送的顺序，同时显示对象之间的交互顺序。

合作图描述对象间的协作关系，合作图跟顺序图相似，显示对象间的动态合作关系。除显示信息交换外，合作图还显示对象以及它们之间的关系。

如果强调时间和顺序，则使用顺序图；如果强调上下级关系，则选择合作图。两个图之间可以相互转化。

图 3.5（a）所示为用户张三登录系统，进行商品购买并查看购买结果的顺序图，图 3.5（b）所示为用户张三登录系统，进行商品购买并查看购买结果的合作图。

图 3.5（a）和图 3.5（b）所表现的内容是完全相同的，只是由于不同的需要，描述的侧重点有所不同。

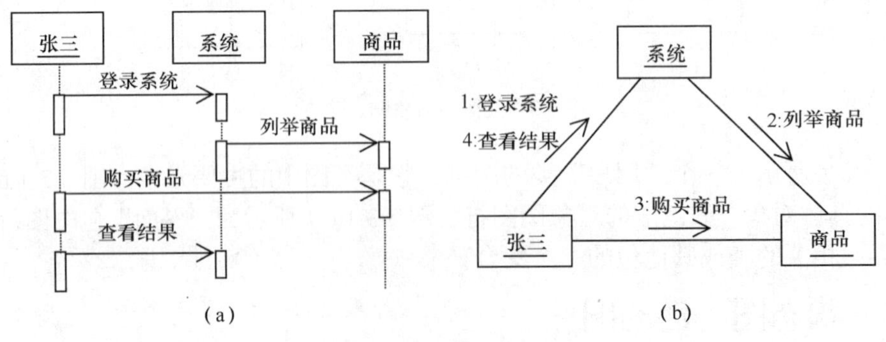

图 3.5　顺序图和合作图

3.3.5　构件图、部署图

构件图和部署图统称为实现图。

构件图显示了系统模型的物理视图，它主要描述代码部件的物理结构及各部件之间的依赖关系。一个部件可能是一个资源代码部件、一个二进制部件或一个可执行部件。构件图包含逻辑类或实现类的有关信息。它有助于分析和理解各构件之间的相互影响程度。

图 3.6 所示为一个构件图的实例。

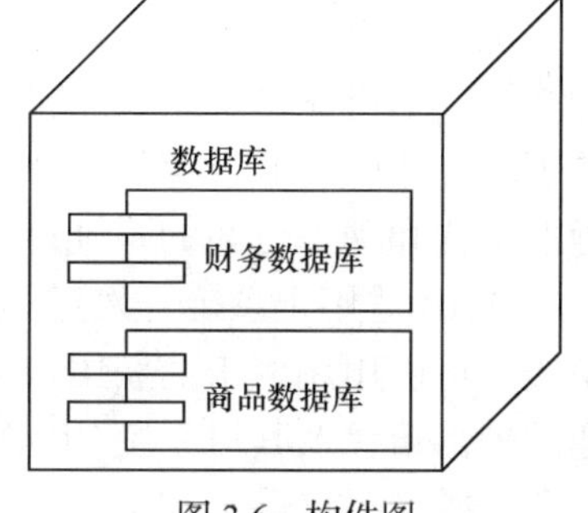

图 3.6　构件图

部署图，也被称为配置图，它定义系统中软硬件的物理体系结构，显示了网络的物理布局和各种组件的位置。

部署图可以显示实际的计算机和设备，以及它们之间的连接关系，也可显示连接的类型及部件之间的依赖性。

图 3.7 所示为一个部署图的实例，图中详细表示了系统中的各个节点，以及各节点之间的连接。

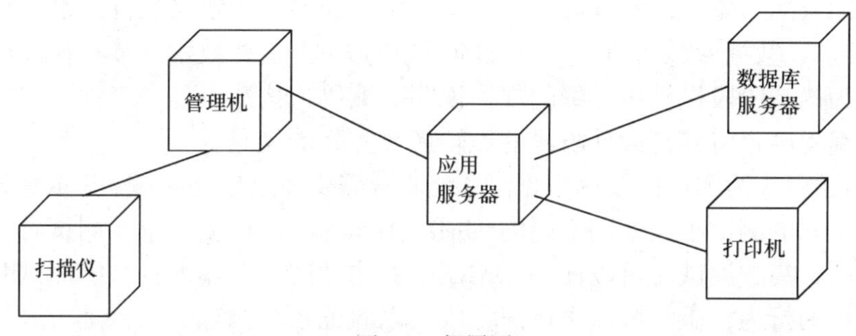

图 3.7　部署图

这 5 类 10 种模型图从不同的方面对系统进行了描述，从应用的角度看，当采用面向对象技术设计系统时，第一步是描述需求，第二步是根据需求建立系统的静态模型，以构造系统的结构，第三步是描述系统的行为。在第一步与第二步中所建立的模型都是静态的，包括用例图、类图、包图、对象图、构件图和配置图这 5 个图形，是 UML 的静态建模机制。在第三步中所建立的模型或者可以执行，或者表示执行时的时序状态或交互关系，包括状态图、活动图、顺序图和合作图这 4 个图形，是 UML 的动态建模机制。因此，UML 的主要内容也可以归纳为静态建模机制和动态建模机制两大类。

3.4　UML 的应用领域

UML 的目标是以面向对象图的方式来描述任何类型的系统，具有很宽的应用领域。其中最常用的是建立软件系统的模型，一般来说，UML 适合各种软件系统的建模。主要的软件系统包括：

- 信息管理系统：利用数据库技术，实现用户对所需信息的存储、检索、计算、转换、提交等操作。

- 电子商务（政务）系统：以互联网为基础，实现商务运作和行政办公的数字化。
- ERP（Enterprise Resource Planning）：实现企业从计划、生产到商务运作的信息管理数字化。
- 实时控制系统：采集和检测企业生产过程中的各项技术指标，并根据这些指标的变化情况实施控制。

虽然软件系统的建模是 UML 最主要的应用领域，但 UML 同样可以用于描述非软件领域的系统，如机械系统、企业机构或业务过程，以及处理复杂数据的信息系统、具有实时要求的工业系统或工业过程等。总之，UML 是一个通用的标准建模语言，使用它可以对任何具有静态结构和动态行为的系统进行建模。

UML 适用于系统开发过程中从需求规格描述到系统完成后测试的不同阶段。在需求分析阶段，可以用用例来捕获用户需求，进行系统的需求分析。通过用例建模，描述对系统感兴趣的外部角色及其对系统（用例）的功能要求。分析阶段主要关心问题领域中的主要概念（如抽象、类、对象等）和机制，需要识别这些类以及它们相互间的关系，在这个阶段可以使用 UML 中的类图来描述。为实现用例、类之间的协作，可以用 UML 动态模型来描述。在分析阶段，只对问题域的对象（现实世界的概念）建模，而不考虑定义软件系统中技术细节的类（如处理用户接口、数据库、通信、并行性等问题的类）。这些技术细节将在设计阶段引入。因此设计阶段为构造阶段提供更详细的规格说明。编码（构造）是一个独立的阶段，其任务是用面向对象编程语言将来自设计阶段的类转换成实际的代码。

UML 模型还可作为测试阶段的依据。系统通常需要经过单元测试、集成测试、系统测试和验收测试。不同的测试小组使用不同的 UML 图作为测试依据：单元测试时可以使用类图和类的规格说明；集成测试时可以使用 UML 中的构件图、合作图；系统测试时可以使用用例图来验证系统的行为；验收测试由用户完成，以验证系统测试的结果是否满足在分析阶段确定的需求。

总之，标准建模语言 UML 适用于以面向对象技术来描述任何类型的系统，而且适用于系统开发的不同阶段，从需求规格描述直至系统完成后的测试和维护。在实际使用时，开发人员可以根据需要灵活地应用 UML 中的各种模型图。

3.5 UML 2.0 的新特性

目前 UML 的最新版本为 UML 2.0，在 UML 2.0 中又新增加了 3 种模型图，使总的模型图的数量增加为 13 种，并且进一步加强了某些图的表述能力，但同时也增加了这些图的复杂程度。

UML 2.0 中的具体模型图如图 3.8 所示。

和 UML 1.X 相比，UML 2.0 中新增了组合结构图、交互概览图和时序图这 3 种图。而原来的协作图改名为通信图，状态图改名为状态机图。

下面分别解释一下新增 3 种图的主要用途。

- 组合结构图：是 UML 2.0 新增的一种图形，用来表示类、构件、协作等模型元素的内部结构。
- 交互概览图：是 UML 2.0 新增的一种图形，该图是活动图的一个变种，以提升控制流概览的方式来定义交互。

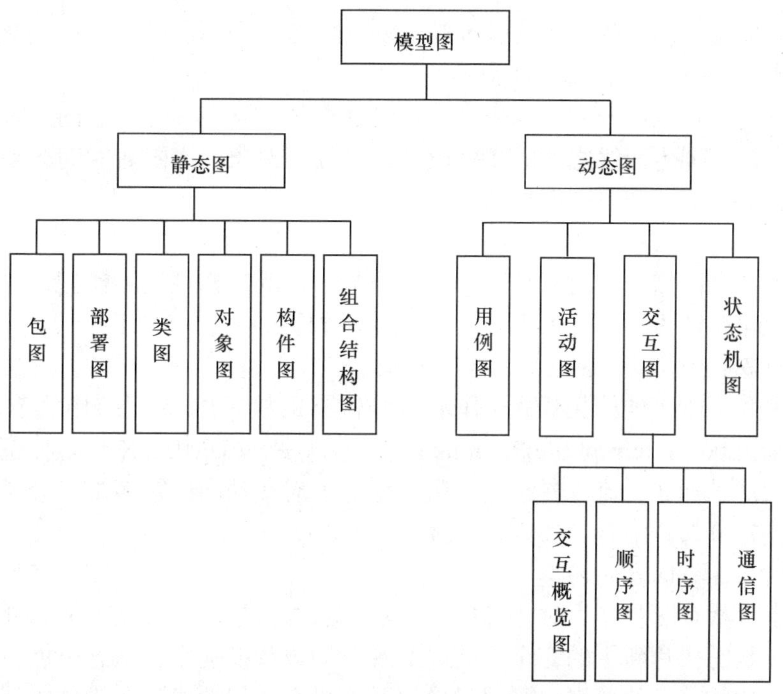

图 3.8　UML 2.0 中的模型图

- 时序图：是 UML 2.0 新增的一种图形，顺序图着重于描述消息的次序，合作图着重于描述参与者之间的链接，而定时图着重于描述交互所发生的时间关系。

在 UML 2.0 中，除了新增加了组合结构图、交互概览图和时序图这 3 种图外，还增强了构件、交互、活动和动作、状态机等概念的表述能力。

- 构件（Components）

UML 2.0 最重要的修订之一就是增强了对基于构件的软件研发的支持。构件能通过组合结构图描述其内部构造物，如部件/实现类目、连接器和端口的结构和关系。作为系统的一个模块化部分，构件通过接口封装了内部所包含元素的行为和状态，对外通过接口来定义它的行为，并且在其环境中可替换。

构件能通过组装及把协作构件之间的接口连接在一起来提供系统功能。在 UML 1.X 中，构件的概念主要用在系统实现的设计阶段，而 UML 2.0 将构件用于整个生命周期的建模上，最后在部署和运行环境中优化。

- 交互（Interactions）

根据使用交互的目的不同，UML 2.0 能用几种图来表达交互：顺序图、通信图、交互概览图和时序图。每种图提供适应不同情况的能力，不过顺序图是交互图中语义最丰富、表现力最强的一种图。

为了能够描述复杂的交互，UML 2.0 中顺序图的伸缩能力有了显著的提高。其新增的核心构造物包括：交互发生（Interaction occurrence），允许从一个交互引用到另一个，这样避免了复制，结构上更优化；新增的组合片断、交互操作符等，使得在顺序图中能表示诸如选择、循环、并行、有序、引用等复杂的控制结构；新增了对生命线（Lifeline）的分解能力，能通过实例的内部结构来细化交互过程。

交互概览图就是新增的交互图之一，它描述交互(特别是关注控制流)，不过抽象掉了消息和生命线。它使用活动图的表示法。纯粹的交互概览图中所有的活动都是交互发生的，那样在图上就根本不会有所有消息和生命线了。

另一种新增的、特别适合实时和嵌入式系统建模的交互图称为时序图。时序图沿着线性时间轴、生命线内部和生命线之间的条件改动。它描述对象状态随着时间改动的情况，非常像示波器，适合分析周期和非周期性任务。

- 活动和动作（Activities/Actions）

UML 2.0 的活动图增强了对复杂过程的建模能力，既支持控制流模型，也支持对象流模型。实现了活动和动作的集成，活动定义了流图（过程），动作定义了执行行为的节点，使得行为建模更加直观有效。

其新增的核心构造物包括:用做动作输入和输出的栓（Pins），结构化节点（Structured Nodes），可中断区域（Interruptible Regions）等。它对原来 UML 1.X 核心构造物的语义充实包括：在边上增加了标志、流、异常等参数；增进了对活动图进行多维、分层和扩展的分割法；控制节点支持分叉、汇合、决策、合并等。

- 状态机（StateMachines）

UML 2.0 中将状态图改名为对状态机图，其主要改进是：通过状态机边界的出口/入口点，实现子状态机（状态机片断）的完全封装，实现可插拔替换能力，状态机能特化。一个特化的状态机是个泛化状态机的扩展，可通过协议状态机有效规约发生在构件的端口或接口的约束操作序列。

3.6 小　结

本章主要介绍了 UML 的基本概念、UML 的发展历程、UML 的主要内容和应用领域；另外，还单独介绍了 UML 2.0 中新增加的 3 种图和一些概念的变化，并给出了 UML 2.0 中的完整模型图。通过本章的学习，希望大家能够对 UML 有一定的概要的认识和了解，为后续各章的学习打下基础。

3.7 习　题

1. 简要说明什么是 UML。
2. 简要介绍 UML 主要由哪 3 种方法构成，每种方法的特点是什么。
3. 简要说明 UML 2.0 中提供了多少种模型图，分别是什么。
4. 简要介绍 UML 的发展历程。

第 4 章 UML 工具

本章首先介绍目前比较流行的 UML 工具，包括常见的工具的名称、出品公司、使用平台和简要介绍。本章的大部分章节将重点介绍目前使用最为广泛的 UML 工具 Rational Rose，包括 Rational Rose 的主要特点，基本使用和应用实例，本章中介绍的 Rational Rose 的版本为 Rational Rose 2003，其他版本可对照参考。

4.1 UML 工具介绍

UML 的本质是由一系列的图构成的，用户能够在一张纸上用手画出这些图，但是对设计系统来说，在纸上画 UML 图并不是一个好办法。目前在使用 UML 进行系统建模时，大都使用 UML 工具进行系统设计。使用 UML 工具可以简化设计中图表绘制的任务，同时，因为是采用电子格式设计，彼此之间的合作也更加容易。另外，部分常规的任务一般都可以通过 UML 工具来自动化进行，因此现在很多时候进行系统设计时，采用 UML 工具就成为了首选。

UML 工具最重要的用途就是能够绘制 UML 图，所以首先也是最重要的就是，必须明确 UML 工具能够画何种类型的图。但单纯能够绘制 UML 图并不能满足用户的需要，如使用 UML 工具绘制类图后，是否能够根据该图完美地生成实际的 Java 类或 C++类的源代码。

另外，假设已经存在一系列包含很多类的源代码文件，需要通过这些代码找到所有类是如何相关联的，如果人为地进行整理，这将是非常复杂的工作，但某些 UML 工具能通过提供一些特征的支持，使这样的事情变得简单。

下面就来定义 UML 工具的主要特征。

（1）支持 UML 图

UML 工具应该能够支持组成 UML 的各种图。应该寻找一种工具支持能够画用例图，能够设计如类图和对象图等静态视图，定义如顺序图、活动图、状态机图、协作图、构件图及配置图等动态视图。

（2）正向工程技术

一种 UML 工具不应该只是一种图的描述工具。因为由图定义的系统结构要由开发者翻译成实际的源代码（类），为此 UML 工具应该能够产生类的源代码，为开发者的翻译提供方便。开发者能够使用这种“桩代码”经过填写成为源代码，这种自动产生源代码的特性称为正向工程技术。

由 UML 工具支持的正向工程技术应该是面向一种语言或者是一组语言的。如果是 Java

开发者，必须确保所使用的 UML 工具能够支持 Java 语言。同样的，如果是 C++开发者，必须确保所使用的 UML 工具能够支持 C++语言。

（3）自动更新工程技术

自动更新工程技术实际上是正向工程技术的反向过程。在自动更新工程技术中，UML 工具负责应用软件或系统的所有文件，确定各种类之间的依赖性，更重要的是随着类之间关系的改变，应用软件结构就会自动重构。自动更新工程技术通常是高端的 UML 工具所提供的特征。

（4）双向工程技术

正向工程技术和自动更新工程技术从本质上来说是单向的活动，接收所有的输入和产生需要的输出。然而，双向工程技术扩展了这些特征。

在软件设计里有一个重要的规则：没有任何设计是始终不改变的。这个规则不但适合小的开发系统，同样适合于大的开发系统。在开发中，在 UML 模型中定义的结构确实需要通过改变来适应在实施过程中物理方面的不同，这些是在设计过程中没有考虑到的，这样将使设计的系统与源代码的改变保持一致变得很困难。双向工程技术使得 UML 工具能够随着软件代码的改变，设计的模型也能同步改变。

（5）文档编制

文档编制是构成 UML 工具所必需的。软件设计本来就是一个抽象的过程。除了一少部分语法和语义范围内的规则，没有其他的规则。如果某些事后的原因不能够对设计的软件进行很好的存档，那么架构师设计软件的想法过程可能会丢失。

当大型的系统需要维护时，却没有一个线索知道这个子系统为何使用这种方式设计，这是很痛苦的。因此，UML 工具必须能够为设计者的设计想法在图中提供如注释或评论等方式的文档编制。除此之外，UML 工具应该能够支持不同设计图产生的报表/列表。

除了上面的特征，还有几个在 UML 工具中有用的特征。

（1）版本控制

开发人员想要的 UML 工具另一个非常重要的特征是，一个完整的版本控制机制或者说是和一个标准的版本控制系统的兼容性。配置管理是开发软件系统过程中一个重要的环节。鉴于软件设计是软件生命周期很重要的一个环节，维护系统设计的版本是设计人员期望 UML 工具所具有的。当缺少版本控制的直接支持时，设计者就有责任维护设计的版本，这将大大增加设计者的工作量和工作难度。

（2）协作建模环境

企业级系统是庞大的且它们的设计是相当复杂的。当设计复杂的系统时，可能会有不同的团队参与且在平行地同时设计不同的子系统。这种协作设计就需要 UML 工具能够很好地进行同步协调。UML 工具能够为协作建模环境，提供不同版本的支持。协作建模是 UML 工具所具有的很好的特征。

（3）能够和常用的集成开发环境集成

创建软件系统方法的重复使用，使得保持系统设计和开发代码的同步变得很困难。因此，如果 UML 工具能够提供和常用的开发环境集成，这将变得很有用处。这个特征使得 UML 工具能够随着集成开发环境中源代码的更改而更新。

（4）测试脚本的产生

用 UML 工具设计的系统或者子系统也会代表功能方面的内容。因此除了产生“桩代码”，

UML 工具也应该能够产生测试脚本，用来测试类所具有的功能，这个功能对测试人员会变得很有用处。

（5）MVC 建模

MVC（模型—视图—控制器）的架构逐渐成为企业级软件应用的标准架构。因此，如果设计面向 Web 的企业级应用或进行 MVC 建模时，所使用的 UML 工具应该能够良好地支持 MVC 架构。

可以支持 MVC 架构建模的 UML 工具使得组织、分清设计中的元素变得更加容易。从长远来看，这将有助于提高模型的可读性。

4.2　主要 UML 工具介绍

当前常见的 UML 建模工具非常多，这里只列举几种应用较为广泛的工具进行简单介绍。

1. Rational Rose

Rational Rose 是一种基于 UML 的建模工具。在面向对象应用程序开发领域，Rational Rose 是影响其发展的一个重要因素。Rational Rose 自推出以来就受到了业界的瞩目，并一直引领着可视化建模工具的发展。越来越多的软件公司和开发团队开始或者已经采用 Rational Rose 用于大型项目开发的分析、建模与设计等方面。

从使用的角度分析，Rational Rose 易于使用，支持使用多种构件和多种语言的复杂系统建模；利用双向工程技术可以实现迭代式开发；团队管理特性支持大型、复杂的项目和大型而且通常队员分散在各个不同地方的开发团队。

同时，Rational Rose 与微软 Visual Studio 系列工具中 GUI 的完美结合所带来的方便性，使得它成为绝大多数开发人员的首选建模工具；Rose 还是市场上第一个提供对基于 UML 的数据建模和 Web 建模支持的工具。此外，Rose 还为其他一些领域提供支持，如用户定制和产品性能改进。

2. Microsoft Visio

Microsoft Visio 是独立的图表解决方案，它可以帮助用户交流创意、信息和系统并将其可视化。使用 Visio 可以定义和记录日常工作生活的复杂信息，并与其他人有效地共享创意和信息。另外，如果将 Visio 图表合并到 Office 文档中，将使信息变得更简洁，让别人更容易记住要点，更容易克服文化和技术上的障碍。

Visio 有 3 个主要作用。

（1）补充 Microsoft Office 业务。专业人员可以创建信息丰富的图表，以便补充和扩展他们用 Office 程序所做的工作。

（2）简化技术设计、部署和维护。技术专业人员可以用图表记录创意、信息和系统，以便简化 IT 部署，扩展开发工具的使用，甚至记录设备布局和工程计划。

（3）支持开发自定义的可视解决方案。Visio 使用户能够创建自定义的形状和模具来支持组织标准，还可以用来创建范围广泛的自定义可视解决方案。

3. Enterprise Architect

Enterprise Architect 是一个全功能的、基于 UML 的 Visual CASE 工具，主要用于设计、编写、构建并管理以目标为导向的软件系统。它支持用户案例、商务流程模式以及动态的图表、分类、界面、协作、结构以及物理模型。

此外，Enterprise Architect 支持的开发语言包括：C++、Java、Visual Basic、Delphi、C#以及 VB.NET。

4. PowerDesigner

PowerDesigner 系列产品提供了一个完整的建模解决方案，业务或系统分析人员，设计人员，数据库管理员 DBA 和开发人员可以对其裁剪以满足他们特定的需要；而其模块化的结构为购买和扩展提供了极大的灵活性，从而使开发单位可以根据其项目的规模和范围来使用他们所需要的工具。

PowerDesigner 灵活的分析和设计特性允许使用一种结构化的方法有效地创建数据库或数据仓库，而不要求严格遵循一个特定的方法学。PowerDesigner 提供了直观的符号表示使数据库的创建更加容易，并使项目组内的交流和通信标准化，同时能更加简单地向非技术人员展示数据库和应用的设计。

4.3 Rational Rose 的主要功能

Rational Rose 是分析和设计面向对象软件系统的强大工具，可以帮助设计开发人员先建模系统再编写代码，从开始就保证系统结构合理。利用模型可以更方便地捕获设计缺陷，从而以较低的成本修正这些缺陷。

Rational Rose 有助于系统分析，可以先设计使用案例和 Use Case 框图，显示系统的功能。可以用 Interaction 框图显示对象如何配合，提供所需功能。Class 框图可以显示系统中的类及其相互关系。Component 框图可以演示类如何映射到实现组件。最后，Deployment 框图可以显示系统的分布设计。

Rose 模型是系统的图形，包括所有 UML 框图、角色、使用案例、对象、类、构件和部署节点。它详细描述系统的内容和工作方法，开发人员可以用模型作为所建系统的蓝图。这样就可以尽量避免传统开发模型的老问题了。

传统的开发模型中，开发小组要与客户交流并记录客户的要求。然后开发人员可以根据交流的过程和记录准备编码。假设开发人员张三从客户那里取得一些要求，作出一些设计决策，编写了一些代码。而开发人员李四也从客户那里取得一些要求，做出完全不同的设计决策，再编写一些完全不同的代码。

这种编程风格的差别非常自然，20 个开发人员对同样的要求可能开发出 20 种不同系统。这样，有人要了解或维护系统时就会遇到问题。如果不详细与每个开发人员面谈，就很难了解他们作出的开发决策、系统各部分的作用和系统的总体结构。如果没有设计文档，则很难保证所建的系统就是用户所要的系统。

传统开发模型过程如图 4.1 所示。

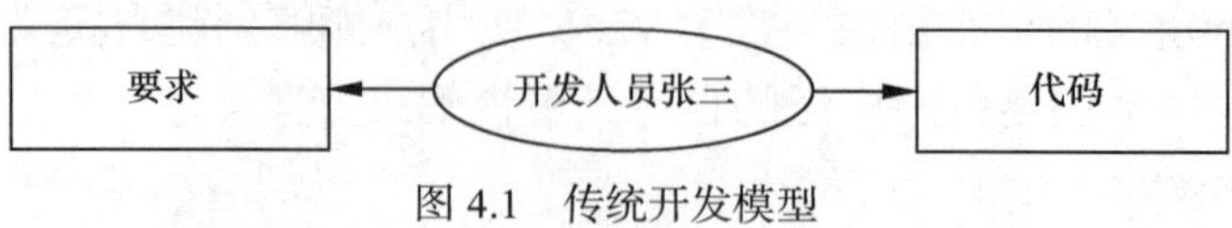

图 4.1　传统开发模型

虽然用户的需求被建成文档，但设计在开发人员张三的脑子里，因此只有张三知道系统的详细结构。如果张三离开，则这个信息也随之一起离开。如果找人代替张三，就会知道要了解一个文档不足的系统有多么费事。

Rose 模型采用的过程如图 4.2 所示。

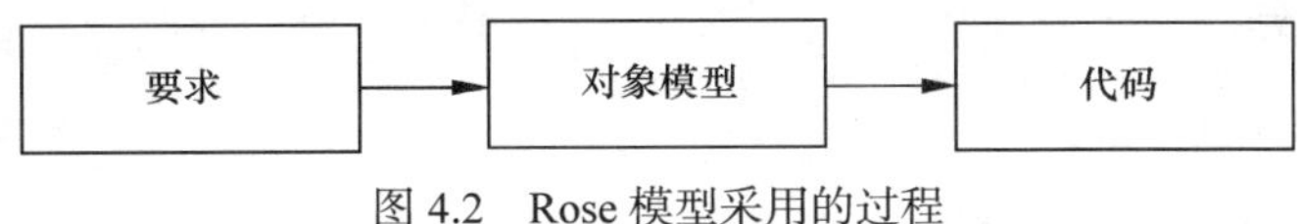

图 4.2 Rose 模型采用的过程

设计被建成文档，开发人员就可以在编码之前一起讨论设计决策了，不必担心系统设计中每个人选不同的方向。

Rose 模型可以被整个开发小组的所有开发人员使用。

- 整个小组用 Business Use Case 框图了解系统针对的业务。
- 客户和项目管理员用 Use Case 框图取得系统的高级视图，确定项目范围。
- 分析人员和客户使用用例文档了解系统提供的功能。
- 项目管理员用 Use Case 框图和文档将项目分解成可管理的小块。
- 技术作者使用用例文档编写客户手册和培训计划。
- 分析人员和开发人员用 Sequence 和 Collaboration 框图了解系统的逻辑流程、系统中的对象及对象间的消息。
- 质量保证人员使用用例文档 Sequence、Collaboration 框图取得测试脚本所需要的信息。
- 开发人员用 Class 框图和 Statechart 框图取得系统各部分的细节及其相互关系的信息。
- 部署人员用 Component 和 Deployment 框图显示要创建的可执行文件、DLL 文件和其他组件以及这些组件在网络上的部署位置。
- 测试小组用模型确保代码遵循了需求，代码可以回溯到需求。

因此，Rose 是整个项目组使用的工具，是每个小组成员可以收集所要信息的范围和分析、设计信息的仓库。

Rose 工具为开发人员和开发团队提供了整个开发生命周期的支持。单独使用时，Rational 软件的每种工具在其各自市场领域中都处于领先地位。结合使用时，它们更是提供了无与伦比的自动化和易用性。

Rational 软件工具可以在 Windows、UNIX、Linux 和大型机平台上使用，并且可以支持绝大多数语言、IDE 和操作环境，其中包括 Java、Eclipse、C/C++/C#、Visual Basic .NET、Microsoft .NET、COM/+、CORBA 等 100 多个针对实时和嵌入式系统开发人员的开发环境，以及最新的 Internet/Web 服务标准。

4.4 Rational Rose 窗口介绍

Rose 支持 9 种不同类型的 UML 框图：业务用例框图、Use Case 框图、Activity 框图、Sequence 框图、Collaboration 框图、Class 框图、Statechart 框图、Component 框图和 Deployment 框图。Rose 对不同的框图提供不同的工具栏。在后续章节中将详细介绍如何通过 Rose 创建各种框图。

4.4.1 窗口的构成

Rose 的窗口的主要包括：浏览器、文档窗口、工具栏、框图窗口和日志。图 4.3 所示为 Rose 界面的各个部分。

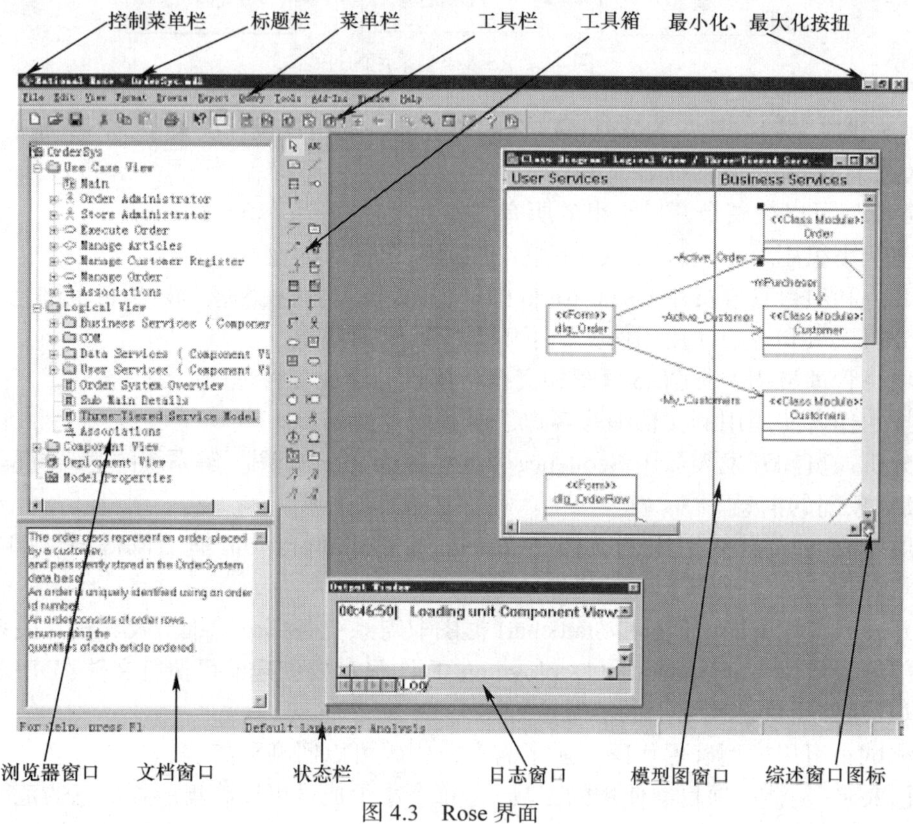

图 4.3 Rose 界面

各部分的主要作用如下。

- 浏览器：用于在模型中导航作用。
- 文档窗口：用于查看或更新模型元素的文档。
- 工具栏：用于快速访问常用命令。
- 框图窗口：用于显示和编辑一个或者几个 UML 框图。
- 日志：用于查看错误消息和报告各个命令的结果。

4.4.2 浏览器

浏览器采用的是树形结构，如图 4.4 所示，用于在 Rose 模型中迅速漫游。浏览器中显示了模型中的所有角色、使用案例、类、组件等。

浏览器功能如下。

- 增加模型元素（角色、使用案例、类、组件、框图等）。
- 浏览现有模型元素间的关系。
- 移动模型元素。

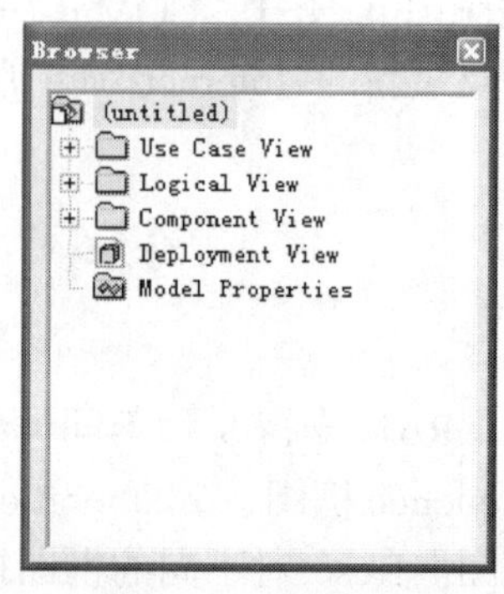

图 4.4 浏览器窗口

- 更名模型元素。
- 将模型元素加进框图。
- 将文件或 URL 链接到元素。
- 将元素组成包。
- 访问元素的详细规范。
- 打开框图。

浏览器中包含 4 个视图。

- Use Case 视图。
- Logical 视图。
- Component 视图。
- Deployment 视图。

表 4-1 所列为每个视图及其中包含的模型元素。

表 4-1　　Rational Rose 中的视图

视　　图	内　　容
Use Case 视图	Business actors　业务主角
	Business workers　业务工人
	Business use cases 业务用框图
	Business use cases 业务实例
	Actors 角色
	Use cases 使用案例
	Associations 关联
	Use Case 文档
	Use Case 框图
	Activity 活动框图
	Sequence 顺序框图
	Collaboration 关联框图
	Packages 包
Logical 视图	Classes 类
	Class 类框图
	Associations 关联
	Intefaces 接口
	Sequence 协作框图
	Collaboration 关联框图
	Statechart 状态框图
	Packages 包

续表

视　　图	内　　容
Components 视图	Components 构件
	Interface 接口
	Component 构件框图
	Packages 包
Deployment 视图	Processes 进程
	Processors 处理器
	Connectors 接头
	Devices 设备
	Deployment 部署框图

Rose 浏览器的功能非常强大，并且易于操作，具有很强的拖放功能，可以自动地更新模型中的元素等。

利用浏览器，可以轻松地查阅每个视图中的模型元素，移动和编程模型元素，增加新的元素。通过在浏览器中右键单击元素，可以将文件或 URL 链接到元素、访问元素的详细规范、删除元素和更名元素。

浏览器的显示为树状结构，每个根部又可包含其他元素。

如果不使用浏览器也可以将它隐藏，右键单击浏览器窗口，从弹出式菜单中选择“Hide”。相反如果要显示隐藏的浏览器，应单击 View 菜单，选择 Brower 即可。

4.4.3　文档窗口

文档窗口用于建档 Rose 模型元素。例如，每个业务角色写一个简单定义。可以通过文窗口输入这个定义，如图 4.5 所示。

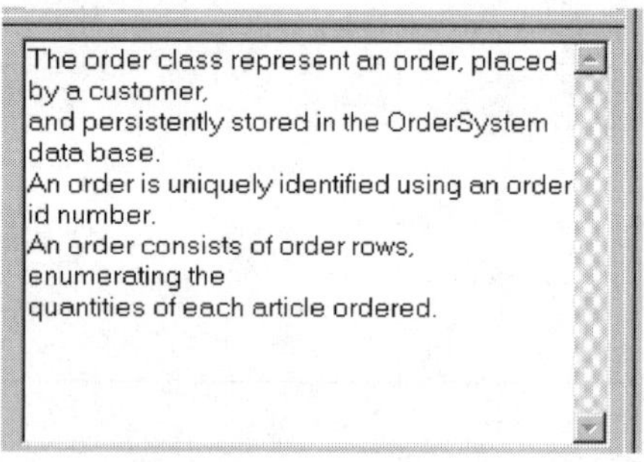

图 4.5　文档窗口

文档窗口包含与模型元素规范窗口中完全相同的信息，描述模型元素或者关系，描述角色、约束、目的以及模型元素基本行为等信息。

文档窗口中输入的一切都将显示为生成的代码中的说明语句，使用该特征可以自动增加系统代码中的说明语句。

4.4.4　工具栏

Rose 工具栏可以快速访问常用的命令。Rose 有两个工具栏：标准工具栏和框图工具栏。标准工具栏包含任何框图都可以使用的选项。表 4-2 列出了标准工具栏中选项。框图工具栏则随每种 UML 框图改变，将在后面进行详细介绍。

要显示或隐藏标准工具栏，可选择 Tools->Options，选择 Toolbars，使用“show Standard Toolbar”复选框显示或隐藏标准工具栏。

表 4-2　　标准工具栏

图　符	注　释	作　用
	create new model or file	建立新的 Rose 模型或文件
	open existing model or file	打开现有的 Rose 模型
	save model,file or script	保存
	cut	移动文本到剪切板
	copy diagram	复制文本到剪切板
	paste	粘贴剪切板文本
	print	从当前模型打印
	help	帮助文档
	view documentation	浏览文档窗口
	browse class diagram	查找和打开 Class 框图
	browse interaction diagram	查找和打开 Sequence 或 Collaboration 框图
	browse component diagram	查找和打开 Component 框图
	browse the state machine diagram	寻找和打开 Statechart 框图
	browse deployment diagram	寻找和打开 Deployment 框图
	browse parent	打开框图的父框图
	browse previous diagram	打开最近浏览过的框图
	zoom in	放大比例
	zoom out	缩小比例
	fit in window	设置显示比例，使整个框图适合窗口
	undo fit in window	取消 Fit inWindow 命令

所有的工具栏都可以定制，右键单击所选工具栏，选择 Customize 选项，出现如图 4.6 所示的对话框。

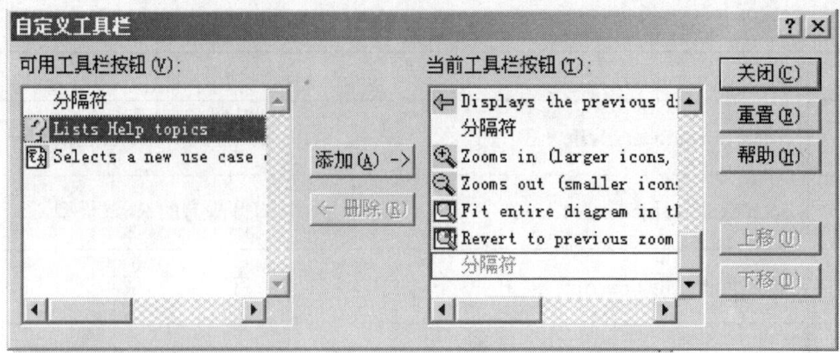

图 4.6　定制工具栏

4.4.5　框图窗口

框图窗口如图 4.7 所示，可以在框图窗口中浏览模型中的一个或者几个 UML 框图。如果改变框图中的元素，Rose 将自动更新浏览器中对应的内容。同样，如果在浏览器中改变元素，Rose 自动更新相应框图。这样 Rose 就可以保证模型的一致性。

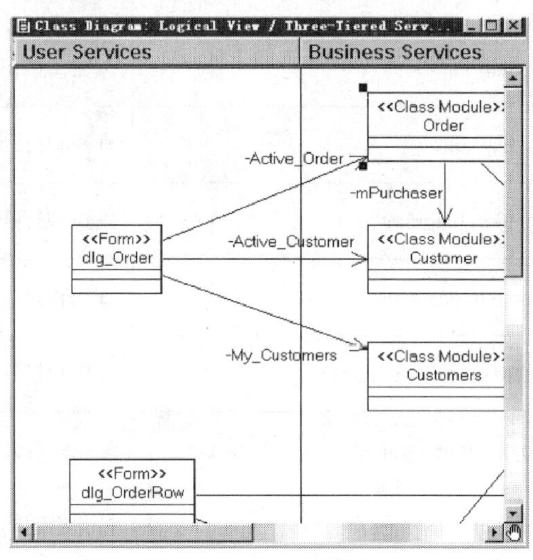

图 4.7　框图窗口

4.4.6　日志

使用 Rose 模型时，有些信息会显示在日志窗口中。例如，生成代码时，生成的任何错误代码均会在日志窗口中发表，日志窗口如图 4.8 所示。

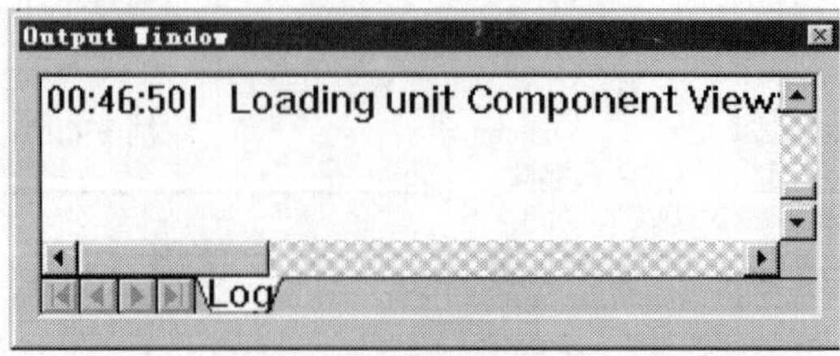

图 4.8　日志窗口

4.5　Rose 模型视图

Rose 模型中包含了 4 种视图：Use Case 视图、Logical 视图、Component 视图和 Deployment 视图。每个视图针对不同对象，有自己不同的用途。

下面简要介绍 Rose 模型的 4 个视图。

1. Use Case 视图

Use Case 视图（见图 4.9）中包括：

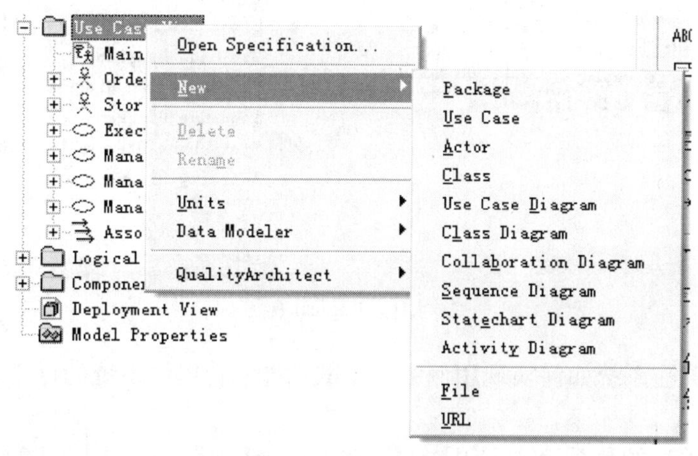

图 4.9　Use Case 视图

- 包。
- 用例、执行者、类。
- 用例图、类图。
- 顺序图、协作图、状态图、活动图。
- 文件、URL。

Use Case 视图是系统中与实现无关的视图。Use Case 视图关注的是系统功能的高层建模，而不关心系统的具体实现细节。Use Case 视图通常在项目开始时要先确定，之后不会轻易修改。

随着项目的进行，小组的所有成员可以通过 Use Case 视图了解正在建立的系统使用案例文档，通过用例描述事件流程。利用这个信息，质量保证人员可以开始编写测试脚本。技术人员可以开始编写用户文档。分析人员和客户可以从中确认捕获了所有需求。开发人员可以看到系统创建哪些高级组件，系统逻辑如何。

一旦客户同意了角色和用例，就基本确定了系统的范围。然后可以在 Logical 视图中继续开发，关注系统如何实现用例中提出的功能。

2. Logical 视图

Logical 视图（见图 4.10）中包括：

- 类、类实体。
- 用例、接口、包。

- 类图、用例图。
- 顺序图、协作图、状态图、活动图。
- 文件、URL。

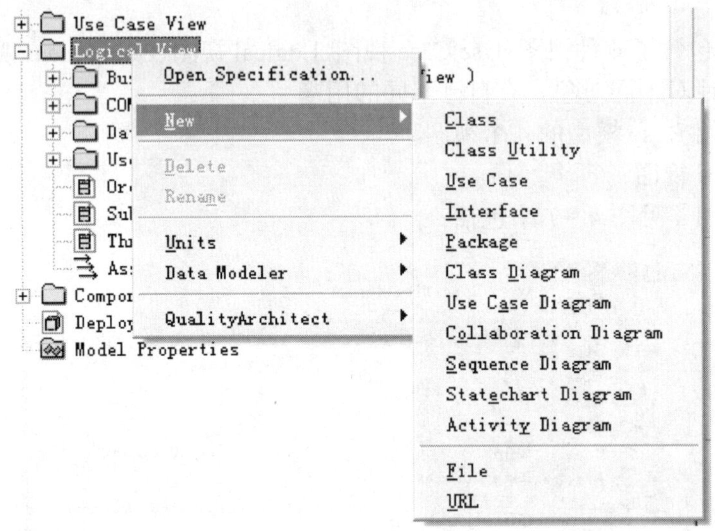

图 4.10　Logical 视图

Logical 视图关注系统如何实现用例中提出的功能。它提供系统的详细图形，描述组件间如何关联。

Logical 视图关注的是系统的逻辑结构。在 Logical 视图中，要标识系统中的构件，检查系统信息和功能，检查组件之间的关系。重复使用是一个主要目的，通过认真指定类的信息和行为、组合类，以及检查类和包之间的关系，就可以确定重复使用的类和包。完成多个项目后，就可以将新类和包加进重复使用库中。今后的项目可以组装现有的类和包，而不必一切从头开始。

几乎开发小组中的每个人都会用到 Logical 视图中的信息，但主要用户是开发人员和建模人员。

开发人员关心创建什么类，每个类包含的信息和功能以及类之间的关系。建模人员更关心系统的总体结构，要负责保证系统结构稳定，并考虑重复使用，系统能灵活地适应需求变化。分析人员利用类和 Class 框图信息确定代码会实现哪些业务需求。质量保证人员通过类、Class 框图了解系统中的构件有哪些，哪些需要测试。项目管理人员通过类和 Class 框图确定系统构造是否合理，并估计系统的复杂程度。

一旦标识出系统中的类，并画出 Class 框图后，就可以转入 Component 视图，了解系统的物理结构。

3. Component 视图

Component 视图（见图 4.11）中包含：

- 包。
- 构件。
- 构件图。
- 文件、URL。

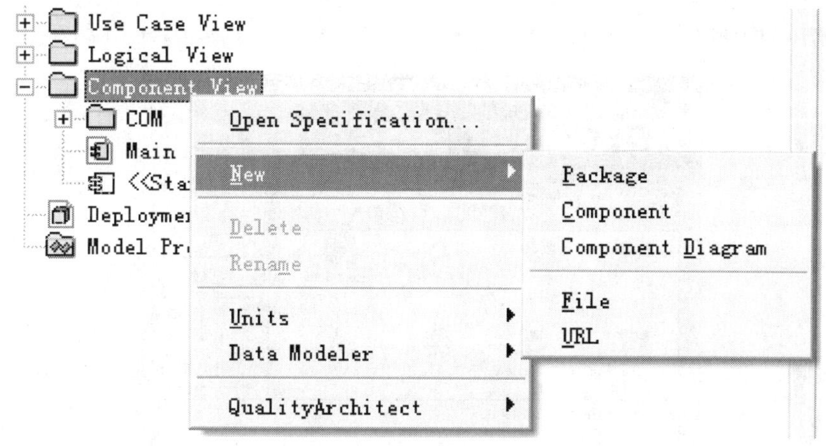

图 4.11　Component 视图

Component 视图中包含了模型代码库、执行库和其他构件的信息，从中可以看出系统实现的物理结构。Component 视图的主要用户是负责控制代码和编译部署应用程序的人。有些构件是代码库，有些是运行构件，如可执行文件或动态链接库（DLL）文件。开发人员也用 Component 视图显示已经生成的代码库中包含的类。

4. Deployment 视图

Deoloyment 视图（见图 4.12）中包含：

- 设备。
- 处理器。
- 文件、URL。

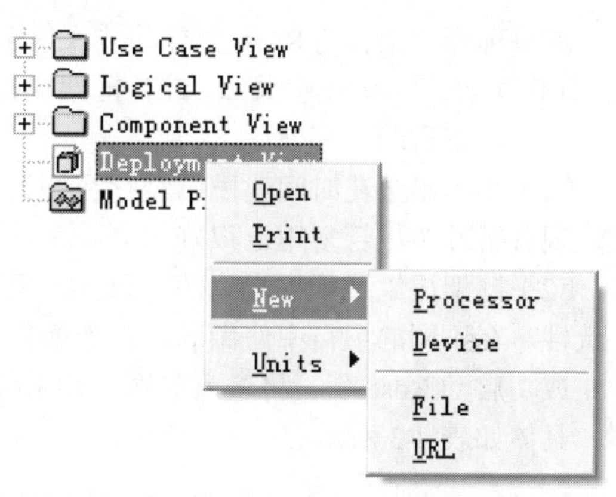

图 4.12　Deployment 视图

Deoloyment 视图关注系统的实际部署，系统的实际部署与系统的逻辑结构有所不同。例如，系统可能用三层逻辑结构。换句话说，界面与业务逻辑可能分开，业务逻辑又与数据库逻辑分开。但部署可能是两层的。界面放在一台机器上，而业务和数据库逻辑放在另一台机器上。

Deployment 视图还要处理其他问题，如容错、网络带宽、故障恢复和响应时间。

整个小组都用 Deployment 视图的信息了解系统部署，但主要用户是发布应用程序的人员。

另外值得注意的一点是，一个项目只有一个部署图。

4.6　Rational Rose 框图创建

4.6.1　创建 Rose 模型

使用 Rose 的第一步是创建模型。模型可以从头创建，也可以利用现有框架模型。Rose 模型（包括所有框图、对象和其他模型元素）都保存在一个扩展名为.mdl 的文件中。

启动 Rational Rose 后，会弹出 Create New Model 对话框，如图 4.13 所示。

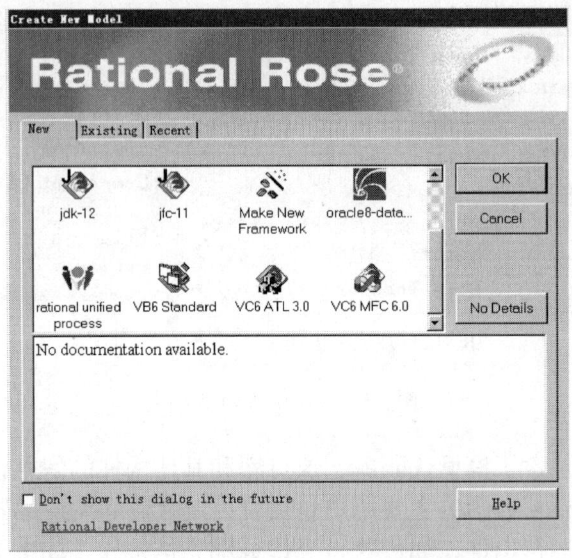

图 4.13　Create New Model 对话框

如果选择框架，则 Rose 会自动装入这个框架的默认包、类和组件。例如，如果用户选择了 J2EE 框架，Rose 则会装入 J2EE 框架提供默认小程序、Bean 和其他类。

使用框架有两个好处。

（1）小组不必花时间建模已经存在的元素。建模工作的重点是项目独有的部分，而不是重建现有组件（尽管复用也很好）。

（2）框架提供了项目之间的一致性。模型的主要好处是保证小组成员和整个小组之间的一致性。在不同的项目中使用同一框架能保证不同小组用相同的基础开始建立项目。

成功启动 Rose 后，将进入如图 4.13 所示的主界面。在 Rose 中可以创建 UML 中的 8 种图，具体如表 4-3 所示。

表 4-3　　Rose 中的 UML 框图

模　型　图	图　标	描　　述	建 模 角 度
类图（Class diagram）		显示系统中的类和包，提供系统构件及其相互关系	静态结构建模
用例图（Use case diagram）		从用户的角度描述系统功能的使用者和主要的系统操作流程。显示用例与参与者及其相互关系	系统功能建模
协作图（Collaboration diagram）		从对象组织结构的角度显示用例中特定情形的操作流程	动态行为建模
顺序图（Sequence diagram）		按时间顺序显示用例中特定情形的操作流程	动态行为建模
状态图（Statechart diagram）		显示系统中类的对象所有可能的状态以及事件发生时状态的转换条件	动态行为建模
活动图（Activity diagram）		描述满足用例要求所需进行的活动以及活动间的关系的图	动态行为建模

续表

模　型　图	图　标	描　　述	建 模 角 度
构件图（Component diagram）		描述代码构件的物理结构以及构件之间的依赖关系。组件图有助于分析和理解组件之间的影响程度	静态结构建模
部署图（Deployment diagram）		描述系统中的物理结构	静态结构建模

4.6.2　创建用例图

在 3.3 节中介绍了 10 种常见的 UML 模型图，下面将逐一介绍如何在 Rose 中绘制 UML 模型图。

一个 Rose 项目可以创建多个 Use Case 图，每个 Use Case 图显示用例与角色的不同子集。Rose 提供一个默认 Use Case 框图 Main，在该框图中可以显示用例与角色的包，也可以显示所有用例与角色。下面介绍如何在 UML 中绘制图 3.2 所示的用例图。

在 Rose 的浏览器窗口列表中找到 Use Case View 文件夹（实际上是包，以下都称为包），在 Use Case 包上单击鼠标右键，弹出快捷菜单，选择菜单项 New，弹出下一级菜单，里面包括了主要的 UML 图，选择 Use Case Diagram（用例图），如图 4.14 所示。

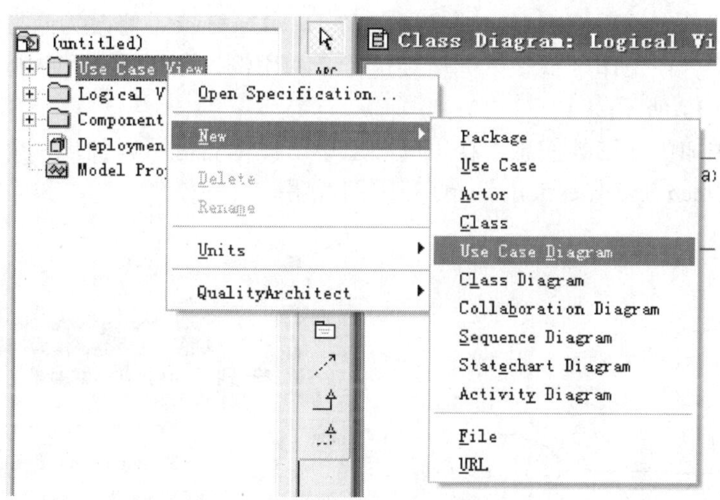

图 4.14　Rose 新建用例图

这时新建一个如图 4.15 所示的用例图，新建用例图缺省的名字是 NewDiagram，可以修改这个名字，如修改为 Ch4UseCaseDemo。

修改用例图名称后，再次双击用例名，Rose 弹出 Ch4UseCaseDemo 的用例工具条和工作区，如图 4.16 所示。

图 4.16 左边的浏览器窗口中增加了一个用例图 Ch4UseCaseDemo，中间的工具栏变成了用例图工具栏，右边的工作区变成了用例图工作区，工作区上面提示用例图和用例名称 Use Case Diagram：Use Case View/

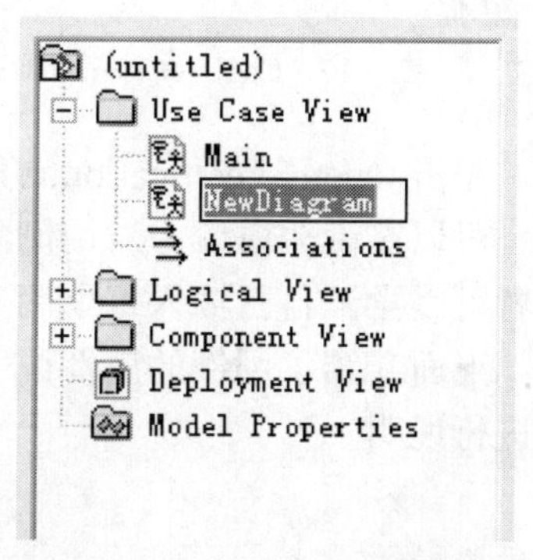

图 4.15　Rose 新建用例图名称

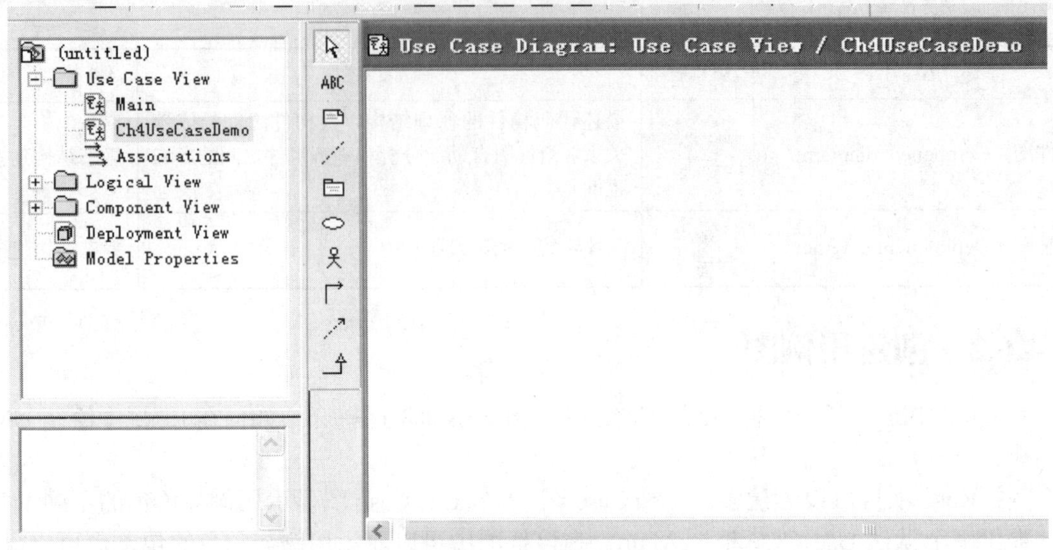

图 4.16　Rose 新建用例图界面

Ch4UseCaseDemo。

在工具栏中单击人形执行者图标，在工作区中单击鼠标，工作区中出现了一个执行者图标，下面的名字为 NewClass，修改为“顾客”。同样在工具栏中选中椭圆形的用例图标，在工作区单击图标，出现用例图形，缺省用例名 NewUseCase，修改为商品浏览。再次在工具栏中选中图标，在工作区拖动鼠标连接执行者和用例，画出用例和执行者的关联，完成后的用例图如图 4.17 所示。

为了给用例添加更详细的信息，在用例图上单击鼠标右键可以弹出一个菜单，如图 4.18 所示。第一项是 Open Specification…，打开用例说明。

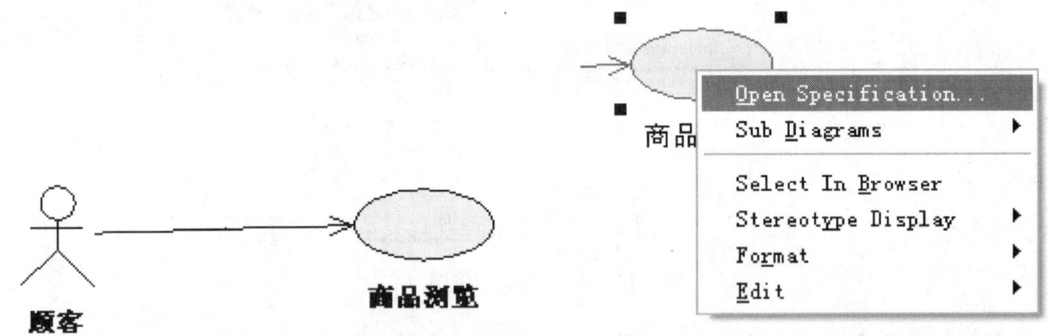

图 4.17　Ch4UseCaseDemo 用例图　　　　图 4.18　Ch4UseCaseDemo 用例图属性

单击 Open Specification…菜单项，弹出一个用例说明窗口，如图 4.19 所示。

可以在说明窗口中对用例的各种属性进行说明，在此不再详述，在第 5 章介绍完用例后，读者可以尝试自己输入每个用例的各个属性。

上面介绍了用例的属性说明窗口，同样执行者也有类似的窗口，用于对执行者的各个属性进行说明。

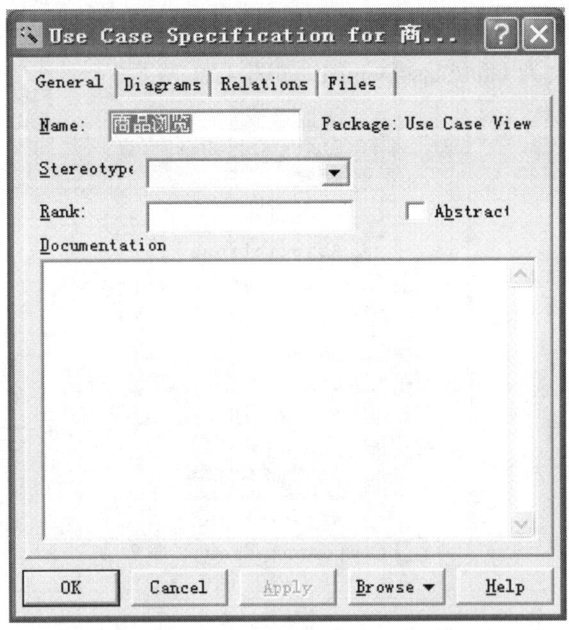

图 4.19　Ch4UseCaseDemo 用例图说明窗口

4.6.3　创建类图

在 Rose 的浏览器窗口列表中找到 Logical View 包，在 Logical View 包上单击鼠标右键，弹出快捷菜单，选择菜单项 New，弹出下一级菜单，里面包括了主要的 UML 图，选择 Class Diagram（类图），如图 4.20 所示。

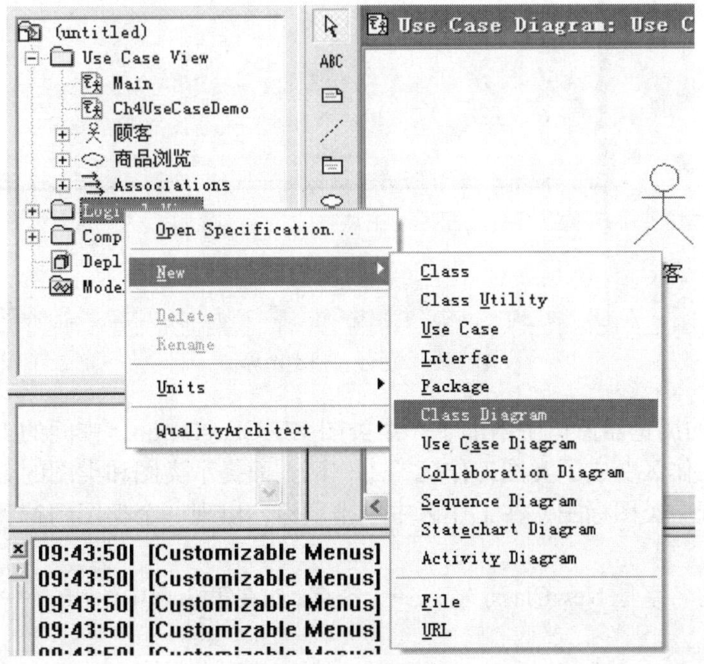

图 4.20　Rose 新建类图

单击 Class Diagram 菜单项，新建一个类图。新建用例图缺省的名字是 NewDiagram，可以修改这个名字，如修改为 Ch4ClassDemo，如图 4.21 所示。

图 4.21　Rose 新建类图名称

双击用例名 Ch4ClassDemo，Rose 弹出 Ch4UseCaseDemo 的类图工具条和工作区，如图 4.22 所示。

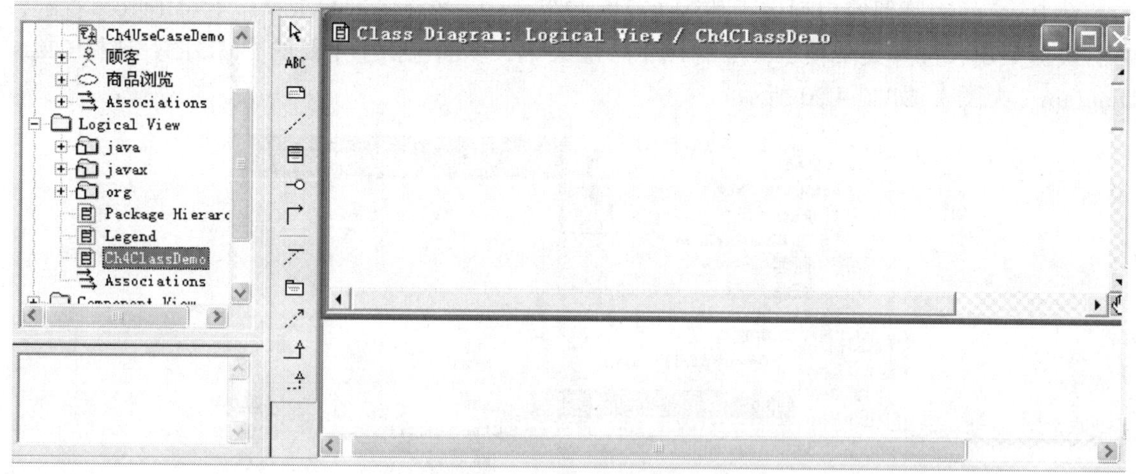

图 4.22　Rose 新建类图界面

图 4.22 左边的浏览器窗口中增加了一个类图 Ch4ClassDemo，中间的工具栏变成了类图工具栏，右边的工作区变成了类图工作区，工作区上面提示类图和类图的名称。

在工具栏中选中类图标▤，在工作区中单击鼠标，出现一个类图图符和类名列表，如图 4.23 所示。

新建类缺省的名字是 NewClass，输入一个类名，如在第 3 章中给出的一个类实例“用户”，如图 4.24 所示。

在创建类后需要给类添加必要的属性和方法。在类图“用户”上单击鼠标右键，弹出一个对话框，如图 4.25 所示。

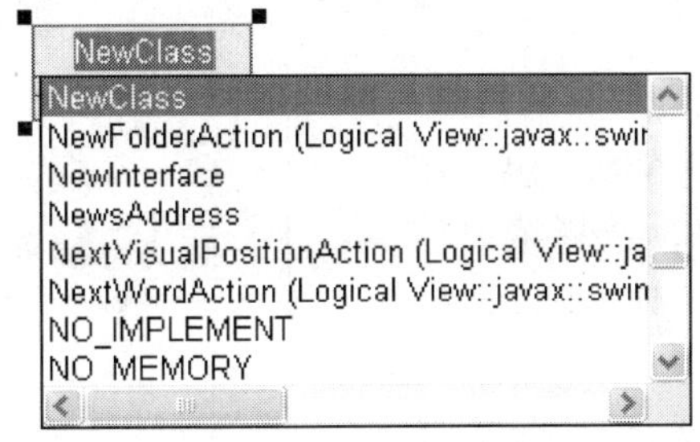

图 4.23　新建类界面

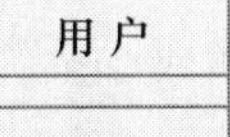

图 4.24　新建用户类

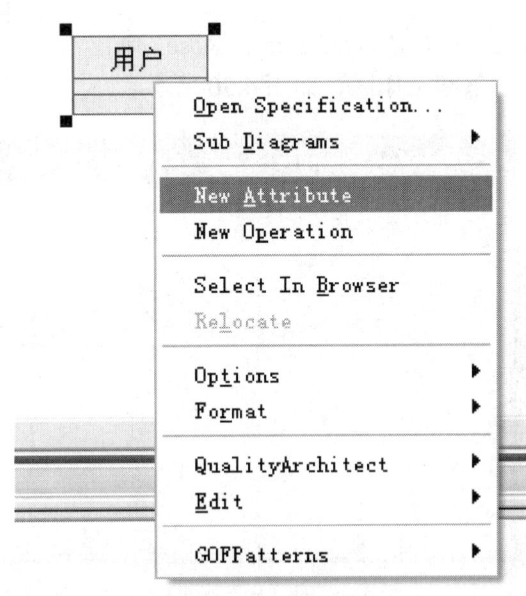

图 4.25　类的属性菜单

接下来给类图添加两个属性“姓名”和“联系电话”，选择 New Attribute 菜单项，如图 4.26 所示，添加了一个属性。

图 4.26 中新添加的属性缺省名称为 name，输入属性名“姓名”，按照相同的步骤再次输入属性“联系电话”，添加两个属性后的用户类如图 4.27 所示。

按照相同的方式可以给类添加方法“查看个人信息”，在图 4.25 中选中 New Operation 菜单项，添加一个方法，修改方法名为“查看个人信息”，添加方法后的用户类如图 4.28 所示。

图 4.26　添加属性

图 4.27　添加属性后的用户类

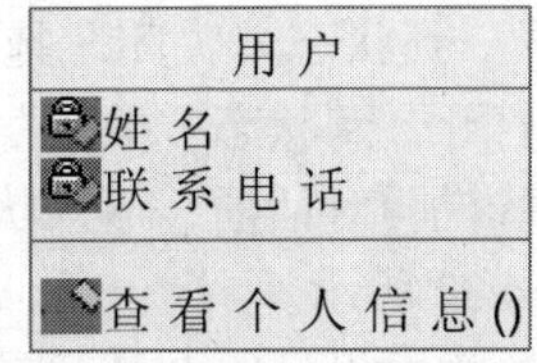

图 4.28　添加属性和方法后的用户类

Rose 的类模型图可以设计多个类，还可以描述类间的关系。有关类的详细信息的设计在学完第 7 章后，读者可以自己用 Rose 设计出更复杂的类图。

4.6.4 创建状态图

在 Rose 的浏览器窗口列表中找到 Logical View 包，在 Logical View 包单击鼠标右键，弹出快捷菜单，选择菜单项 New，弹出下一级菜单，里面包括了主要的 UML 图，选择 Statechart Diagram（状态图），如图 4.20 所示。

选中 Statechart Diagram 菜单项，在左边的浏览器窗口中增加了状态图，如图 4.29 所示。修改状态图的名字为 Ch4StateDemo。

双击浏览器中的状态图 Ch4StateDemo，Rose 弹出 Ch4StateDemo 的状态图工具条和工作区，如图 4.30 所示。

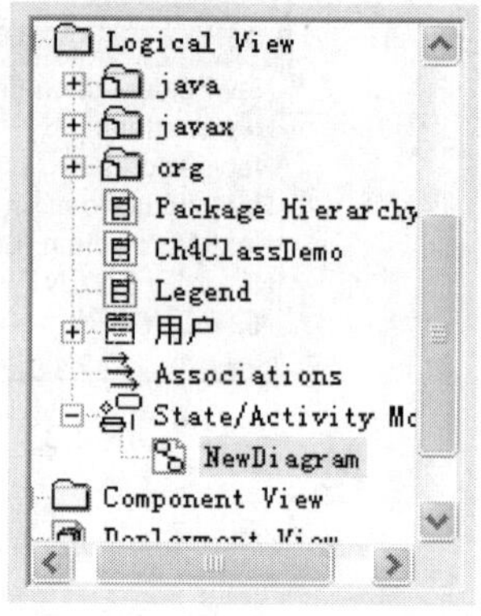

图 4.29 添加状态图的浏览器

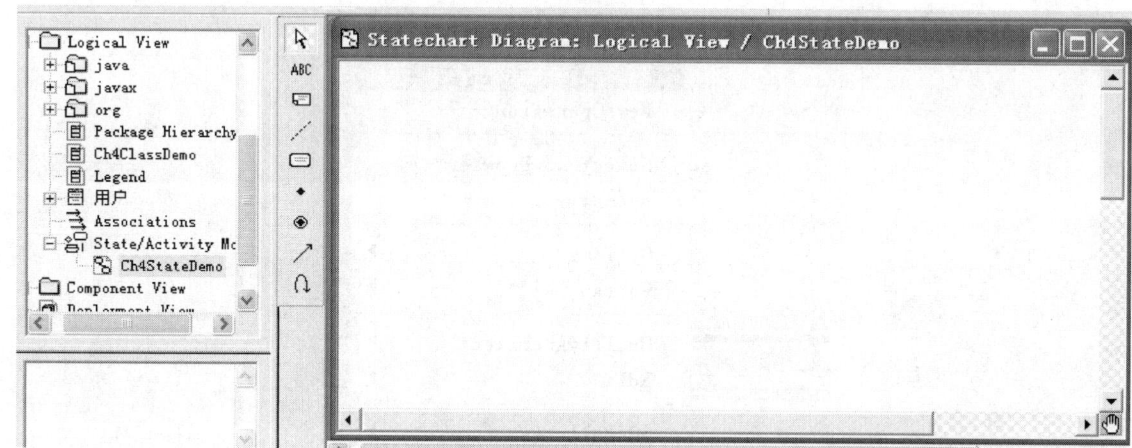

图 4.30 状态图工作界面

图4.30左边的浏览器窗口中增加了一个State/Activity Model条目，下面有状态图Ch4StateDemo，中间的工具栏变成了状态图工具栏，右边的工作区变成了状态图工作区，工作区上面提示状态图和当前状态图的名称。

接下来设计一个状态图，在工具栏中选中图标，在工作区单击鼠标出现一个状态图符，默认名称为 NewState，修改状态名为“打开”。同样再添加一个状态“关闭”，添加的两个状态如图 4.31 所示。

图 4.31 两个状态示意图

在工具栏中选中图标↗，在工作区从状态“打开”到状态“关闭”拖动鼠标，画出一条状态“打开”到状态“关闭”的连线。双击连线弹出连线说明对话框，输入状态转换动作“关门”，如图 4.32 所示。

同样再设计一个从状态“关闭”到状态“打开”的状态转移，并输入转换动作“开门”，设计好的状态图如图 4.33 所示。

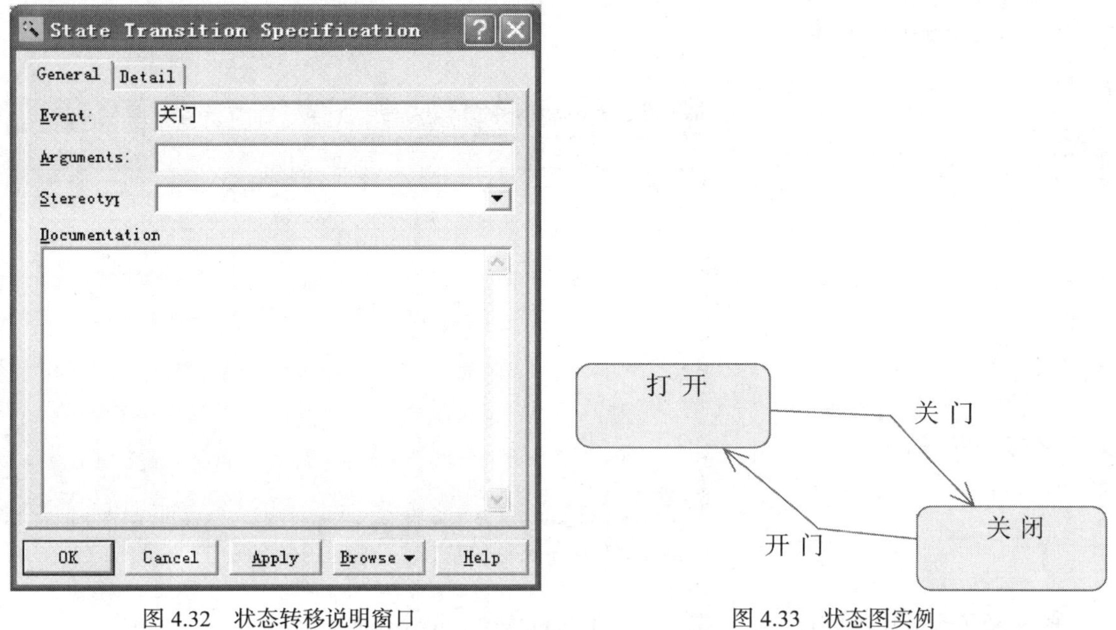

图 4.32 状态转移说明窗口

图 4.33 状态图实例

图 4.33 描述了一个对象“门”的两个状态：“打开”和“关闭”，以及这两个状态是如何进行转换的。

4.6.5 创建活动图

在 Rose 的浏览器窗口列表中找到 Use Case View 包，在 Use Case 包上单击鼠标右键，弹出快捷菜单，选择菜单项 New，弹出下一级菜单，里面包括了主要的 UML 图，选择 Activity Diagram（活动图），如图 4.14 所示。

单击菜单的 Activity Diagram 菜单项，在左边的浏览器窗口中增加了活动图。修改活动图的名字为 Ch4ActivityDemo，如图 4.34 所示。

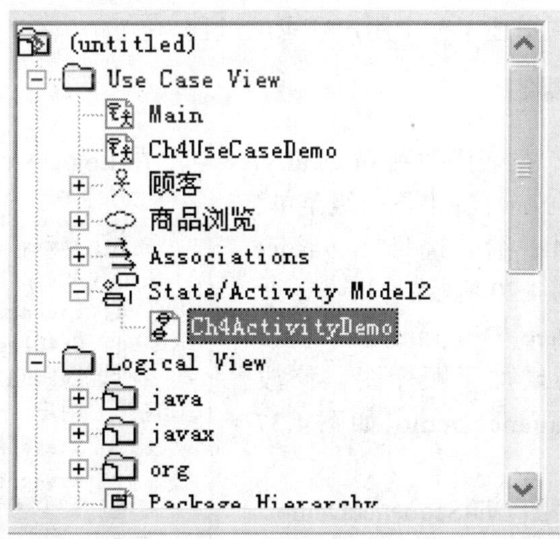

图 4.34 添加状态图的浏览器

双击浏览器中的状态图 Ch4ActivityDemo，Rose 弹出 Ch4ActivityDemo 的活动图工具条

和工作区，如图 4.35 所示。

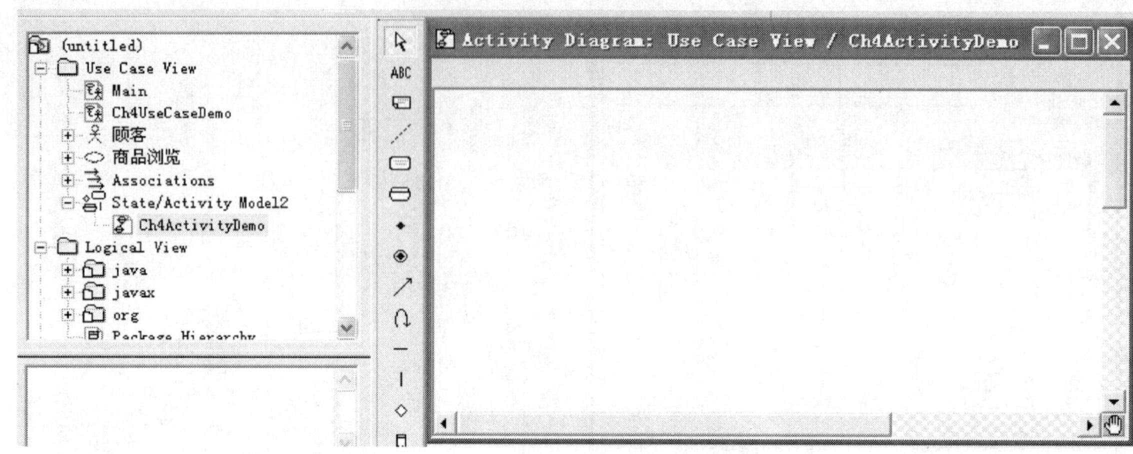

图 4.35　活动图工作界面

图 4.35 左边的浏览器窗口中增加了一个 State/Activity Model2 条目，下面有活动图 Ch4ActivityDemo，中间的工具栏变成了活动图工具栏，右边的工作区变成了活动图工作区，工作区上面提示活动图和当前活动图的名称 Ch4ActivityDemo。

接下来设计图 3.4（b）所示的状态图，在工具栏中选中图标◆，在工作区单击鼠标，出现一个活动开始图符。

接下来在工具栏中单击状态图标，在工作区中单击鼠标，出现一个活动图符，活动图符的默认名称为 NewActivity，修改活动名称为“输入用户名”，同样再设计两个状态“输入密码”和“用户验证”，最后再设计一个活动结束符，添加活动连线，得到图 4.36 所示的活动图。

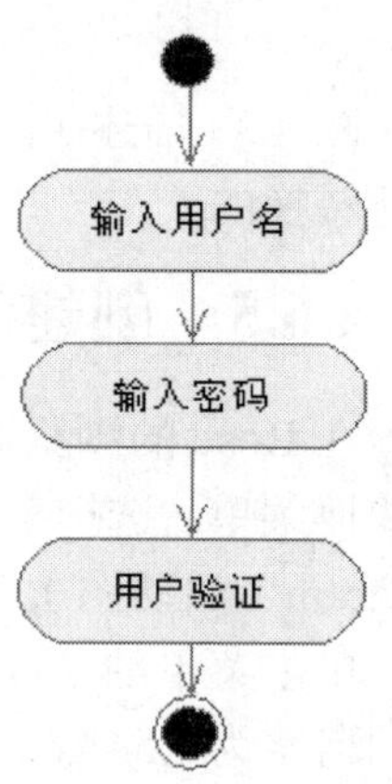

图 4.36　活动图示例

图 4.36 所示的活动图描述了一个用户登录的过程。

4.6.6　创建顺序图

在 Rose 的浏览器窗口列表中找到 Logical View 包，在 Logical View 包单击鼠标右键，弹出快捷菜单，选择菜单项 New，弹出下一级菜单，里面包括了主要的 UML 图，选择 Sequence Diagram（顺序图），如图 4.20 所示。

单击菜单的 Sequence Diagram 菜单项，在左边的浏览器窗口中增加了顺序图。修改顺序图的名字为 Ch4SequenceDemo，如图 4.37 所示。

双击浏览器中的顺序图 Ch4SequenceDemo，Rose 弹出 Ch4SequenceDemo 的顺序图工具条和工作区，如图 4.38 所示。

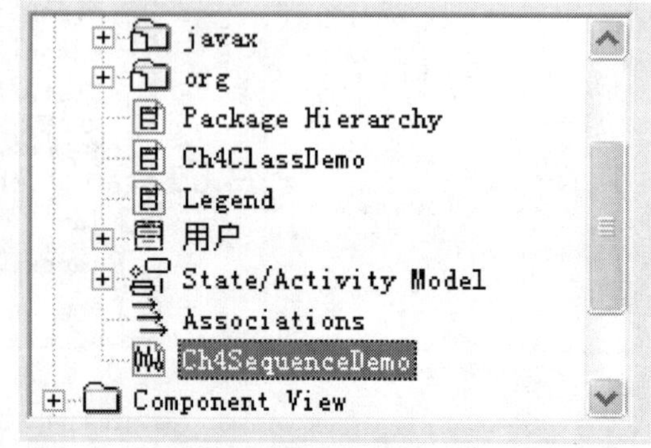

图 4.37　添加状态图的浏览器

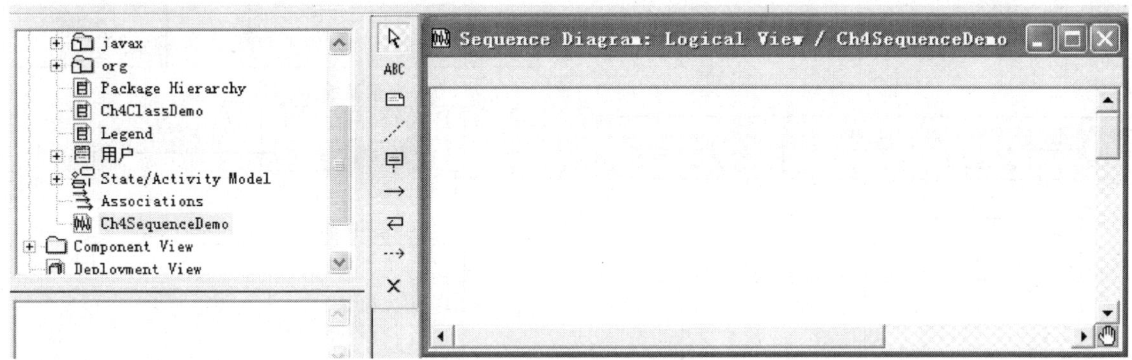

图 4.38 顺序图工作界面

图4.38左边的浏览器窗口的State/Activity Model2条目下，增加了顺序图Ch4SequenceDemo，中间的工具栏变成了顺序图工具栏，右边的工作区变成了顺序图工作区，工作区上面提示顺序图和当前顺序图的名称 Ch4SequenceDemo。

下面以图 3.5（a）为例简要说明设计一个顺序图的过程，在工具栏中选中图标，在工作区单击鼠标出现一个对象图符，修改对象名为“张三”。同样再绘制两个对象“系统”和“商品”，如图 4.39 所示。

在工具栏中选中图标→，在工作区从对象张三下面的虚线拖动鼠标，在两个虚线之间增加一个箭头，并给两个对象增加相应的激活。

双击箭头弹出一个顺序图消息说明窗口，输入“登录系统”，如图 4.40 所示。

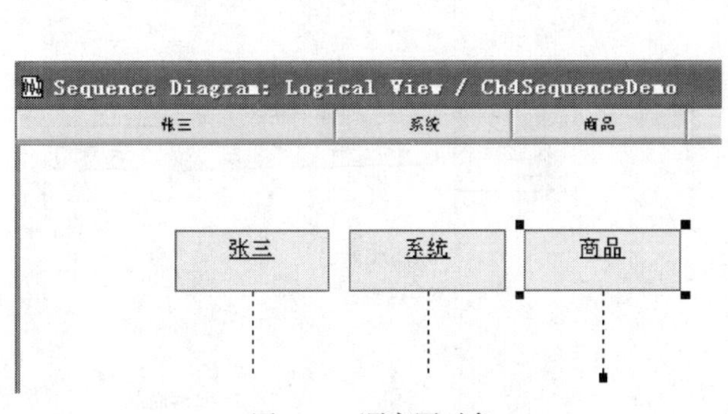

图 4.39 顺序图对象

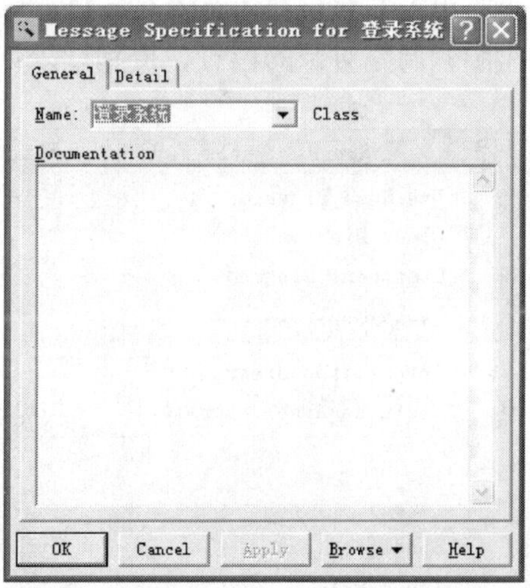

图 4.40 顺序图消息说明

单击“OK”按钮，得到的顺序图如图 4.41 所示。

重复上述过程，输入消息“列举商品”、“购买商品”和“查看结果”，最后得到的顺序图如图 4.42 所示。

这个顺序图描述了张三购买商品的过程。

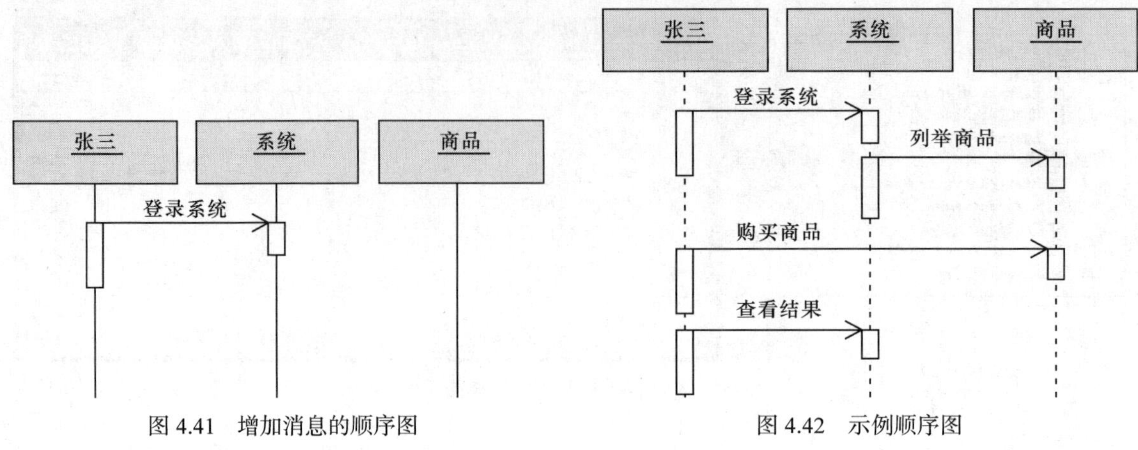

图 4.41　增加消息的顺序图　　　图 4.42　示例顺序图

4.6.7　创建协作图

创建协作图时，可在 Rose 的浏览器窗口列表中找到 Logical View 包，在 Logical View 包上单击鼠标右键，弹出快捷菜单，选择菜单项 New，弹出下一级菜单，里面包括了主要的 UML 图，选择 Collaboration Diagram（协作图），如图 4.20 所示。

由于协作图和顺序图是等价的图，因此可以直接从图 4.42 所示的顺序图直接转换得到图 3.5（b）所示的协作图。

首先选中需要进行转换的顺序图，然后单击 Rose 主菜单的 Browse 下的 Create Collaboration Diagram 菜单项，如图 4.43 所示。

单击 Create Collaboration Diagram 菜单项，Rose 弹出一个窗口，窗口中画出了生成的协作图，调整对象的位置，得到结果如图 4.44 所示。

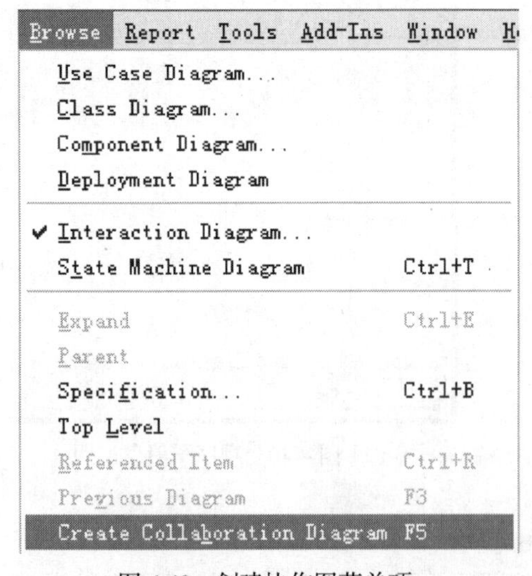

图 4.43　创建协作图菜单项

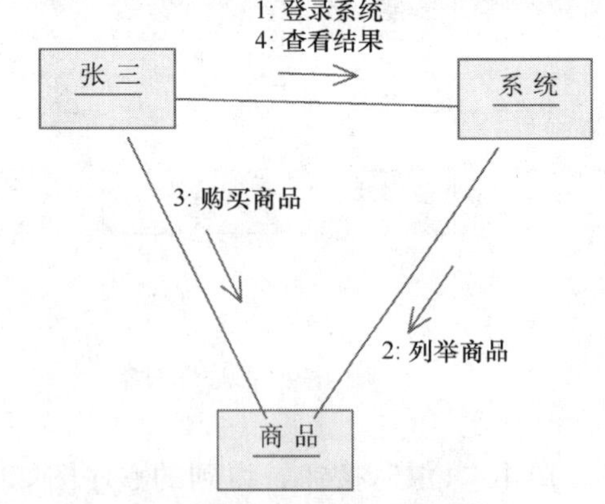

图 4.44　创建后的协作图

如果用户首先需要设计的是协作图，而不是顺序图的话，则可以像设计顺序图那样一步一步来设计协作图。

4.6.8　创建构件图

构件图的创建过程与前面的其他图的创建过程相似，在 Rose 的浏览器视图中，右键选中 Component View，弹出菜单，选中菜单项 New，再次弹出菜单，如图 4.45 所示。

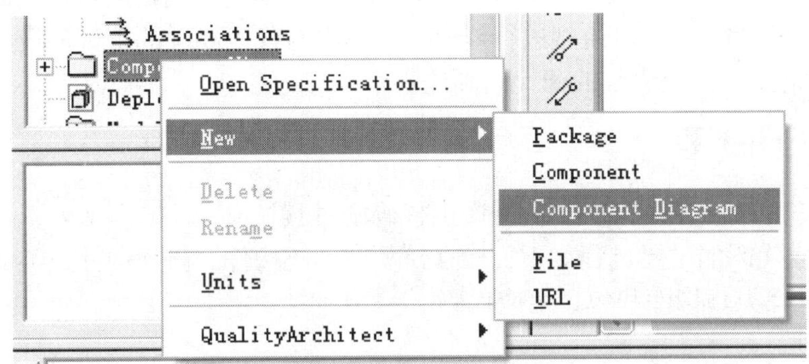

图 4.45　创建构件图菜单项

单击 Component View 菜单项，在浏览器 Component View 包下出现一个新的构件图名字，修改构件图名字为 Ch4ComponentDemo，双击构件图名称 Ch4ComponentDemo，Rose 界面编程构件图设计界面如图 4.46 所示。

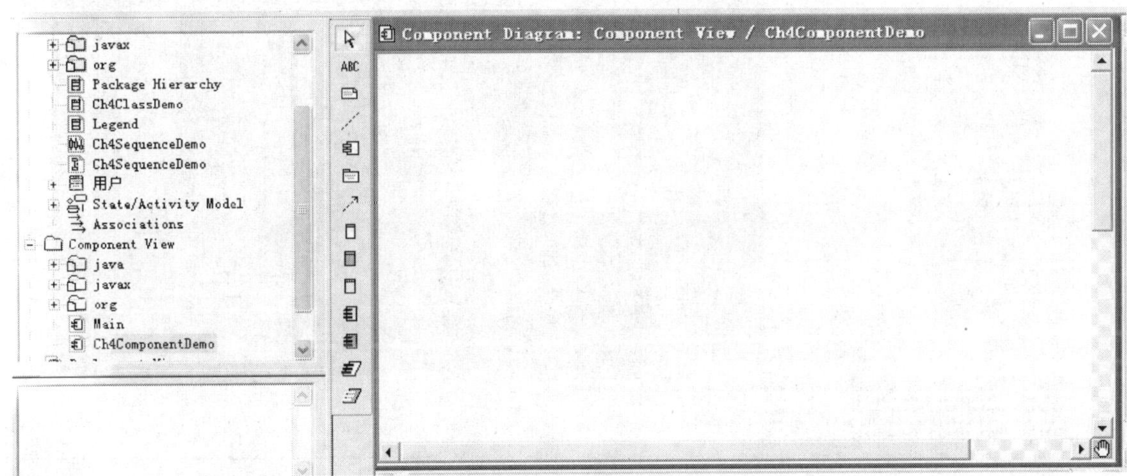

图 4.46　构件图界面

单击工具栏中的图标，在工作区单击鼠标，出现一个构件图符，输入构件名称“财务数据库”，同样再设计一个构件“商品数据库”，设计好的构件图如图 4.47 所示。

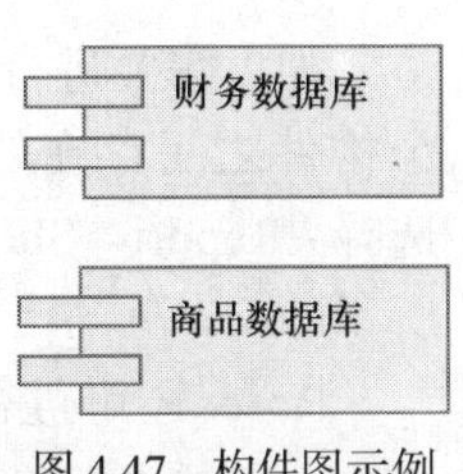

图 4.47　构件图示例

上面介绍了如何在 Rose 环境中设计用例图、类图、状态图、活动图、顺序图、协作图和构件图，后续章节将会详细介绍这些 UML 图的含义，在学习过程中读者可以尝试使用 Rose 来设计这些图。

4.7 Rational Rose 的双向工程

Rational Rose 支持双向工程，即 Rose 支持 UML 的模型和编程语言代码间的相互转换。Rose 可以分析代码的改动，对模型进行修改，构建出与代码相关的更好的模型。也可以根据 UML 的框图自动产生编程语言的源代码和注释。

4.7.1 正向工程

正向工程是指 Rose 根据 UML 模型产生代码的过程。

Rose 中生成代码的主要过程如下：检查模型、创建构件、建立构件与类的映射、设置代码生成属性、选择类、构件和包、生成代码。

1. 检查模型

从菜单中选择“Tools->Check Model”，系统进行检查，并将结果反映在日志窗口中，如图 4.48 所示。

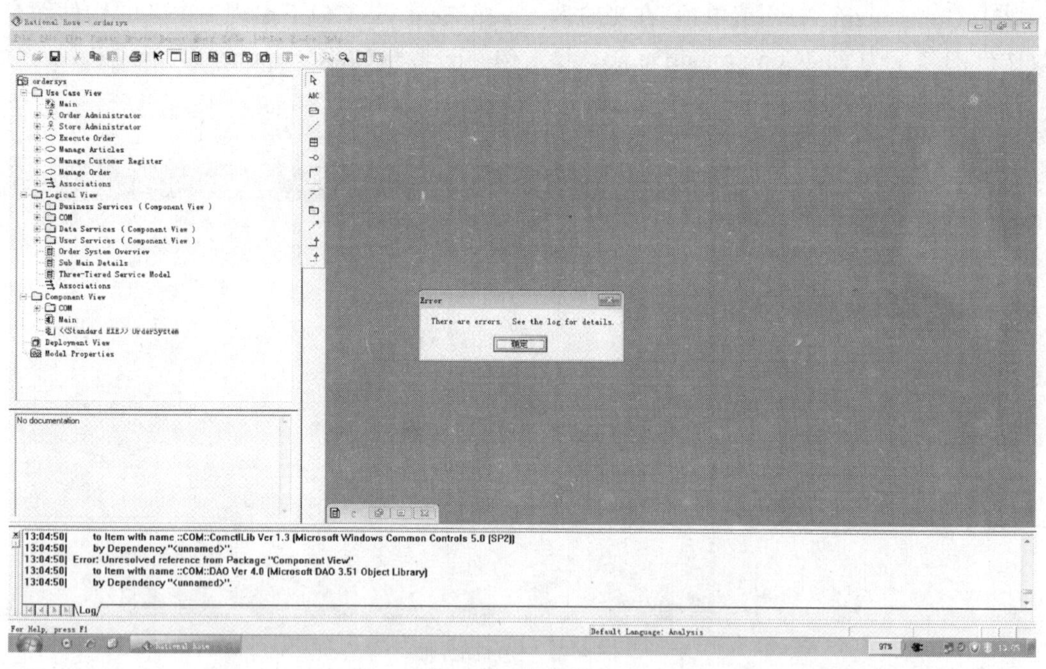

图 4.48　检查模型

如果需要进行访问检查，即寻找不同包中的两个构件之间存在的关系时发生的问题，可从菜单选择“Report->Show Access Violations”，如图 4.49 所示。

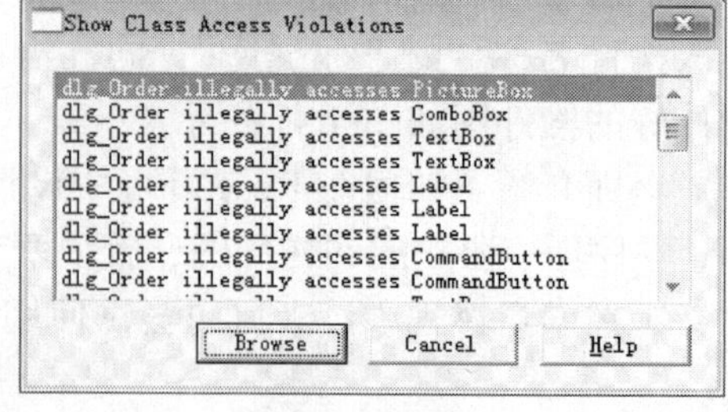

图 4.49　检查访问

Rose 还可进行独立的语言检查，如需要进行 Java 的语言单独检查时，可选择菜单“Tools->Java/J2EE ->Syntax Check”。

2. 创建构件

构件可以是源代码、可执行文件、运行库等多种类型。具体内容请参考后面讲到的 UML 构件图。

3. 建立构件与类的映射

对于 Java 和 VB 代码来说，可以跳过这个步骤，如果是 PowerBuilder 或 C++代码，则需要执行构件与类的映射。

右键单击构件图中的构件，选择菜单“Open Specification”，如图 4.50 所示。

在弹出的对话框中选择“Realizes”选项卡，并右键单击相应的类，从菜单中选择“Assign”。浏览器会在 Logical View 视图的类名后面的括号中显示构件名，如图 4.51 所示。

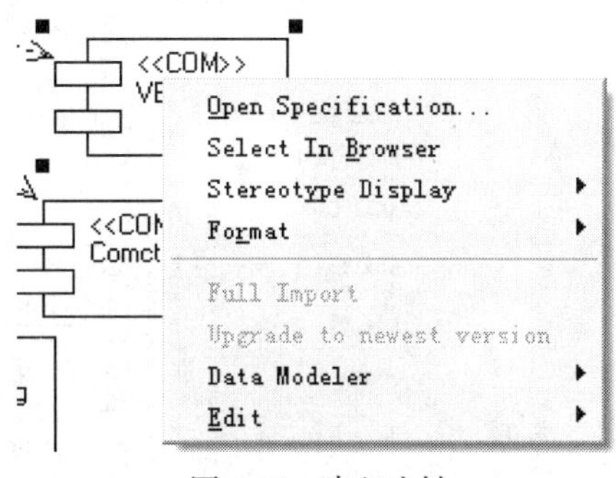

图 4.50　建立映射

4. 设置代码生成属性

类、构件都可以设置代码生成属性，一般使用 Rose 默认设置方式。也可从菜单选择“Tools->Options”，根据需要进行设定，如图 4.52 所示。

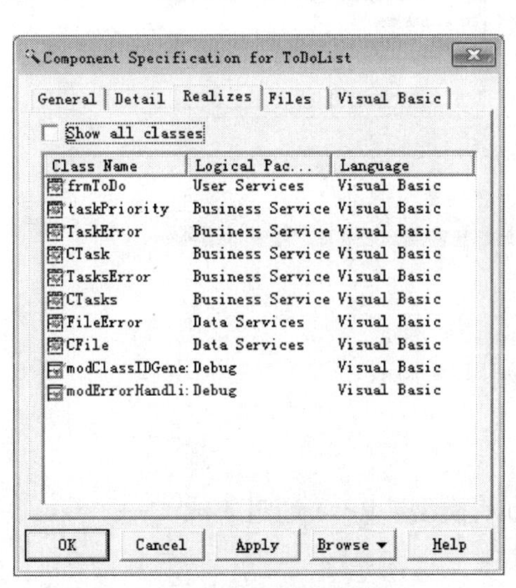

图 4.51　添加映射到构件

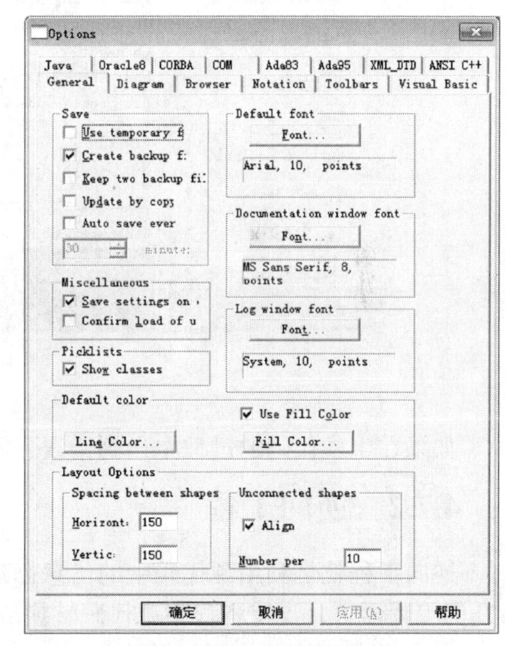

图 4.52　设置代码生成属性

5. 选择类、构件或包

生成代码时，可以一次生成一个类，一个构件或一个包。用鼠标选择需要生成代码的类、构件或者包，如果选择的是包，则将包中的所有类都生成代码。

6. 生成代码

如果想要生成代码，必须安装 Rose Professional 或 Rose Enterprise 版本。此时在 Tools 菜单将会有一些编程语言的相应菜单项。选择相应的语言，然后选择 Generation Code，即可生成代码，如图 4.53 所示。

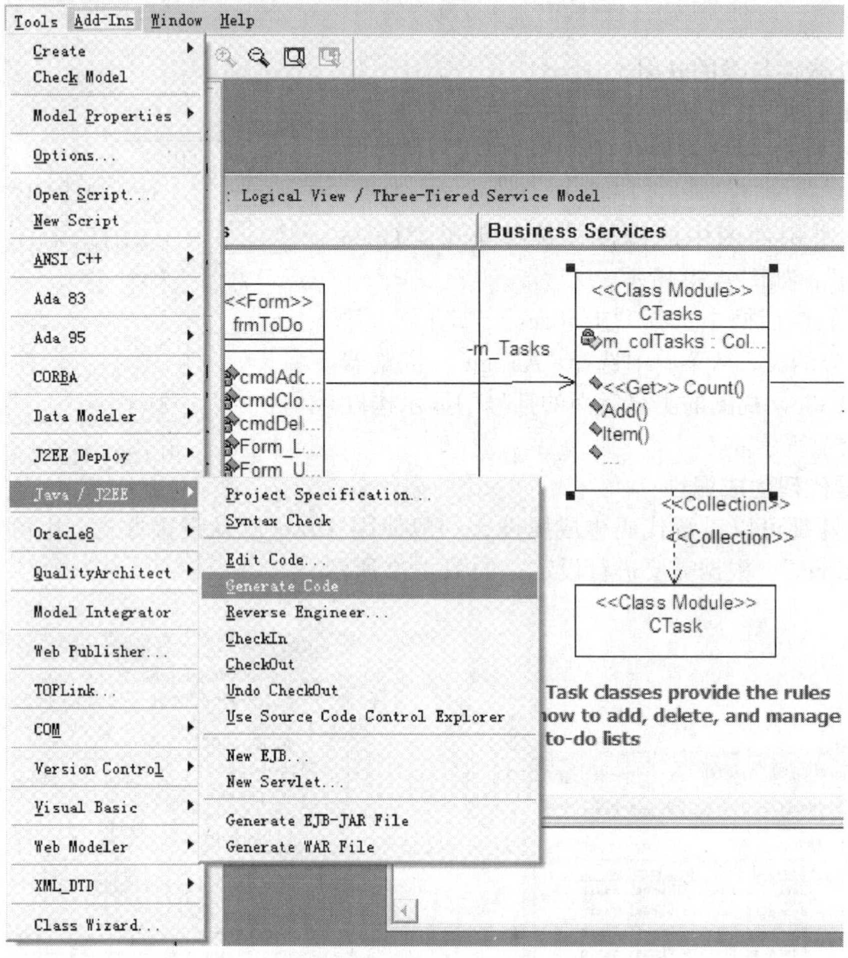

图 4.53 生成代码

如果在生成代码的过程中遇到错误，则会在日志窗口中显示。

4.7.2 逆向工程

逆向工程就是利用源代码中的信息创建或更新 Rose 模型。Rose 通过集成 C++、Java、VB 等编程语言，支持将程序源代码转换成 UML 模型。

Rose 收集下列信息用于转换。

- Classes 类
- Attributes 属性
- Operations 操作
- Relationships 关系
- Packages 包
- Components 构件

逆向工程的过程如下。

（1）装入相应信息。

（2）选择菜单中相应的语言项，如“Tools->Java/J2EE->Reverse Engineer”，在出现的对话框中单击“Reverse”按钮，如图 4.54 所示。

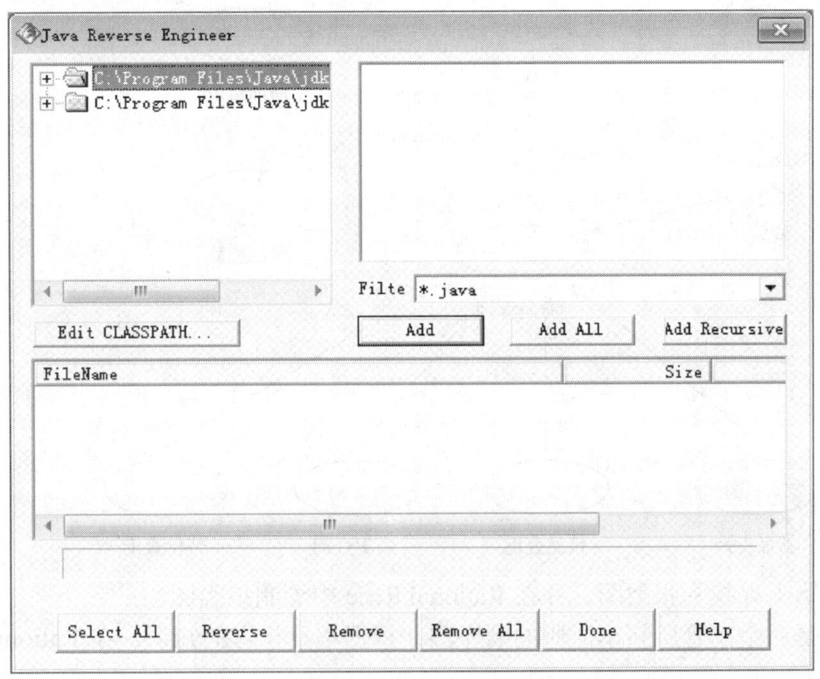

图 4.54　逆向工程

4.8 小　　结

本章主要介绍了 UML 工具，其中包括 UML 工具的介绍、常见的几种 UML 工具。后面重点介绍了 Rational Rose 这种 UML 工具。Rational Rose 是一种非常强大的建模工具，所涉及的功能非常多。本章着重介绍了 Rose 的主要组成，以及如何在 Rose 中绘制 UML 中的几种框图。如果想详细了解 Rose 的功能，请参考相应的资料。

4.9 习　　题

1. 下图是一个在线购物的部分用例图，根据本章学习的知识，在 Rational Rose 中绘制该用例图。

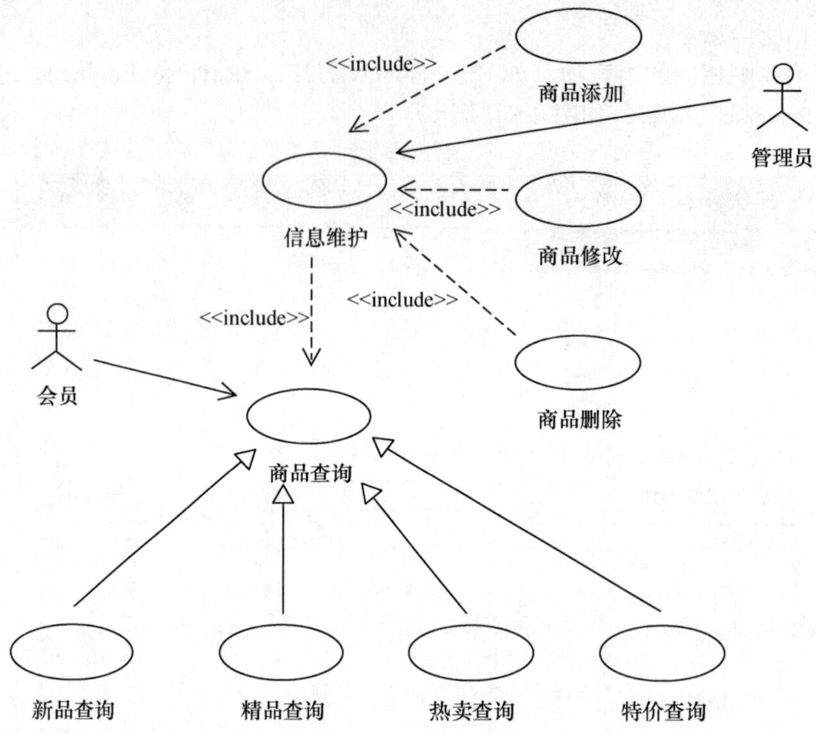

2. 在网络上寻找一张类图，并在 Rational Rose 中绘制该类图。

3. 下图是一个车管所新车注册的顺序图，根据本章学习的知识，在 Rational Rose 中绘制该顺序图。

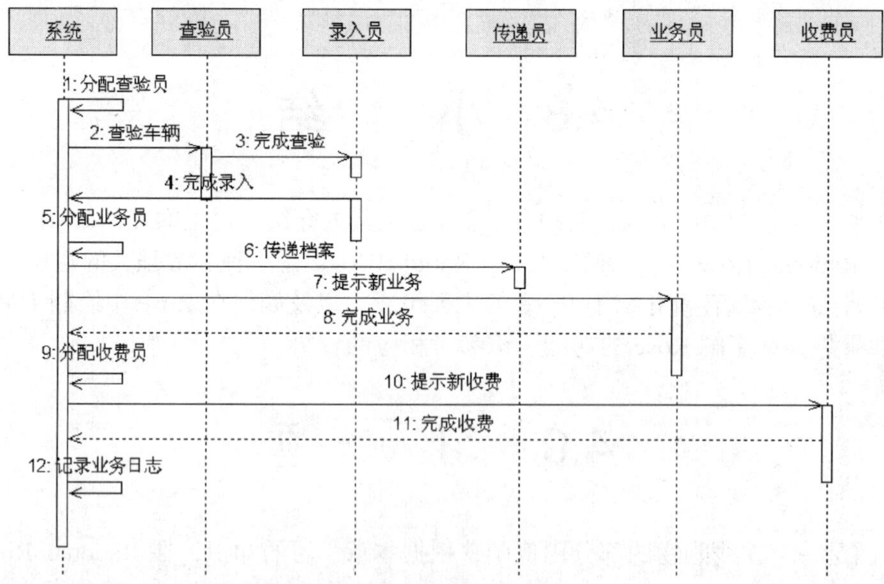

4. 将上面的顺序图，无信息损失的绘制为协作图。

第5章 用例和用例图

用例图用来描述用户的需求，它从用户的角度描述系统的功能，并指出各功能的执行者，强调谁在使用系统，系统为执行者完成哪些功能。用例图用于对系统、子系统或系统的行为进行可视化的表示，以方便系统的使用者更清晰地理解这些元素的用途，也便于系统的开发人员最终实现这些元素。本章将从用例图概述，为什么要使用用例图，用例图元素等几个方面进行详细介绍。最后，结合具体的实例讲述如何在实际的软件项目中使用用例图来获取、分析和描述用户需求。

5.1 用例图概述

在实际软件项目开发过程中，软件用户开始计划某个软件项目时，最先考虑的一定是软件产品功能的合理性，系统使用的方便性，软件界面的友好度等问题。至于整个软件系统是如何实现的，系统内部使用了哪些结构，应用了哪些技术，这些都不是用户所关心的内容。

UML 用例图是软件产品外部特性描述的视图，它从用户的角度而不是开发者的角度来描述软件产品的需求，分析软件产品所需的功能和行为。用例图主要描述了系统需要实现的功能，而忽略系统是如何实现这些功能的。

图 5.1 所示为一个简单的在线购物系统，通过该用例图可以使系统的使用者和系统的开发者都对该在线购物系统有一个基本的了解。

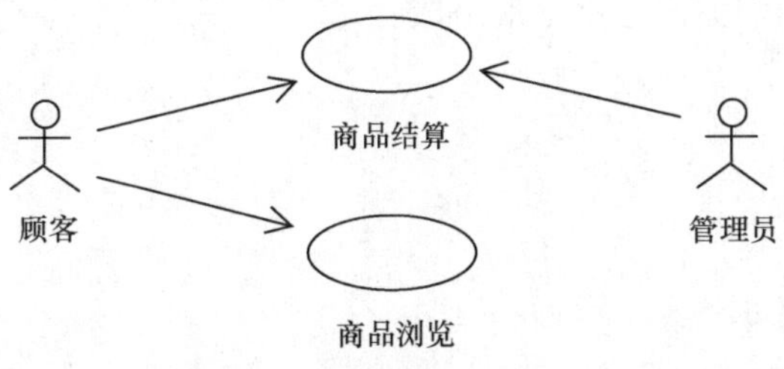

图 5.1 在线购物系统用例图

UML 用例模型并不是单纯的只包括如图 5.1 所示的用例图，还包括内容更加详细的用例描述。用例描述一般为单独的文档，用于详细说明一个用例。用例图一般用来从宏观上给出用例模型的基本轮廓，而用例的真正实现细节则由用例描述来详细说明。具体地说，如图 5.1 所示的用例图只反映了在线购物系统所具有的两个功能“商品浏览”和“商品结算”，但这两个功能的具体实现和更加详细的要求，则在用例描述文档中再进行详细的说明。

5.2 为什么要使用用例图

用例模型由用例图组成，它是系统用例图的集合，是对系统从宏观角度的确定描述。用例模型主要用于需求分析阶段，该模型是系统开发者和系统使用者反复讨论的结果，表明了系统开发者和系统使用者对需求规格达成的共识。首先，用例模型描述了待开发系统的功能需求；其次，用例模型将系统看作黑盒，仅从外部执行者的角度来理解系统，而不去关心系统的内部结构；最后，用例模型驱动了需求分析之后各阶段的开发工作，不仅在开发过程中保证了系统所有功能的实现，而且还被用来测试所开发的系统，从而影响到开发工作的各个阶段和 UML 的各个模型。

使用用例图的主要原因主要有以下几个方面。

- 明确系统已经具有的基本功能，这些功能是不是系统使用者需要的，是不是能够满足系统使用者的基本要求。
- 明确了系统验收的基本要求，在最终进行软件系统验收时，系统开发者和系统使用者可以根据当初确定的用例图作为验收的基本标准，保证了用户最终得到的系统与当初需求的系统的一致性。
- 通过对用例图建立详细的需求文档，明确系统各个功能的具体内容，明确各用例的前置条件和后置条件、明确用例的特殊要求等。为系统的后续开发提供一个统一的标准，为系统开发人员相互之间的交流打下一个良好的基础。

5.3 用例图元素

用例图主要用于定义系统的功能需求，它描述了系统的参与者与系统提供的用例之间的关系，用例图仅从参与者使用系统的角度描述系统中的信息。

用例图在 UML 中是一种比较简单的图，它没有包含过多的内容，只由几种简单的图符组成，一般情况，用例图由以下几种元素组成：

- 执行者
- 用例
- 系统
- 关系
- 用例描述

5.3.1 执行者

执行者（Actor）是系统的外部用户，它是与系统相关联的人或其他系统，可以是普通用户、外部硬件、其他系统。

执行者使用一个小人符号来表示，在符号下面标上这个执行者的名称，具体表示如图 5.2 所示。

有些时候由于系统的外部执行者可能是其他的系统，因此有些时候也可以不使用图 5.2 所示的图符，而使用如图 5.3 所示的执行者图符表示。该图符采用矩形表示，在上部写明 ≪ actor ≫ 标明该系统是个执行者。

执行者

图 5.2　执行者图符

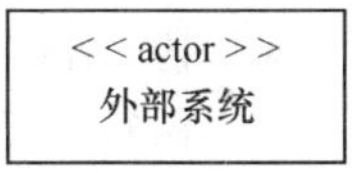

<< actor >>
外部系统

图 5.3　执行者图符

每个执行者都需要一个简要的描述，用一句话或几句话对这个执行者进行说明。例如，图 5.1 中的执行者——“顾客”可以描述如下：

“顾客”是指所有使用该网络购物系统进行商品购买和浏览的人。

有了这个描述，与该系统相关的人员就可以使用“顾客”这个执行者来讨论问题而不会出现歧义。但这也不是绝对的，很多时候通过执行者的名称，系统相关人员已经能够准确理解该执行者的定义了，那就不需要单独再对该执行者进行描述了。

在进行用例图绘制时，首先要找出系统的执行者。一般可以从以下几个方面来考虑怎样找到系统的执行者。

- 谁使用系统的功能。
- 谁向系统提供必要的信息。
- 谁从系统获取信息。
- 谁维护、管理系统工作。
- 系统需要使用哪些外部资源。
- 需要与系统交互的其他系统有哪些，包括其他计算机系统和其他应用程序。
- 其他对系统产生的结果感兴趣的人或事物。

执行者并不是指某个特定的人，而是代表某一特定功能的角色。在实际应用中，很多人都起着同一种作用，扮演着相同的角色，因此就用一个执行者表示。如图 5.1 所示的商品浏览用例，用一个执行者“顾客”来代表所有使用这个系统进行商品浏览的人。同样的，在实际中也存在这样的情况，一个人同时担任多个角色，那么他就对应多个执行者。例如，系统的管理员现在也通过系统进行商品的浏览和购买，那么这个人在系统中就对应了两个角色：“顾客”和“管理员”。在寻找执行者时应考虑其作用，而不是一个人或一个工作的名称，这一点是很重要的。

5.3.2　用例

在 Grady Booch、James Rumbaugh 和 Ivar Jacobson 编写的《UML 参考手册》和《UML 用户指南》中对用例的定义如下。

用例是指系统、子系统或类与外部执行者之间交互的动作序列说明，包括各种序列及出错序列。

用例用一个椭圆表示，如图 5.4 所示。用例的名称有两种标法：一种是把用例的名字写在椭圆的下面，另一种是把名字写在椭圆中。

图 5.4　用例图符

用例描述的是用户可见的需求，一个具体的用户目标，也可以将用例理解为系统功能的分解。用例由执行者来执行，用例执行完成后将产生一个对执行者有价值的结果。用例可大可小，但必须是对具体的用户目标的描述。

同执行者一样，每个用例也可以增加一个简要的描述，用一句话或几句话对这个用例进行说明。例如，图5.1中的用例 “商品浏览”可以描述如下：

“商品浏览”是指顾客使用“网络购物系统”来浏览系统所提供的商品。

在最初的用例分析中，使用这样简短的描述来说明一个用例。但随着分析的不断深入，用例的描述也变得更加详细。

在实际的系统中，可以从以下几个方面来考虑怎样获取用例。

- 执行者要求系统提供哪些功能。
- 执行者需要增加、查询、删除、修改或存储的信息有哪些。
- 系统是否需要把自身的状态变化告诉执行者。
- 系统需要知道哪些外部事件，执行者怎样把这些事件告诉系统。
- 为了完整地描述用例，还需要知道执行者的某些典型功能是否能被系统自动实现。
- 系统需要何种输入和输出，输入从何处来，输出到何处。
- 如何对当前系统进行必要的维护。

面对一个大系统，要找出所有的用例是一件十分困难的事。为了更好地找出用例，可以先列出执行者清单，再根据每个执行者来找出他们的目标，最后根据这些目标就可以得到用例。同理，也可以通过分析用例来找出更多的执行者。经过这样多次的反复，最后可以找出系统中所有的用例和执行者。

5.3.3 系统

在用例图中，为了清晰地表示出系统的边界可以使用系统图符，图符如图5.5所示。图符把该系统的所有用例放在系统之中，外部执行者放在系统之外。使用系统图符将系统全部的用例包括在图符中，并在系统图符的上边标明系统名称。

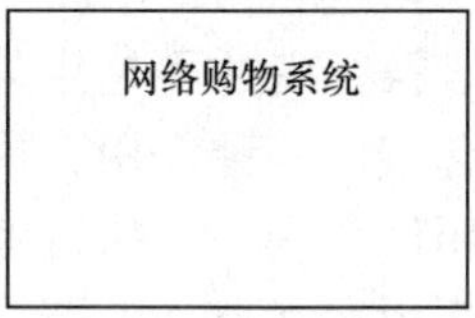

网络购物系统

图5.5 系统图符

使用系统图符是为了强调用例包含在系统内部，而执行者则不包含在系统之中。这样有利于分析系统的交互过程，有利于分析系统的接口和界面。

系统图符不是用例图必需的部分，在用例图中可以不使用该图符，但建议读者在自己画用例图时最好使用系统图符，这样有利于明确系统的范围。书中为了简化，在所有的用例图中都没有标出系统图符。

5.3.4 关系

在用例模型中，不仅执行者与用例之间存在关系，用例与用例之间也存在关系。用例图中常见的关系主要包括：关联（association）、包含（include）、扩展（extend）、泛化（generalization）。

1．关联

在用例图中，用例和执行者之间的关系用一条连接二者带箭头的连线表示，如图5.6所示，该连线称为关联。它表示了一个执行者和一个用例之间的关系。

图5.6 关联图符

一个用例和一个执行者之间最多只有一个关联关系。但一个执行者可以和多个用例关联，同样一个用例也可以和多个执行者关联，正是由这种关联组成了系统的用例图。

在用例图中，关联关系只用在执行者和用例之间，用例和用例之间不会存在关联关系。关联关系采用的是单箭头的连线，表示在该关联中执行者是主动的，是执行者启动的用例，如图 5.7 所示。

在用例图中，一般情况下关联关系的箭头都是由执行者指向用例的，但在有些书籍中也有由用例指向执行者的情况，强调在关联中起主要作用的是用例。但这种方式并不值得推荐。另外要注意的是，虽然关联关系用单向的箭头表示，但这并不表示在该关联中信息也是单向的。

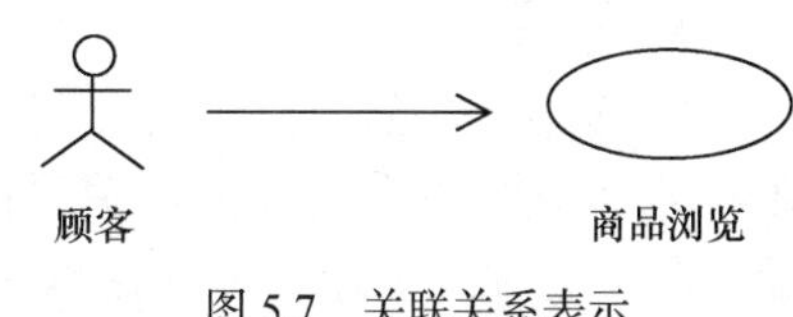

图 5.7　关联关系表示

2. 包含

包含是指一个用例作为另一个用例必需的部分被使用，包含关系是依赖关系的一种。包含关系用一条连接二者带箭头的虚线表示，并在虚线的上面标注<< include >>，箭头方向由基本用例指向包含用例，如图 5.8 所示。

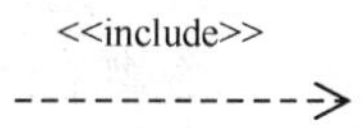

<<include>>

图 5.8　包含图符

包含关系是用例与用例之间的关系，它表示一个用例与另一个用例之间存在依赖，如顾客通过网络购物系统看中了一件自己喜欢的商品，但现在又不想购买，只是想将该商品放在自己的收藏夹里，要想实现这个用例，首先顾客必须使用身份验证用例，输入用户名和密码登录系统。具体表示如图 5.9 所示。

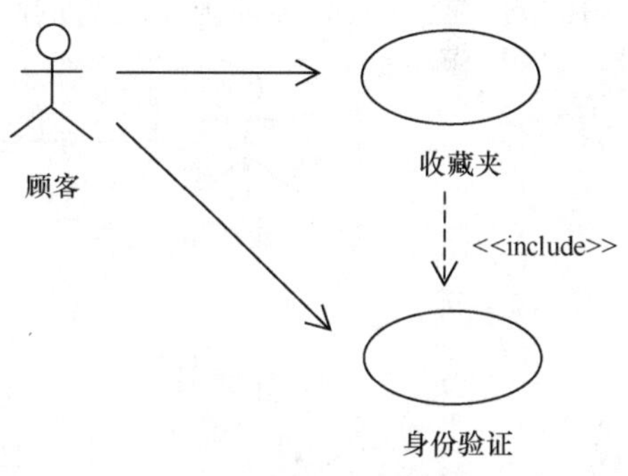

图 5.9　包含关系表示

在实际应用时，包含关系的例子还是很多的。在进行系统设计时，当有两个或两个以上的用例中都含有相同功能时，就可以考虑将这些相同的功能抽取出来，形成一个单独的用例，然后在用例之间建立包含关系。

当用例之间存在包含关系时，执行者每次调用基本用例时，都必须同时执行包含用例，这样才能实现执行者需要的功能。另外，执行者也可以独立地访问包含用例，不必通过基本用例，如图 5.9 所示。

包含关系还有另外一种方式，当某个用例所包含的功能过于复杂，需要将该用例分解成几个粒度较小的用例，那么这些分解后的小用例和原来的基础用例之间的关系就是包含关系，如图 5.10 中对于订单管理用例的分解。

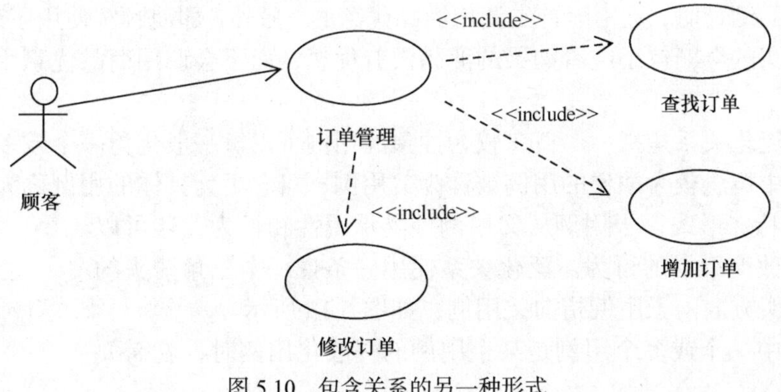

图 5.10　包含关系的另一种形式

图 5.10 中将订单管理用例进行分解，分解成了查找订单、增加订单、修改订单 3 个用例。这样查找订单、增加订单、修改订单 3 个用例与订单管理用例之间的关系就是包含关系。但与上面讲的包含关系的第一种形式不同，这种方式的包含关系不允许执行者直接访问包含用例。这也是两种包含关系之间最大的区别。

3. 扩展

扩展是指一个用例扩充了另一个用例的功能，但这个扩充功能不是必需的，扩展关系也是依赖关系的一种。扩展关系也是使用一条连接二者带箭头的虚线表示，但在虚线的上面标注的是 ≪ extend ≫ ，箭头方向由扩展用例指向基本用例，如图 5.11 所示。

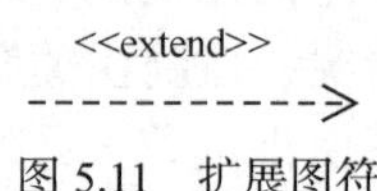

图 5.11　扩展图符

某个用例是一个完整的用例，它有自己独立的功能，但通过调用另一个用例对该用例的功能进行扩充，使该用例能够完成新的功能，这样两个用例之间就是扩展关系。例如，在网络系统购物系统中，拥有一个商品结算用例，但系统中对不同的商品或顾客购买一定金额的商品都会给予不同额度的优惠。系统中还存在一个商品优惠用例，这样当顾客使用商品结算用例时，根据顾客购买的商品金额和具体商品，就有可能会调用商品优惠用例来扩展商品结算用例的功能，从而实现优惠结算的功能，具体如图 5.12 所示。

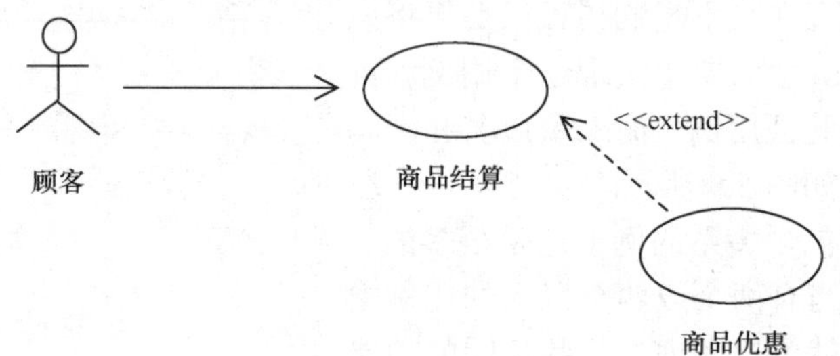

图 5.12　扩展关系表示

扩展关系和包含关系看上去很相似，但它们之间还是存在很大区别的。例如，在图 5.11 中，商品结算用例和商品优惠用例之间存在扩展关系，其中商品结算用例称为基本用例，商品优惠用例称为扩展用例。与包含用例不同的是，包含用例是一个完整的用例，它可以独立存在，也可以单独被执行者所调用。但扩展用例并不是一个完整的用例，它只是由部分扩展功能组成的，它不能独立存在，必须依赖于基本用例。

更重要的是，扩展用例是不能够单独被执行者所调用的。也就是说，图 5.11 中的扩展用例——商品优惠用例不可被顾客这个执行者直接调用。从实际应用角度也很好理解，当用户还没有进行商品结算时，是不能首先调用商品优惠的。另外，即使顾客使用了商品结算用例，也可能由于购买的金额较小或者购买的商品没有优惠，而不会调用商品优惠用例。

4. 泛化

用例间的泛化关系是指一个概念较为抽象的用例可以被一般化为一个或多个概念更为具体的用例。其中概念较为抽象的用例被称为父用例，概念更为具体的用例称为子用例。子用例是父用例的特殊形式，子用例从父用例处继承属性和行为，还可以添加、覆盖或改变继承的行为。泛化关系使用一条带一个三角箭头的实线表示，箭头方向由子用例指向父用例，如图 5.13 所示。

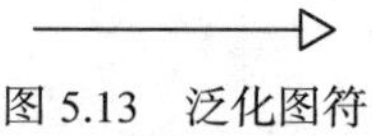

图 5.13　泛化图符

如果系统中一个或多个用例是某个用例的一般化用例时，就需要使用用例的泛化关系。当系统中存在泛化关系时，如果父用例被使用，其任何子用例也可以被使用。例如，网络购物系统中包含一个商品结算用例，但在实际进行商品结算时，可以进一步分解成网上结算和汇款结算这两种结算功能，这种情况就可以使用泛化功能。其中父用例为商品结算用例，两个子用例分别为网上结算用例和汇款结算用例，这两个子用例都从父用例商品结算用例处继承了商品结算的功能，但根据自己不同的特点从而实现了两种不同方式的结算，具体表示如图 5.14 所示。

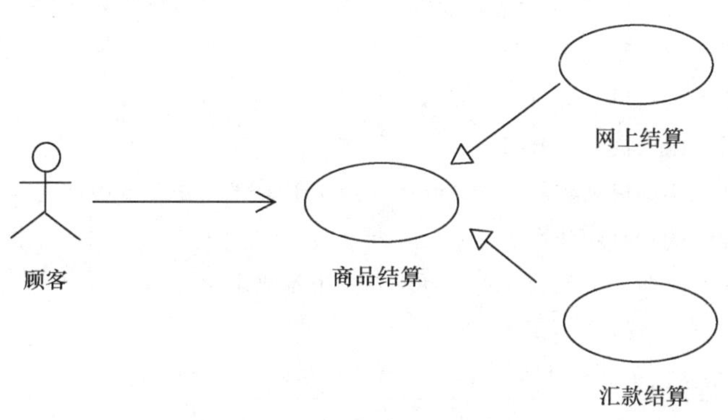

图 5.14　泛化关系示例

5.3.5　用例描述

上面例子中所用的用例，都只有一个简单的名称，通过用例的名称和简要说明，可以知道一个用例要完成的功能。但用例并不是如此简单的，为了进一步说明用例是如何完成这些功能的，就需要对用例进行更加详细的描述。用例描述主要用来说明执行者为了实现自己的目标与系统进行交互的过程。这个交互的过程由执行者开始，执行者向系统发出一个请求。系统响应执行者发出的请求并给出一个结果。执行者再根据这个结果，再次给出下一个请求，这样一直到执行者得到一个有价值的结果为止，整个用例交互过程结束。详细的用例描述会在后面给出实际例子。

在用例描述中，需要对用例的主要属性进行说明。这些主要属性如下。

- 事件流
- 前置条件
- 后置条件
- 特殊要求
- 扩展点
- 用例场景
- 问题说明

这 7 个属性中最主要的是关于事件流的描述。

1. 事件流

事件流描述了在执行一个用例时，执行者与系统之间的一次交互过程。这个过程可以包括多个分支，也就是说执行者在执行这个过程时可以有多个路线。其中按照系统设计者的预期会成功的路线被称为基本流，剩下的其他路线被称为备选流。

（1）基本流

基本流是对用例中常规和预期路径的描述，也就是一般情况下用例的执行路径的描述。执行者通过这个路径来执行用例可以得到一个有价值的结果。例如，用户使用 ATM 进行提款这个用例，该用例的基本流描述如图 5.15 所示。

基本流：

1. 用户插入自己的银行卡。
2. 系统通过用户插入的银行卡进行识别，显示输入密码界面。
3. 用户输入银行卡密码。
4. 系统判断用户的密码，进入系统提款界面。
5. 用户输入提款金额。
6. 系统根据用户提款金额，吐出相应金额的钱，并提示用户是否打印凭条。
7. 客户选择打印凭条。
8. 系统打印此次取款凭条，并提示是否结束本次交易。
9. 用户选择结束交易。
10. 系统结束此次交易，并退回用户的银行卡。

图 5.15 “ATM 取款”用例基本流

这个基本流描述了在正常情况下的用户通过 ATM 取款的过程。经过这个过程用户可以通过 ATM 取到自己需要金额的钱。

用例的基本流描述了执行者和系统的交互过程。执行者和系统的每一次交互过程可以分成以下 4 步来实现。

- 执行者向系统发送一个请求。
- 系统验证请求和相关数据。
- 系统进行数据处理，并改变它的内部状态。
- 系统回传结果。

（2）备选流

在用例的执行过程中，不一定每次都按照常规和预期的路径进行。由于受到其他一些因素的影响，这时可能执行了与正常路径不同的路径，这种路径称为备选流。

例如，上面的“ATM 取款”用例的备选流如图 5.16 所示。在用户的取款过程执行到第 2 步，系统对用户插入的银行卡进行识别时，这时系统出现了两种不同的情况，如果发现用户插入的银行卡是正确的能够识别的卡，则继续执行基本流；如果用户插入的银行卡系统不能识别，这时执行第一个备选流 2.a，系统给出相应的提示，并结束用户取款过程。这就是一个备选流的例子。

备选流：

2.a 如果用户插入的银行卡不能识别，给出提示，结束。

4.a 如果用户输入的密码错误，给出提示；如果错误次数过多，给出提示，结束。

6.a 如果用户输入的取款金额超过卡的余额，给出提示。

6.b 如果用户输入的取款金额超过允许的最高取款金额，给出提示。

图 5.16 “ATM 取款”用例备选流

为了更加清晰地表达备选流的执行起点和执行过程，同样需要对备选流进行编号。例如，上例中的 6.a 表示在基本流执行到这一步出现的第一个分支——“如果用户输入的金额超过银行卡余额”情况的处理。此时在这个点上还有另一个分支 6.b——“如果用户输入的金额超过允许的最高取款金额”情况的处理。如果在该点还有其他的分支，则依次使用编号 6.c，6.d…来标识。

如果备选流处理过程比较简单，可以直接在编号后边给出备选流描述。例如：

2.a 如果用户插入的银行卡不能识别，给出提示，结束。

如果这个分支比较复杂，可以在编号后边给出一个说明，下面给出过程描述。过程描述中重新使用自然数依次进行编号。例如：

2.a 银行卡不能识别

1. 系统给出不能识别提示，退回用户的银行卡。
2. 取款过程结束。

最常见的备选流是可能发生的错误和错误处理过程。根据经验数据表明，在用例描述当中，大部分的文本是用来描述发生错误的情况或者是一些异常情况。

一个用例的备选流可能很多，一般应该列出主要的备选流，而略去那些次要的备选流。为了能够恰当地找到备选流，可以从以下两个方面来考虑。

一个方法是沿着基本流一条一条地寻找，在每个点上考虑：

- 在这个点上是否可以执行其他活动。
- 在这个点上可能会出现哪些错误。
- 是否有随时可能发生的行为。

另外一种方法是从以下几个方面来发现备选流：

- 执行者退出应用程序。
- 执行者取消指定操作。
- 执行者请求帮助。
- 执行者提供了异常数据。
- 系统不再可用。

（3）事件流的循环与分支

在编写事件流时可能会遇到循环，这时在事件流中直接标出循环部分即可。例如，对图 5.15 中的“ATM 取款”用例基本流进一步细化后发现其中包含一个循环，其表示方法如图 5.17 所示。

基本流 ：

……

5. 用户输入提款金额。
6. 系统根据用户提款金额，吐出响应金额的钱，并提示用户是否打印凭条。
7. 客户选择打印凭条。
8. 系统打印此次取款凭条，并提示是否结束本次交易。

重复 5～8 步，直到用户选择结束交易。

9. 用户选择结束交易。

……

图 5.17　“ATM 取款”用例基本流

在编写事件流时还可能会遇到分支的情况。这时需要对事件进行分析，选择其中最容易成功的实现系统功能的分支作为基本流，其他分支放到备选流中。注意，任何一个基本事件流描述中不能出现分支。

2. 前置条件

前置条件是指在用例启动前，执行者与系统应置于什么样的状态，这个状态应该是系统能够检测到的、可观测的，它用来描述在什么条件下可以开始执行一个事件流。这个条件是正确执行一个事件流的起点，一般用执行者或系统的状态来表示。例如，“ATM 取款”用例的前置条件为：

执行“ATM 自检”用例

系统执行“ATM 自检”并不是启动用例“ATM 取款”的描述，而是一个条件声明。如果执行“ATM 自检”用例条件不满足，就无法开始执行“ATM 取款”用例。只有这个条件满足时，执行者才可以开始执行该用例。

3. 后置条件

后置条件用来说明当用例结束时系统的状态，这个状态也应该是系统能够检测得到的、可观测的。在用例描述中增加用例后置条件，可以明确表明用例结束时系统的状态，避免使系统出现处于不确定状态的情况。

一般在开始定义并划定用例的范围时，可以使用前置条件来定义用例的起点，使用后置条件定义用例完成的目标。前置条件和后置条件可以方便用例的验证和评审。

4. 其他

除了上面所说的主要属性外，用例描述中还包括一些其他的主要属性。如用例场景特殊要求、扩展点、问题说明等。

其中用例场景包括成功场景和失败场景，场景主要是由基本流和备选流组合而成的。特殊要求是指在用例中涉及的非功能性需求。扩展点用来描述该用例的扩展。问题说明中主要列出本用例在分析和描述过程中还存在哪些问题。

5.4 用例图图符

用例图中的图符主要有 9 种，如表 5-1 所示。其中最常用的图符有 3 种，分别是用例、执行者和关联。这 3 种图符在上一节已经介绍过，下面再介绍一下其他图符。

表 5-1 UML 用例图图符

可视化图符	名称	描述
系统	系统	用来表示系统的边界。把该系统的所有用例放在系统之中，外部执行者放在系统之外
用例	用例	用于表示用例图中的用例

续表

可视化图符	名 称	描　述
执行者	执行者	用于描述与系统功能有关的外部实体，它可以是用户，也可以是外部系统
	关联	连接执行者和用例
<<include>>	包含	表示一个用例使用了另一个用例的行为或功能
<<extend>>	扩展	一个用例描述了一项基本功能，而另一个用例则描述了该基本功能的特殊情况，即一种扩展
	泛化	指一个概念较为抽象的用例可以被一般化为一个或多个概念更为具体的用例
	注释体	用于对 UML 实体进行文字说明
	注释连接	将注释体与要描述的实体连接起来，表明该注释是对于哪个实体的描述

5.5 用例粒度

粒度的概念主要用来表示颗粒的大小。用例粒度表示用例的大小。开发人员根据用户提出的具体需求来获取用例。前面讲到用例概念时讲到可以将用例理解为用户的功能需求，但在进行需求分析时，用户表述的功能目标可能有大有小，而且有些功能可能还会有重复或重叠，有的是商业目标，有的是要构建系统的目标。为了能够更好更准确地获取用例，在进行用例建模时需要考虑用例粒度的问题。

简单地说，用例的粒度就是用来描述用户目标大小的程度。用例粒度这个概念很容易让人困惑，如在用户使用 ATM 取钱的问题中，取钱、读卡、验证账号、打印回执单等都可以单独作为用例，显然，上面使用的"ATM 取款"用例包含了前面说的那几个用例，"ATM 取款"用例的粒度更大一些，其他用例的粒度则要小一些。在进行系统设计时到底是一个大的用例合适还是分解成多个小的用例更加合适，这个问题并没有一个标准的规则。

Cockburn 在 Ivar Jacobson 的基础上，对用例粒度做了一些补充，他根据用例的粒度从大到小分成以下 3 个层次：

- 概述级
- 用户目标级
- 子功能级

1．概述级

概述级用例用来描述商业目标，它可以包括多个用户目标级的用例。一般用于初期的需求讨论，也可以用做用户目标级用例的划分目录。

例如，用户可以通过 ATM 来完成取钱的工作。这就是一个概述级用例，其用例图如图 5.18 所示。

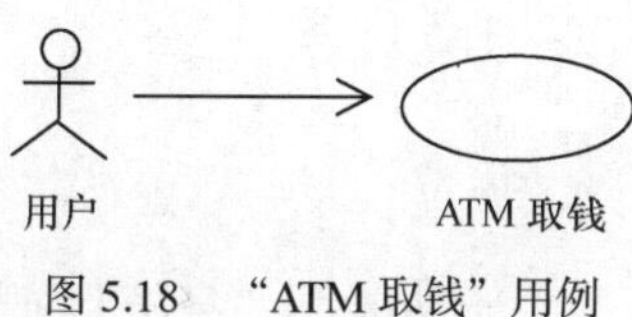

图 5.18　"ATM 取钱"用例

"ATM 取钱"用例的基本事件流描述如图 5.19 所示。

基本流 ：

1. 用户将自己的银行卡插入 ATM
2. 用户操作 ATM 取出自己需要金额的钱
3. 用户取回自己的银行卡，离开 ATM

图 5.19 “ATM 取钱”用例的基本事件流

2. 用户目标级

用户目标级用例用来描述执行者或用户完成工作或使用系统的目的。这一类用例一般用来描述某个人在某个时间地点完成某项工作。

例如，上面的例子，用户可以通过 ATM 来完成取钱的工作。该用例在用户目标级被描述成“固定金额取款”和“自由金额取款”两个用例。其用例图如图 5.20 所示。

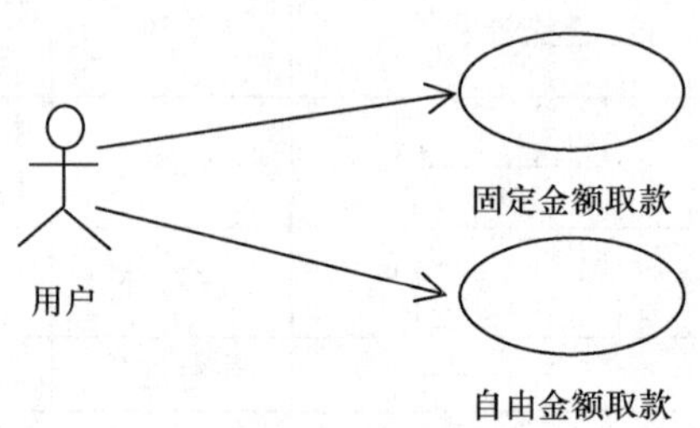

图 5.20 “ATM 取钱”用例

用户目标级用例“固定金额取款”的基本事件流描述如图 5.21 所示。

基本流 ：

1. 用户插入自己的银行卡并输入密码。
2. 系统判断用户银行卡和密码，进入系统提款界面。
3. 用户选择其中一个固定金额取款项。
4. 系统根据用户提款金额，吐出相应金额的钱。
5. 系统结束此次交易，并退回用户的银行卡。

图 5.21 用户目标级“固定金额取款”用例的基本事件流

3. 子功能级

子功能级用例是比用户目标级用例再低一级的用例，除非是为了重用或其他特殊要求，一般建议在获取用例时不要深入到这一层，否则容易出现可能取得的用例无穷无尽的现象。下面以 ATM 取款的例子来说明子功能级用例。

在 ATM 取款系统中，固定金额取款用例和自由金额取款用例中都涉及用户身份验证的功能，这个功能可以设计成一个子功能用例。用例图如图 5.22 所示。

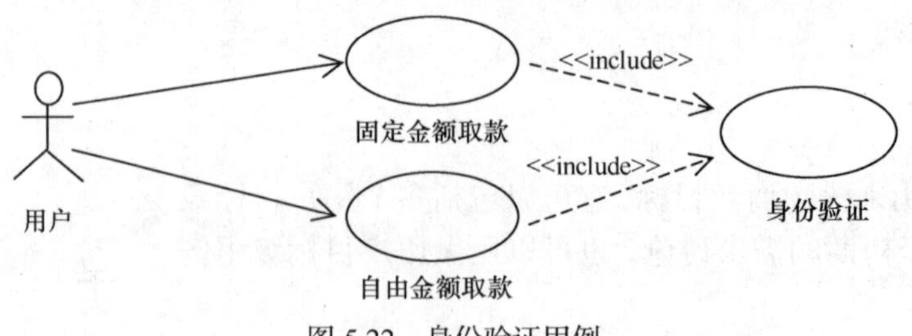

图 5.22 身份验证用例

子功能级“身份验证”用例的基本事件流描述如图 5.23 所示。

基本流：

1. 系统对用户插入的银行卡进行识别。
2. 用户输入银行卡密码。
3. 系统判断用户的密码。
4. 系统给出检查结果。

图 5.23　“身份验证”用例的基本事件流

在用例分析中，对于用例到底分解到什么样的粒度合适，这个问题并没有一个标准的规则，基本的原则是根据不同的阶段，使用不同的粒度。在业务建模阶段，用例的粒度以每个用例能够说明一件完整的事情为宜，即一个用例可以描述一项完整的业务流程。这将有助于明确需求范围，如取款、借书等表达完整业务的用例，而不要细到验证密码，查找书目等业务中的一个步骤。在用例分析阶段，用例的粒度以每个用例能描述一个完整的事件流为宜。可理解为一个用例描述一项完整业务中的一个步骤。在系统建模阶段，用例视角是针对计算机的，因此用例的粒度以一个用例能够描述操作者与计算机的一次完整交互为宜。

在用例分析中，应该侧重用户目标级的用例分析。这个粒度的用例能够更好地反映用户的功能需求。

5.6　用例图应用

用例图是系统建模的起点，可以使用用例图对将要开发系统的实际工作流程进行业务建模，从业务模型的基础上过渡到系统建模的开始，可以通过用例图来搜集用户的需求，明确和系统相关的用户和其他系统，同时确定系统将会提供什么功能，以及各个功能间的关系。

用例图是用来描述用户需求的，是表达用户需求的一种方式。系统的需求包括 4 个不同的层次：业务需求、用户需求、功能性需求、非功能性需求。业务需求说明了提供给用户的系统的最初利益，反映了用户对系统高层次的目标要求。用户需求主要描述了用户使用产品必须要完成的任务。功能性需求主要定义了开发人员必须实现的软件功能，使得用户能完成他们的任务，从而满足业务需求。非功能性需求主要是用户对系统良好运作提出的期望，包括了易用性、反应速度、容错性、健壮性等。

用例图是用来描述系统的概要功能和行为，实现这些功能和行为的细节则由用例描述文档进行详细说明。进行系统用例图绘制主要需要经过以下几个步骤：

- 用户需求
- 需求分析
- 需求描述

下面结合网络购物系统的例子来具体介绍如何使用用例图来描述用户的需求。

5.6.1　用户需求

用户需求指的是用户对系统的功能要求，是系统开发的原动力。因此了解和获取用户的需求对系统的开发人员来说是十分重要的。对于获取用户需求的方式还是很多的，目前普遍认为比较有效的方式是通过座谈会、调查、访谈等形式。通过与用户的有效交流，了解到用户希望建立一个什么样的系统，或者希望系统为他们提供什么样的功能，完成什么样的工作。系统分析员可以将用户需求以文本的形式一条一条记录下来，经过多次反复和修改，最终系统开发人员和用户达成一致并形成文本。

通过对典型的网络购物系统的分析，以及与使用网络购物系统的用户交流，对网络购物系统的需求总结如下。

- 系统拥有注册功能，只有注册的顾客才能在系统中购买商品。
- 顾客可以通过系统进行商品浏览，查看商品的详细信息。
- 顾客可以通过系统购买自己喜欢的商品。
- 顾客付款的方式要多样化，既可以通过银行的在线支付功能付款，也可以通过汇款的方式付款。
- 系统拥有商品的促销功能，对于某些系统指定的商品或用户购买的商品金额超过一定数量时，在顾客结账时给予优惠。
- 顾客可以在系统中留言或对商品发表评价，系统的管理人员也可以使用留言功能对顾客提出的疑问进行解答。
- 能够对系统中的商品进行更新，包括增加新商品和对现有商品信息的更新。
- 系统要允许多人同时在线，进行商品的浏览和购买。

在实际进行系统需求获取时，并不能指望通过一两次与用户的交流和座谈就能够准确地找出用户的所有需求，这是不现实的。随着系统开发的进一步深入，用户会有一些新的需求增加进来，也会有一些原来的需求进行了改变，这些都是很正常的。但这些并不是说明初始的需求分析不重要，恰恰相反，初始阶段的需求分析对系统成功是至关重要的。现在普遍的做法是，在进行初始需求分析时，要尽量得到用户所有核心和重要的需求，并帮助和引导用户提出尽量多的需求，把需求分析做得广一点、细一点。

5.6.2 需求分析

在获取了用户的需求后，下一步就是要对用户的需求进行分析，将用户对于系统的要求变成系统开发人员能够理解的用例图。在进行用户需求分析阶段，主要需要完成以下工作。

- 确定系统执行者
- 确定系统用例
- 确定用例与执行者之间的关系

1. 确定系统执行者

需求分析的第一步是确定谁来使用这个系统，找出系统的执行者；接下来再确定系统能够做什么，找出系统的用例。寻找系统执行者的主要方法是逐条对用户需求文档进行分析，找出每条需求中与系统交互的人或事。下面对上面给出的网络购物系统的用户需求进行逐条分析，来确定系统中的执行者。

第一条到第四条需求中与系统交互的是“顾客”。

第五条需求中与系统交互的是“顾客”和“银行系统”。

第六条需求中与系统交互的是“顾客”和“管理员”。

第七条需求中并没有写明系统与系统交互的人员，但通过分析可以知道要增加新商品就需要“录入员”，而对于商品信息的修改也应该由“录入员”完成。

第八条需求是对系统的非功能性要求。

通过对所有的需求进行逐条分析，最终确定了 4 个与网络购物系统相关执行者：顾客、银行系统、管理员、录入员，如图 5.24 所示。

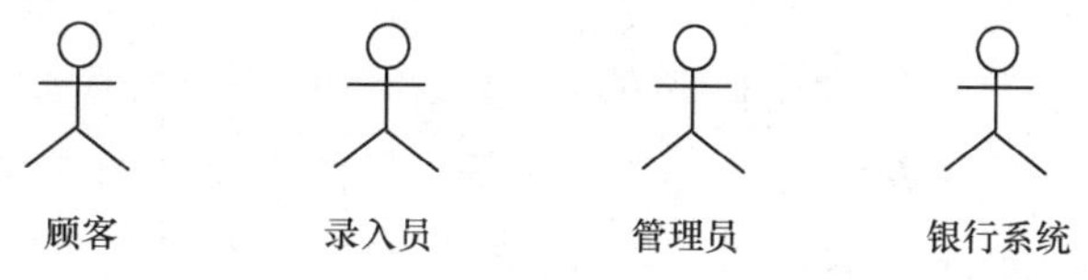

图 5.24　网络购物系统执行者

找到了系统的执行者后，可以绘制一张最简单的用例图，此时将整个系统看成一个用例，具体的用例图如图 5.25 所示。

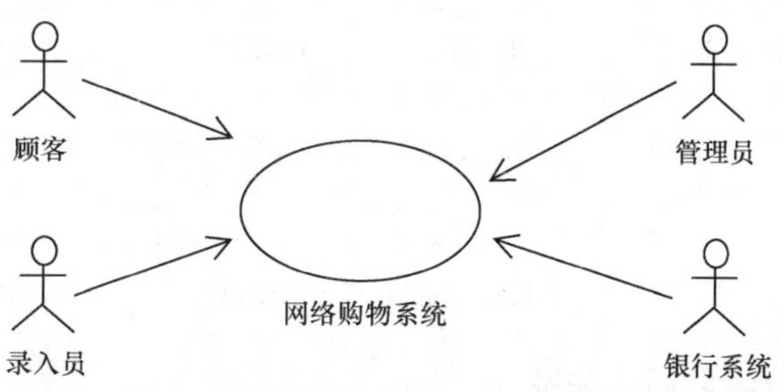

图 5.25　网络购物系统用例图

这张用例图并不是最终的用例图，它只是用来帮助开发人员了解与系统交互的人员都包括哪些，明确系统的执行者。然后再通过了解系统执行者使用系统的目的，找到系统的用例，对网络购物系统这个最大的用例进行分解。

2. 确定系统用例

确定了系统的执行者后，从系统执行者的角度出发来分析系统用例，分析每个执行者需要系统来完成什么工作。

执行者“顾客”：使用系统的目的是为了在系统中注册用户、登录系统、进行商品浏览、进行商品购买结算、在系统中进行留言。

执行者“银行系统”：在顾客进行商品付款时，系统要使用银行系统来帮助顾客完成商品付款。

执行者“录入员”：向系统中增加新的商品，并添加商品的详细信息。

执行者“管理员”：负责系统的维护，主要包括注册用户的管理，处理系统中顾客的留言，管理商品结算部分，帮助顾客完成商品购买。

通过从各个执行者的角度进行分析，得到以下几个用例。

- 用户注册
- 用户登录
- 商品浏览
- 商品结算
- 商品添加修改
- 留言系统

但通过对用户需求的进一步分析，还可以发现另外两点：第一，在进行商品结算时，可以通过网络和汇款两种方式进行结算；第二，在进行商品结算时，还根据商品和购买金额不同会有一定的优惠，因此将这 3 个需求作为以下 3 个用例。

- 网上结算
- 汇款结算
- 商品优惠

通过上面的分析，得到了系统的全部 9 个用例，具体表示如图 5.26 所示。在进行用例分析时，每个人的分析风格可能不太相同，不同的人在分析过程中可能得到不同的用例。例如，在进行网络购物系统分析时，有的人将用户注册和用户登录用例合为一个用例，这些都是可以的，只是设计者考虑问题的角度不同而已，并不是只有一个唯一的分解方法。

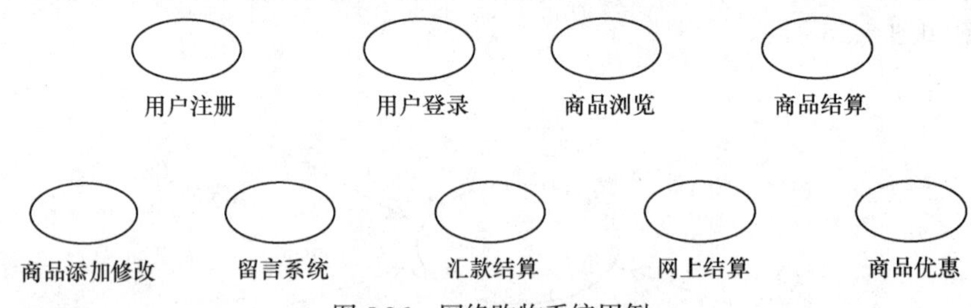

图 5.26　网络购物系统用例

3. 确定用例与执行者之间的关系

找到了系统中的执行者和用例，接下来就要搞清楚系统中用例和执行者之间的关系。需要确定每一个用例都和哪些执行者相关，每一个执行者又都和哪些用例相关。

通过对用户需求、执行者和用例的分析，可以得到用例和执行者相关的情况如下。

“用户注册”用例与顾客执行者相关。

“用户登录”用例与顾客、管理员、录入员这 3 个执行者相关。

“商品浏览”用例与顾客执行者相关。

“商品结算”用例与顾客、管理员、银行系统相关。

“商品添加修改”用例与录入员相关。

“留言系统”与顾客和管理员相关。

“网上结算”用例与顾客、管理员、银行系统相关。

“汇款结算”用例与顾客、管理员、银行系统相关。

“商品优惠”用例属于“商品结算”用例的扩展用例，与管理员相关。

通过上面的分析确定了系统的执行者、用例和执行者之间的关系。这时就可以画出完整的用例图，如图 5.27 所示。

在实际的系统中，寻找执行者和寻找用例是一个不断反复的过程。在寻找用例时可能又找到新的执行者。根据新的执行者再去寻找新的用例，经过多次反复，最终找出所有的执行者和用例。

5.6.3 需求描述

用户需求分析的结果需要用规范的文档记录下来，这就是用户需求文档。一般用户需求文档包括描述功能需求的用例图和用例文档，以及描述非功能需求的文档。

通过对用户需求的分析，首先找到了系统的执行者，再通过分析执行者使用系统的目的，找到了系统的用例，最后通过分析用例和执行者之间的关系，完成了用例图的三要素，最终得到了系统的用例图，如图 5.27 所示。但有时候单纯的用例图并不能准确、清楚地表明某个用例的执行过程，这时就需要使用用例文档来对用例进行详细地描述了。另外一些用户的非功能性需求，如用户需求中提到的“系统要允许多人同时在线，进行商品的浏览和购买”。则需要使用非功能性的需求文档进行描述。下面对这两种文档进行介绍。

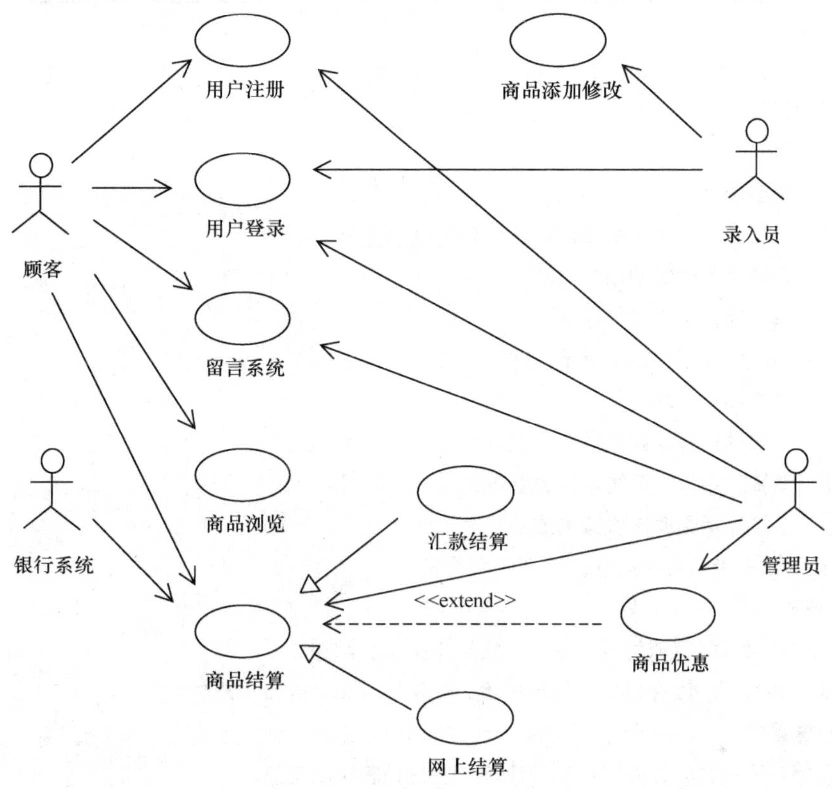

图 5.27　网络购物完整用例图

1. 用例描述文档

用例图从总体上概括地描述了系统的功能，具体到每一个用例的详细工作过程，则需要单独的文档来描述，这些文档称为用例描述文档。

用例描述文档的具体格式可能各有不同，本书中所使用的格式是参照 Rational 公司统一软件过程的用例描述文档格式设计的。在实际进行用例描述时，也可以根据实际情况的不同来自己设计用例文档的格式，但一些核心的内容应该是一致的，如事件流、备选流等。

用例描述文档详细说明了系统与执行者是如何协作来达到特定的目的，描述了执行者为达到这一目的而使用系统的过程。在前面对用例文档中的主要内容已经作了一些介绍，下面对用例描述文档的一些特殊条目进行说明。

- 修订历史记录，用来记录该用例文档修改过程。
- 相关数据，一般在规范的用例文档中没有这一项，为了分析方便，可以把与本用例关系密切的重要数据列出。

用例描述文档的核心是事件流，它描述了执行者与系统的交互过程。下面根据网络购物系统的“商品结算”用例，给出该用例的详细用例文档。

具体的用例文档如图 5.28 所示。

网络购物系统——商品结算用例

修订历史记录

日期	版本	说明	作者
2009/7/6	草案	草案版本	李磊

1．简要说明

本用例描述顾客选择商品后对商品进行付款的过程。

2．事件流

（1）基本流

1. 顾客选择要购买的商品。
2. 系统通过商品优惠用例计算用户的优惠金额。
3. 系统显示生成的用户付款订单。
4. 顾客确认用户付款订单。
5. 系统保存用户付款订单。
6. 系统显示付款方式。
7. 顾客选择付款方式进行付款。
8. 系统启用银行系统确认顾客的付款。
9. 系统显示顾客该次购买成功信息。
10. 顾客确认成功信息，结束该次购买。

（2）备选流

4.a 如果顾客取消付款订单，系统给出提示，结束。

8.a 如果顾客没有付款，给出提示，保留该订单，等待用户付款。

3．特殊需求

需要系统能和现有的银行系统连接，获得顾客付款信息。

4．前置条件

顾客必须是系统注册用户，并执行用户登录用例。

5．后置条件

无。

6．扩展点

无。

7．相关的数据

顾客所选商品信息，顾客此次购买的优惠信息。

8．问题说明

无。

图 5.28　商品结算用例描述

2．非功能性需求描述

非功能需求是指那些无法在用例模型中表达出来的系统需求。非功能性需求需要使用单独的文档进行描述，网络购物系统的非功能性需求文档如图 5.29 所示。

网络购物系统非功能性需求文档

修订历史记录

日期	版本	说明	作者
2009/7/6	草案	草案版本	李磊

1．简要说明

本文档列出网络购物系统的所有非功能性需求。

2．可用性

（1）该系统应具有良好的界面美工，能够引起顾客的购买兴趣。

（2）该系统的购物过程应具有良好的引导过程，帮助顾客顺利使用该系统。

3．可靠性

该系统要求经过第三方的测试，平均每千行代码的缺陷数小于 1。

4．性能

（1）要求系统能够同时支持 5000 人在线使用，系统的响应时间应该小于 2 秒。

（2）系统要求能够支持多种常见的浏览器。

5．可支持性

无。

6．设计约束

系统使用 Java 语言进行开发，数据库系统使用 SQL Server 数据库管理系统。

7．帮助系统需求

要求系统提供在线帮助和常见的问题说明。

8．购买构件需求

无。

9．接口需求

此系统能够和现有的银行系统进行必要的连接。

10．许可需求

无。

11．其他需求

无。

图 5.29　网络购物系统的非功能性需求

5.7　小　　结

在进行软件开发时，无论采用面向对象的方法还是采用传统的方法，首先要做的就是了解需求。用例图是从用户的角度来描述系统功能的，所以在进行需求分析时，使用用例图可以更好地描述系统功能。

本章介绍了用例图的基本内容，并给出了一个实例来说明在实际的需求分析中如何应用用例图。用例图强调与用户的交互性，强调用户的目标，它是一个很好的捕获用户需求的工具。

用例图的使用是比较灵活的，没有一个固定的规范，不是说每次进行都必须按照书上的要求和步骤来进行，大家可以按照实际需要来进行。

5.8 习　题

根据下面给出的图书管理系统的总体需求，绘制该系统的用例图和必要的系统详细用例描述文档、非功能性描述文档。

- 学生可以借阅图书。
- 学生可以归还图书。
- 学生可以查看自己的借阅信息。
- 图书管理员可以查看学生的详细信息。
- 图书管理员可以查看学生的借阅信息。
- 系统能够定期检查学生的借书情况，如果发现超期未还的图书，生成表单进行催还。
- 系统录入员负责添加图书。
- 系统管理员负责管理用户信息，包括学生信息、录入员信息、图书管理员信息。
- 系统具有权限功能，不同的用户登录后见到的界面不同。

第 6 章 顺序图和协作图

顺序图（Sequence Diagram）和协作图（Communication Diagram）统称交互图，用来描述系统中多个对象之间的相互关系及对象间消息传递，用于对系统中多个对象的相互作用的过程进行建模。

在面向对象分析过程中，可以使用顺序图来描述一个完整用例过程，使用协作图来分析系统中的对象和对象之间传递的消息。本章介绍 UML 顺序图和协作图，以及如何应用顺序图和协作图来完成对象的分析。

6.1 顺序图概述

顺序图的主要用途之一是用来为某个用例的泛化功能提供其所缺乏的解释，即把用例表达的需求，转化为进一步、更加正式的精细表达。

顺序图描述了对象之间传递消息的时间顺序，用来表示用例中的行为顺序。用例常常被细化为一个或多个顺序图。

顺序图用一个二维图描述系统中各个对象之间的交互关系。主要由 4 个标记符组成：对象、生命线、消息和激活。

在顺序图中参加交互的各个对象沿横轴排列，发起交互的对象通常放在左边，其他对象依次放在右边。这些对象发送和接收的消息沿纵轴方向按时间顺序从上到下放置。在顺序图中纵轴为时间轴。

顺序图清晰地描述了系统随时间推移的控制流轨迹。图中每个对象在单独的一列中，每个对象符号放置在代表生成对象消息的箭头末端，其垂直位置表示该对象第一次生成的时间。

图 6.1 所示为一个图书超期检查系统的顺序图示例，图中包括 4 个对象：系统、图书、读者及通知单，系统对象定期发送消息“CheckAllBooks”给自己来检查所有外借图书，系统对象发送信息“CheckTimeExceding”至图书对象检测超期出借图书，并通过发送消息“GetBookInformations”和“GetReaderInformations”得到图书对象信息和相应的读者对象信息。在得到相应大的信息后，系统对象通过“Create”消息创建通知单对象并向该对象发送消息 PrindNotice 打印通知单。

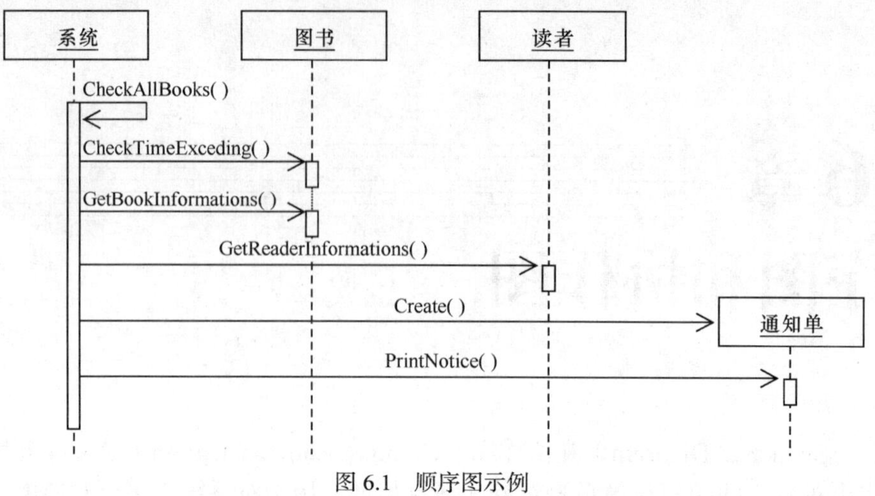

图 6.1　顺序图示例

6.2　顺序图元素

顺序图描述了对象以及对象之间传递的消息，强调对象之间的交互是按照时间的先后顺序发生的，这些特定顺序发生的交互序列从开始到结束需要一定的时间。在顺序图中主要包括了以下 4 种元素。

- 对象
- 生命线
- 激活
- 消息

6.2.1　对象

类定义了对象可以执行的各种行为，但在面向对象系统中，行为的执行者是对象，而不是类，因此在顺序图中通常描述的是对象层次而不是类层次。

面向对象分析中最基本的单位是对象，它代表现实世界中一个一个的具体事物。在顺序图中使用一个方框表示一个对象，对象的名字下面有一个下划线，一个学生对象“张三”如图 6.2 所示。

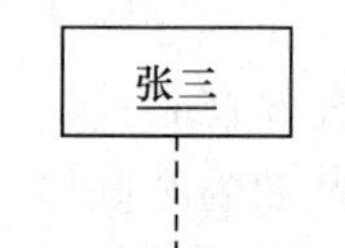

图 6.2　顺序图对象

在顺序图中也可以使用用例图中的参与者图符，如图 6.2 中的对象张三，在顺序图中也可以使用如图 6.3 所示的图符表示。

张三

图 6.3　顺序图对象

一种情况，如果一个对象在顺序图的第一个操作之前就已经存在，那么该对象的图符就应该画在顺序图的顶部，如图 6.1 中的对象：系统、图书、读者。另一种情况，如果一个对象是在顺序图的交互过程中，由其他对象创建的，那么该对象就不应该出现在顺序图的顶端，而应该出现在创建该对象消息的末端，如图 6.1 中的对象：通知单。

换句话来说，如果某张顺序图中的对象存在于顺序图的顶端，则表示该对象是在绘制该顺序图之前就存在的，如果对象没有放置在顺序图的顶端，则表示该对象是在顺序图的交互过程中创建的。

6.2.2　生命线

对象在垂直方向拖出的虚线是对象的生命线，用于表示对象存在的时间范围。对象的生命线是一个时间线，从顺序图的顶部一直延续到顺序图的底部，所用的长度取决于交互的维持长度。

6.2.3　激活

对象生命线上的窄矩形条被称为激活，激活表示该对象正在执行某个操作，图符如图 6.4 所示。激活条的长短表示执行操作的时间。一个被激活的对象要么执行自己的代码，要么等待另一个对象的返回结果。

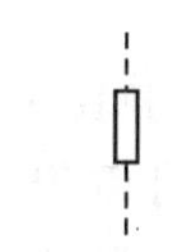

图 6.4　顺序图激活图符

激活在顺序图中不能够单独存在，必须与生命线连在一起使用，当一条消息被传递给对象的时候，该消息将触发该对象的某个行为，此时该对象就被激活了。

通常情况下，表示激活的矩形的顶点是消息和生命线交汇的地方，表示对象从此时起开始获得控制权，而矩形的底部则表示该次交互已经结束，或对象的控制权已经交出。图 6.5 是一个顺序图激活的实例。

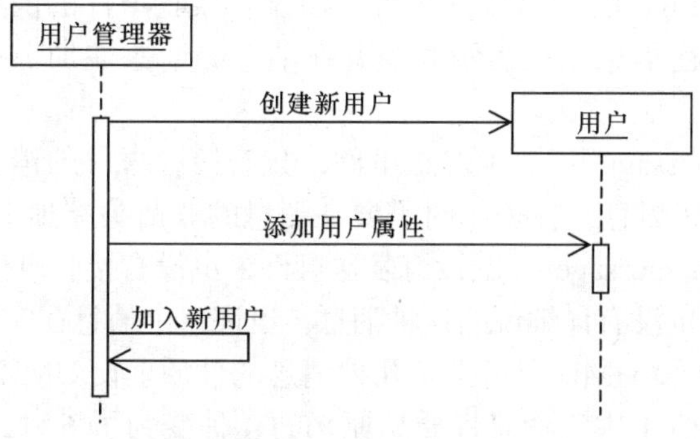

图 6.5　激活的应用

6.2.4　消息

在顺序图中，所有的对象都不是孤立存在的，这些对象之间通过消息进行通信。对象通过相互传递消息来进行相互作用。消息用来说明顺序图中不同活动对象之间的通信过程。一个消息可以激发一个对象的某个操作，完成一定的功能。

顺序图中，消息由从一个对象的生命线指向另一个对象的生命线的直线箭头表示，箭头上标注要发送的消息名。在消息的起点隐含着发送事件，消息的终点隐含着接收事件，图 6.6 是 UML 中消息和消息端的元模型。

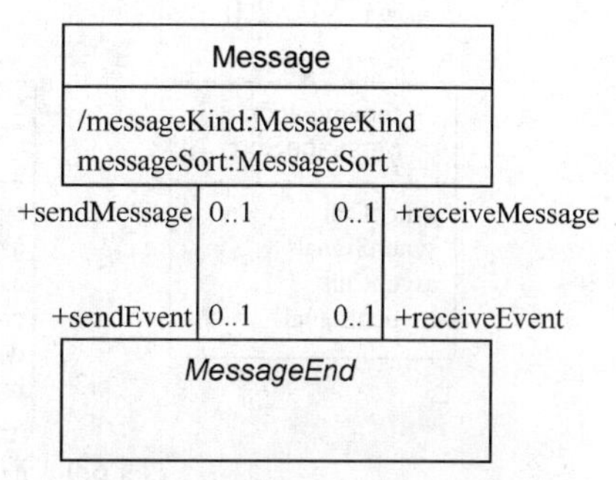

图 6.6　消息和消息端元模型

在顺序图中消息的次序是由它们在垂直轴上的位置来决定的，在垂直轴上靠上的消息先发送，靠下的消息后发送。例如图 6.5 中，消息“创建新用户”需要首先发送，然后才能发送消息“添加用户属性”，最后才能发送消息“加入新用户”，在图中 3 条消息也是按照从上到下的顺序排列的。

在 UML 中，消息的发送方和消息的接收方可以是同一个对象。也就是说，对象也可以将消息发送给自己，也就是自己给自己发送消息，例如图 6.5 中“用户管理器”对象给自己发送一个消息“添加新用户”，将新创建的用户对象添加到本身当中。

如果某条消息只能发给对象自身的话，那么说明由该消息引起的操作只能由对象自身的行为来触发。这表明该操作可以被设置为 private 属性，只有属于该类的对象才可以调用该方法。

在 UML 中，每一条消息可以带有一个名称说明，可以带参数。消息还可以包含条件以限制它们只在满足条件时才能被发送。条件标注在消息的名称上的方括号中，如图 6.7 所示。

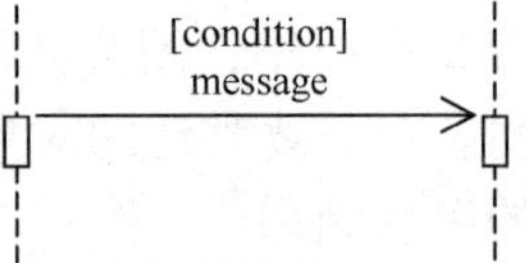

图 6.7　带条件的消息

从图 6.6 消息和消息端的元模型可以看到，消息包含了消息种类（message kind）和消息性质（message sort）两个属性。

图 6.8 显示了消息中包括的 4 种消息种类。

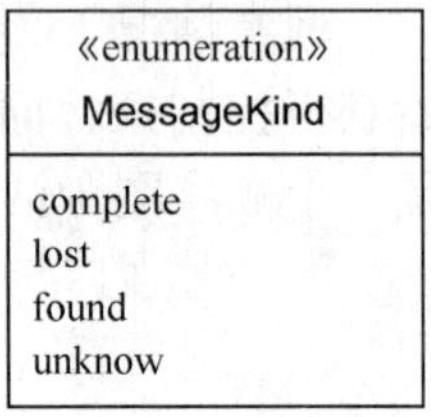

«enumeration»
MessageKind
complete
lost
found
unknow

图 6.8　消息种类

完整消息（complete message）：一般常见的消息都是完整消息，该消息的发送事件和接收事件都是存在的。

迷途消息（lost message）：只有发送事件，但没有接收事件的消息称为迷途消息，对于迷途消息，在表示时需要在消息的箭头端加上一个实心的小圆。

寻获消息（found message）：缺少发送事件，只有接收事件的消息称为寻获消息。对于寻获消息，在表示时需要在消息的非箭头端加上一个实心的小圆。

未知消息（unknown message）：既没有发送事件，也没有接收事件的消息称为未知消息。对于未知消息，UML 中也没有详细说明这种消息，也许这个消息在实际应用时并不真实存在。

根据通信性质的不同，UML 中定义了几种消息的性质。在 UML 2.0 规格书中，定义了 4 种消息性质，在 UML 2.1.1 中，消息性质从原来的 4 种变为了 6 种，这是 UML 中变化比较大的部分，如图 6.9 所示。

创建消息（createMessage）：用来创建对象的消息，称为创建消息。它的图符是带开放性箭头的虚线，箭头指向目标对象，如图 6.10 所示。

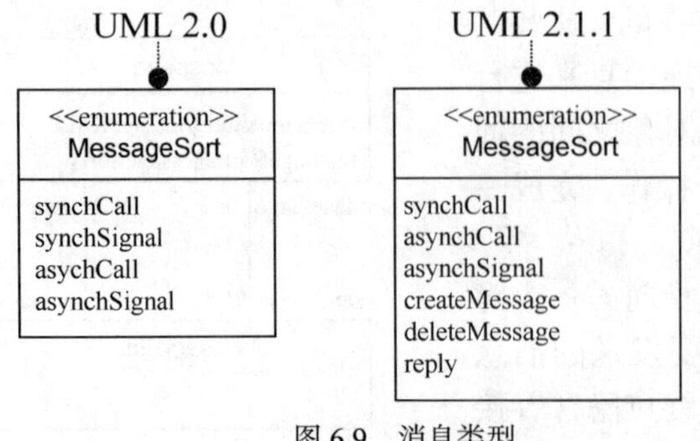

图 6.9　消息类型

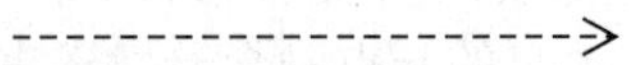

图 6.10　创建消息

同步调用（synchCall）：同步调用消息代表一个操作调用的控制流。同步调用消息的发送方把控制传递给消息的接收者，然后暂停活动，等待消息接收者的应答，收到应答后才继续自己的操作。同步调用消息被水平地置于对象的生命线之间，水平放置的方式说明消息的传递是瞬时的，即消息在发出之后会马上被收到。它的图符是带实心箭头的实现，如图 6.11 所示。

图 6.11　同步调用消息

回复消息（reply message）：目标对象执行结束时，会发出回复消息给来源对象。它的图符是带开放式箭头的虚线，从负责执行的目标对象反向指回给来源对象，如图 6.12 所示。

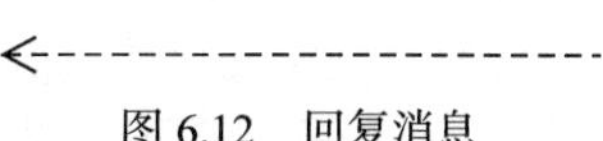

图 6.12　回复消息

异步调用（asynchCall）：异步调用消息表示消息的发送对象不用等待消息接收对象回应的返回消息，即可以开始另一个活动。异步调用消息在某种程度上规定了发送方和接收方的责任，即发送方只负责将消息发送到接收方，至于接收方如何响应，发送方则不需要知道。对于接收方来说，在接收到消息后，它既可以对消息进行处理，也可以什么都不去做。

最常见的实现异步消息的方式是使用线程。当系统发送异步消息时，需要启动一个线程在后台运行。异步调用的图符如图 6.13 所示。

图 6.13　异步调用消息

异步信号（asynchSignal）：同步信号消息和异步信号消息的区别在于，消息发送对象是否等待目标执行结束才继续往下执行。异步信号消息类似于最常用的简单消息，一般情况下，如果不必强调消息的性质，则可以使用异步信号消息代表其他性质的消息，它的图符如图 6.14 所示。

图 6.15 显示了消息的基本应用。

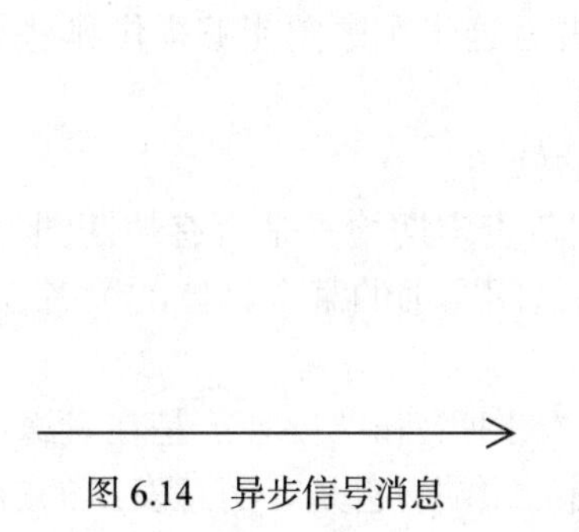

图 6.14　异步信号消息

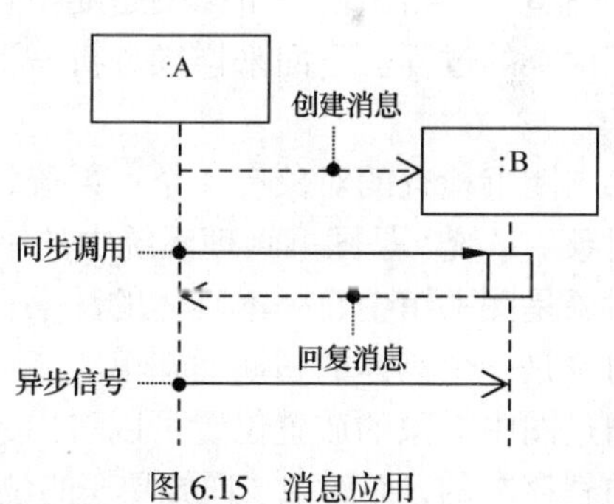

图 6.15　消息应用

6.3　顺序图图符

表 6-1 中列出了顺序图中定义的基本图符。表中详细列出了每个图符的可视化符号、名称和简要描述。

表 6-1 顺序图图符

可视化图符	名　称	描　述
对象	带有生命线的对象	用于表示顺序图中参与交互的对象，每个对象的下方都带有生命线，用于表示对象存在的时间段
	激活	表示在这个时间段内，对象处于活动状态
- - - - - - - - - - - ->	创建消息	用于创建对象的消息
	同步调用消息	表示必须等待接收方应答才能继续执行的消息
<- - - - - - - - - - - -	回复消息	表示返回调用者的消息
	异步调用消息	表示不必等待接收方应答，就可以继续执行的消息
	异步信号消息	表示常用消息
	注释体	对顺序图或某一个具体对象进行说明
	注释连接	将注释体与要描述的实体连接起来，表明该注解是对于哪个实体的描述

前面的两节介绍了图符的含义，下面的两节将介绍如何在实际的面向对象分析和设计中应用这些图符。

6.4 顺序图理解

在图 6.1 中给出了一个图书超期检查系统的顺序图示例。这个实例用来描述图书馆中图书超期检查的过程。下面来详细分析一下这张顺序图，看看这张顺序图能够提供哪些更详细内容。

参与图书检查的对象有 4 个：系统、图书、读者及通知单。

对象“系统”是图书管理系统中的一个控制程序，它负责定期检查是否有超期图书；“图书”对象是图书馆中每一本具体的图书；“读者”对象是借阅图书的某个具体的读者；“通知单”对象是一个具体的超期通知单。

通过图中对象的放置位置可以看出，对象“系统”、“图书”和“读者”是在发送第一条消息前就存在的，而对象“通知单”的位置没有在顺序图的顶端，它是在消息发送的过程中，通过对象“系统”发送的“Create”消息创建的。

顺序图消息时间次序都是由消息在垂直轴上出现的位置决定的。图 6.1 描述的超期检查过程如下。

第一步，系统程序对象负责定期对所有外借图书进行超期检查，每次检查时首先发送消息“CheckAllBooks”，用来检查所有外借图书，获取图书借阅时间和期限信息。

第二步，系统程序对象向对象“图书”发送消息“CheckTimeExceding”检测每一本外借图书是否超期。

第三步，系统程序对象向对象“图书”发送消息“GetBookInformations”来获取超期图书的信息。

第四步，系统程序对象根据超期图书信息向相应的"读者"对象发送消息"GetReaderInformations"得到图书对象信息和相应读者对象信息。

第五步，系统程序对象负责发送一个"Create"消息，创建一个新对象"通知单"，通知单中记录超期图书和相应的读者信息。

第六步，系统程序对象负责向"通知单"对象发送一个消息 PrintNotice，打印出生成的通知单。

图 6.1 所示为一个"检查超期图书"用例的事件流，其中有 4 个对象和 6 个消息，在描述用例执行过程的同时找到用例中涉及的对象以及这些对象之间的消息。图 6.1 的顺序图可以看做是对"检查超期图书"用例的进一步描述。

6.4.1　条件分支

在顺序图中的控制流并不是只能按照从上到下的顺序依次进行，控制流也可以进行修改，条件分支就是其中一种。

例如在图 6.1 中"系统"对象发送消息"CheckTimeExceding"后，对于每个外借图书对象有两个结果：超期和未超期。图 6.1 中只处理了超期情况，如果需要明确表示要处理的多种情况，就需要使用分支结构来表示。

顺序图中的分支是使用带条件的消息来实现的，这个条件称为守卫条件。只有当条件为真的时候才可以发送和接收消息。如果所有分支上的守卫条件都是互斥的，那么就会有互斥的消息箭头，一次只能发送一条消息。如果多个分支上的条件并不互斥，那么可以并行发送多条消息。

图 6.16 是一个条件分支的实例。

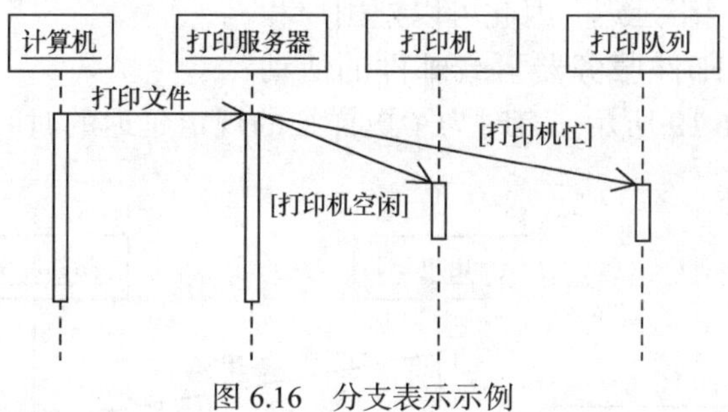

图 6.16　分支表示示例

图 6.16 是一个打印文件顺序图，计算机将需要打印的文件发送到打印服务器，打印服务器根据打印机当前的状态，决定是打印该文件还是把该文件的打印任务添加到打印队列中等待其他文件打印完成再进行打印。在这里就存在一个典型的分支，就是对于打印机当前状态的判断。

由图 6.16 可以看到，条件[打印机忙]和[打印机空闲]是两个互斥的条件，打印服务器根据条件来确定消息发给对象"打印机"还是对象"打印队列"。而且不管是"打印机空闲"时发送给"打印机"的消息，还是"打印机忙"时发送给"打印队列"的消息，都是从同一点出发的，这表示两个分支在同一时间点上只能执行一个分支。

另外需要注意的是，分支消息的结束位置也是相同的高度，这说明在下一步的执行中只有一个对象将被调用。

6.4.2 从属流

另一种可以改变控制流的方式是从属流。从属流与条件分支不同，从属流允许某一个对象根据不同的条件执行不同的操作，即可以创建对象的另一个生命线分支。图 6.17 是一个从属流实例。

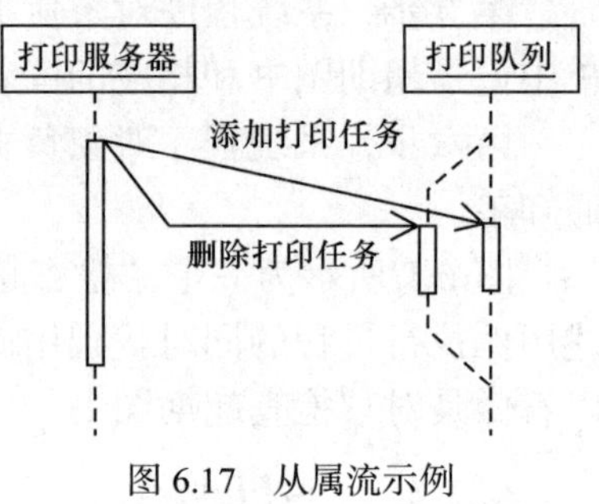

图 6.17　从属流示例

图 6.17 中，打印服务器会根据需要从打印队列中删除打印任务或根据需要向打印队列中添加打印任务。显然这是两种完全不同的活动，但同时又都是“打印服务器”对象对“打印队列”对象的活动，因此每一个工作流都需要一个独立的生命线。

6.4.3 消息延迟

顺序图中的消息通常都是水平的，表明消息的传递是瞬时的，也就是说在消息传递的过程中不会发生其他的事件。但有些情况下，从一个对象到另一个对象的消息可能存在一定的时间延迟，也就是说消息的传递不是瞬时完成的。对于这种带有延迟的消息的表示，可以将消息的箭头向下倾斜，如图 6.18 所示。

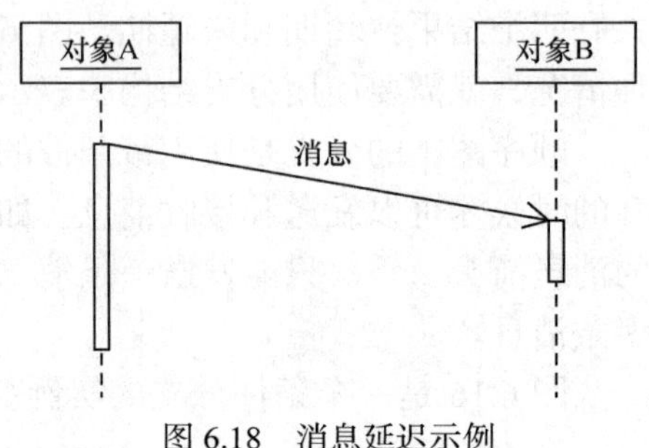

图 6.18　消息延迟示例

比较典型的消息延迟的例子就是电子邮件的应用，由于邮件服务器是外部对象，用户与邮件服务器的相互通信需要必要的网络延迟，因此可以把用户和邮件服务器的连接和从邮件服务器下载邮件的活动表示为延迟消息，如图 6.19 所示。有时为了更详细的规定延迟的时间，可通过添加注释的方式进行详细表示。

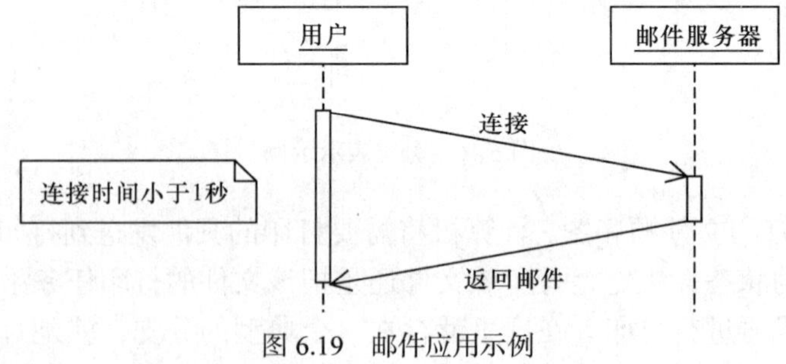

图 6.19　邮件应用示例

6.4.4 循环

在图 6.1 中，由于“系统”对象需要对所有的超期图书都打印一份通知单，因此后面的 4 个消息针对每本超期图书都要执行一次，在实际的程序实现中需要使用循环来实现。如果为了强调需要对多个对象重复发送某个消息，可以在顺序图中添加循环标识符号，顺序图中有 3 种方式表示循环执行的消息。

第一种，在需要循环重复执行的消息前添加符号“*”，并在其后的中括号中写明具体的条件。如图 6.20 所示，对每个文件进行校验，当文件校验通过，就将文件发送到打印队列当中。

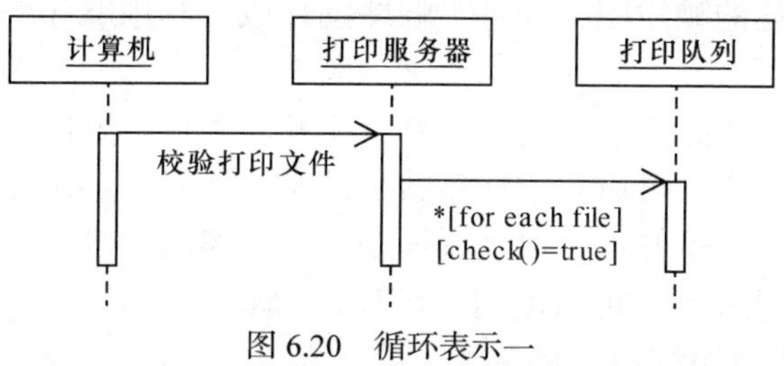

图 6.20　循环表示一

第二种，在时间轴上注释表明消息的重复执行，使用大括号标明说明文字。如图 6.21 所示，打印服务器对象时间轴上大括号内标注重复执行的动作。

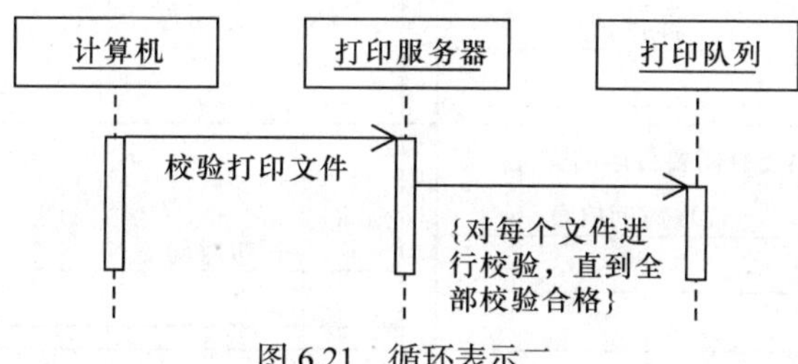

图 6.21　循环表示二

第三种，使用矩形框将需要重复执行的消息框起来，并在中括号内说明重复执行的条件，如图 6.22 所示。矩形框框内为需要重复执行的消息，矩形框下中括号内是重复执行的条件。

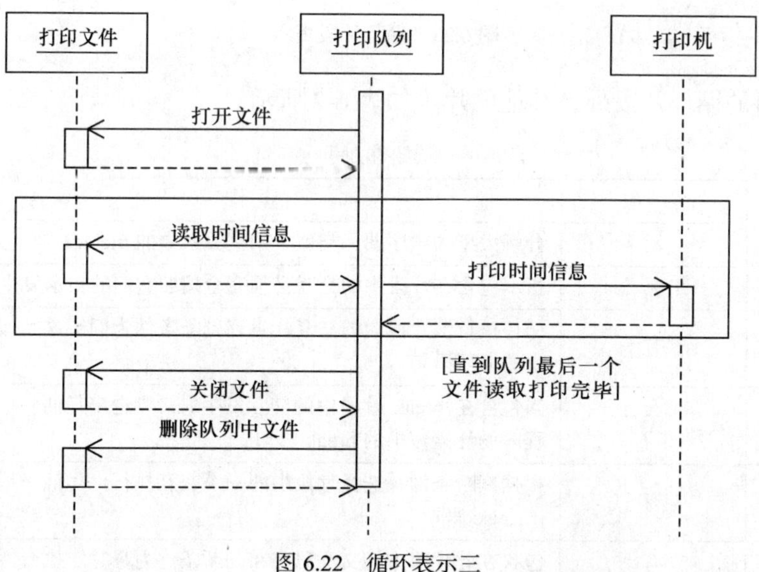

图 6.22　循环表示三

在实际的分析和设计中，只有在强调需要对此发送消息进行循环标注时，才需要在顺序图中标出循环，此时读者可以采用上面的标记方法。

6.4.5 顺序图片段

在 UML 2.0 中，为了帮助建模人员处理顺序图中需要更详细描述的细节，显示更加复杂的交互，创建更有结构化的顺序图，提供了顺序图片段。利用顺序图片段可以表示比较复杂的交互，如循环和迭代等。

顺序图片段被描述成顺序图中框起来一部分交互的矩形。顺序图片段矩形与顺序图中某部分交互重叠。顺序图片段中可以包含任意数目的交互，甚至还可以包含嵌套片段。顺序图片段矩形的左上角包含一个运算符，以表明该顺序图片段的类型。

例如图 6.22 的循环表示，也可以使用循环片段，如图 6.23 所示。在片段的左上角标注表示循环的“Loop”，并在旁边标明循环条件。

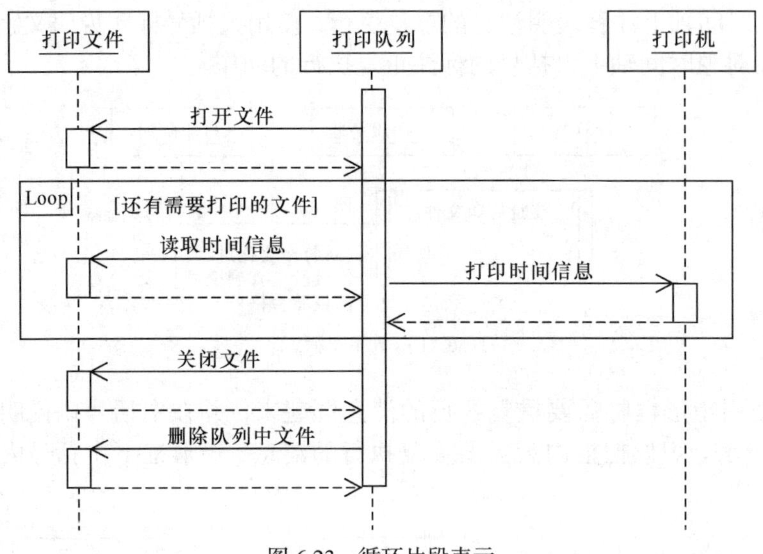

图 6.23 循环片段表示

除了上面讲的循环片段外，其他的片段如表 6-2 所示。

表 6-2 顺序图片段

片段类型	参 数	作 用
ref	无	分解大型的顺序图，类似于用例关系中的 include
assert	无	指示包含在片段中的交互必须完全按照它们的指示发生，否则片段无效
loop	有	循环执行该片段内的交互，直到判断条件为假。这类似于程序设计语言中的循环语句
break	无	当包含在 break 片段中的交互发生时，则退出任何一个交互。这类似于程序设计语言中的 break 语句
alt	有	根据判断条件，选择片段中的一个交互执行。类似于程序设计语言中的 if...else 语句
opt	有	包含在此片段中的交互只有在判断条件为真时才执行
neg	无	不允许执行该片段中的交互，多用户异常处理
par	无	片段中的各个交互并行执行

6.5　顺序图应用

在进行顺序图模型创建时，主要遵循以下步骤。

- 确定用例的需求。
- 找出需求中涉及的对象。
- 找出对象间的消息的传递。
- 构建顺序图。

本节继续以图 6.1 中的“图书超期检查”为例，介绍顺序图的设计过程。通过和用户的不断交流，可以了解在实际的图书管理中如何检查超期图书，在此基础上设计出图书检查的过程如下。

（1）图书定期检查是由系统自动实现的，系统有一个程序专门负责定期获取所有的外借图书的借出日期和借期的信息。

（2）根据每本外界图书的借出日期和借期信息，可以找出超期未还图书。

（3）根据超期图书可以找出借阅这本图书的读者的信息。

（4）给每个借书超期的读者发一个图书超期的通知单。

找出参加交互的对象。这个过程中参加交互的对象主要包括：系统、图书、读者、通知单。需要说明的是，这 4 个对象指的是 4 类事物中的一个个具体的人或物。

（1）系统：负责检查图书超期的系统程序对象。

（2）图书：图书馆中一本本具体的图书。

（3）读者、到图书馆借阅图书的每个具体的读者。

（4）通知单、图书管理系统自动打印的超期图书通知单。

然后将这 4 个对象布置在顺序图的顶端，如图 6.24 所示。

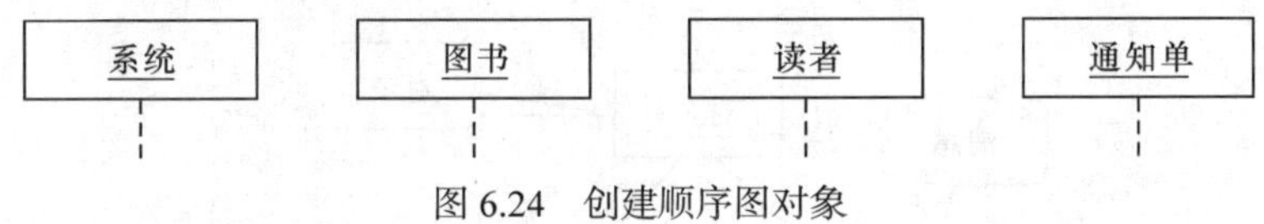

图 6.24　创建顺序图对象

根据上面找到的对象和检查图书超期的过程，进一步分析每个对象是如何与其他对象进行相互作用的，进而找出每一条消息。

在消息寻找的时候需要根据系统的执行过程来进行，要按照消息发生的先后次序来进行寻找。

从上面过程的第一条描述中可以看出，对象“系统”发出了一个消息“检查所有图书”，这个消息发给了“系统”对象自己，通过这条消息找到所有外借图书。继续分析上面的过程得到消息，如表 6-3 所示。

找到所有的消息后，再进一步根据需要，确定是否需要进行特殊的表示，如是否需要详细标明各个消息的性质；是否还有分支、循环等结构需要详细表示，是否需要使用片段等。

把所有的这些消息按照事件发生的时间先后顺序从上向下排列所有的消息，然后按照消息发送与接收对象的不同，使消息从发送对象指向接收对象，并将消息的名称标注在消息上，就得到如图 6.1 所示的顺序图。

表 6-3　　　　消息的发送接收

消息	发送对象	接收对象
CheckAllBooks( )	系统	系统
CheckTimeExceding( )	系统	图书
GetBookInformations( )	系统	图书
GetReaderInformations( )	系统	读者
Create( )	系统	通知单
PrintNotice( )	系统	通知单

在面向对象分析过程中，顺序图主要用于描述用例的事件流或者是详细设计中对象之间的消息传递和消息发送的顺序。

6.6　协作图概述

协作图与顺序图一样，也是用于描述系统中各对象的交互关系并展现对象间的消息传递，但两者侧重点不同，顺序图着重于描述交互的时间顺序，而协作图着重于描述协作对象间的交互和连接。还可以从另一个角度来看两种图的定义，顺序图是按照时间的顺序布图，而协作图是按照空间来布图。

6.7　协作图元素

协作图中的主要建模元素包括：对象、消息和链，如图 6.25 所示。

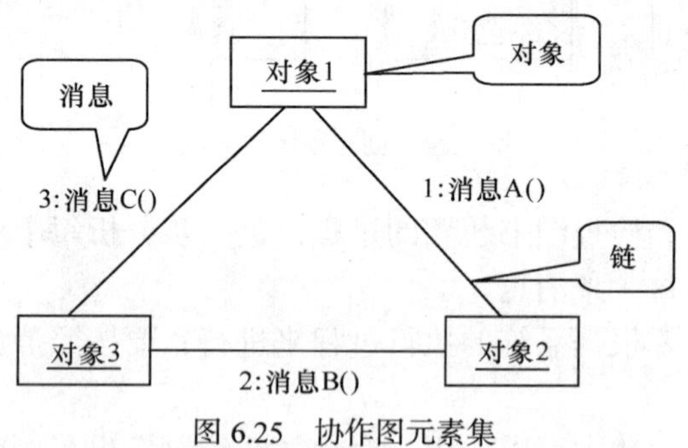

图 6.25　协作图元素集

6.7.1　对象

协作图中的对象是类图中类的实例，对象在对象框中表示，通常不带属性定义部分。在 UML 顺序图和协助图中，对象可以使用 3 种图符来表示，具体的对象表示方式如图 6.26 所示。

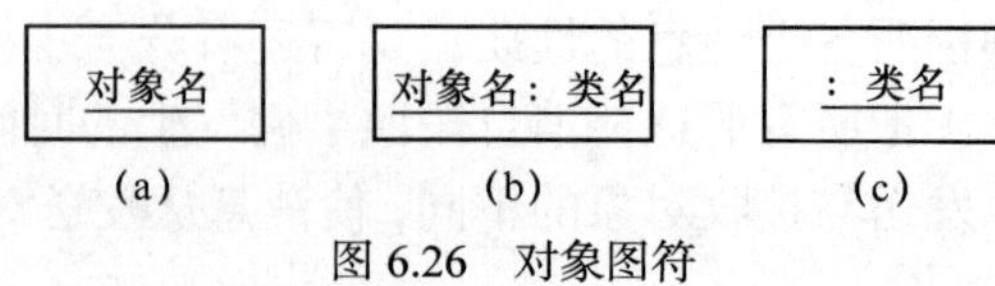

图 6.26　对象图符

图 6.26 显示了 3 种协助图中对象的表示方法，在实际使用时，这 3 种表示方法的意义是完全相同的，具体使用哪种可由用户自己决定。但最基本的要求是，在同一张协作图中最好统一使用一种表示方法。

6.7.2　多对象

协作图中，有时信号或操作是应用于一个对象集而不是单一对象上，UML 提供表示这种对象集合的容器类——“多对象”。在协作图中，多对象指的是由多个对象组成的对象集合，一般这些对象是属于同一类的。多对象用多个方框重叠表示，图符如图 6.27 所示。

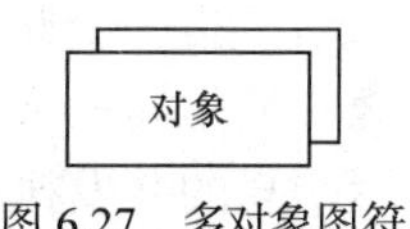

图 6.27　多对象图符

单对象给多对象同时发送一个消息时，需要在消息前面加一个星号，并加上用方括号括起来的条件。

例如系统需要获得所有超期图书的信息，这里的超期图书为多对象，系统必须得到所有超期图书的信息，具体表示如图 6.28 所示。

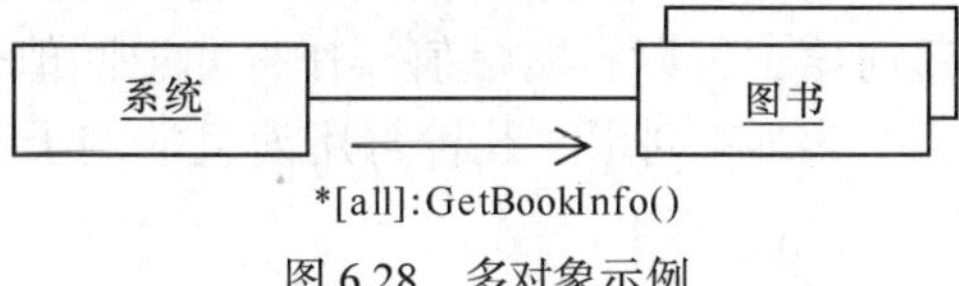

图 6.28　多对象示例

6.7.3　主动对象

在协作图中，主动对象是一组属性和方法的封装体，主动对象中至少有一个方法不需要接收消息就能主动执行。也就是说，主动对象可以在不接收外部消息的情况下自己开始一个控制流。

在协作图中，主动对象的图符与普通对象基本相同，只是外部边框的线条要加黑加粗，如图 6.29 所示。

图 6.29　主动对象图符

6.7.4　链

链用来在协作图中关联对象。它代表一个来自类图的关联实例。在协作图中，消息显示在链上可以加一些修饰，如角色名、导航（表示链是双向还是单向）、链两端的对象是否有聚集关系等，但由于链是连接对象的，所以链的两端没有多重性标记。链的图符就是简单的实线。

6.7.5　消息

在协作图中，对象与对象之间的相互作用是通过传递消息来实现的，消息是对象与对象之间通信的方式。消息使用一条带箭头的连线来表示，消息中箭头用来指示消息沿着关系传递的方向。一条连线可以表示一个或多个消息，消息的名称标在连线的上面，也可以给消息增加参数并标上一些控制信息，如图 6.30 所示。

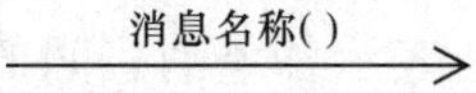

消息名称( )

图 6.30　消息图符

在实际的面向对象分析和设计中，需要详细描述对象之间传递的消息，这样方便直接转换成程序。下面对消息进行详细说明，消息标签语法规则如下：

前驱 守卫条件 序号表达式 返回值 := 消息名（参数列表）

前驱：指在发送当前消息之前必须被处理的所有消息。是由逗号分割开的消息序号列表，其后紧跟一个斜杠“/”，序号在某个消息之前的消息是它的默认前驱，不需特别列出，如消息 3 是消息 4 的前驱，那么消息 4 表达时，不需要列出前驱表达式；若消息 3、消息 4 是消息 3.1 的前驱，则消息 3.1 表达为 3,4/3.1:…。

守卫条件：通常用代码表示，UML 没有规定语法。

序号表达式：是以小数点分割的序号项列表，每个子句代表交互中的一个嵌套层次。如果所有控制都是并发的，那么没有嵌套。

序号项语法：[整数|名字] [循环]

整数表示消息所在层次，如 3.1、3.2.3。

名字指一个并发控制线程的名字，如果两条消息的序号表达式只有最后一个名字不同，那么它们是同一层上的并发控制流。如 3.1a、3.1b 是 3.1 的并发控制流。UML 中用双竖线“||”表示消息的并发执行。

循环表示重复执行或条件执行，语法为：*[重复子句] / [条件子句]。

返回值：表示通信结束后返回的数值列表，可以作为后续消息的参数。如果消息不返回任何值，可以省略赋值操作符和返回值子句。

表 6-4 列出了几种常用消息的例子。

表 6-4　　常用消息示例

消　　息	简 要 说 明
2:play（x，y）	简单消息
3.2.1:p:=find（a）	带返回值的嵌套调用
[x>5]4:invert(x,y)	条件消息
A2，B3/C3.2*:update（x，y）	与其他线程同步并重复执行的消息
3.a，3.b/4*||[i:=1…n] :Turn off（ ）	并发重复执行的消息

6.7.6　消息种类

协作图中的消息种类与顺序图中的消息种类完全相同，在一般应用中，主要使用以下 3 种，其他几种消息应用相对较少。

- 同步消息。
- 异步消息。
- 简单消息。

6.7.7　消息序列化

在协作图中由于消息较多，为了更清楚地表示各个消息间的关系，需要对关系进行序列化。对消息进行序列化时，只需要在各个消息前增加一个序列 ID 即可，最常用的方法就是按照消息的执行顺序进行序列化，如图 6.31 所示。

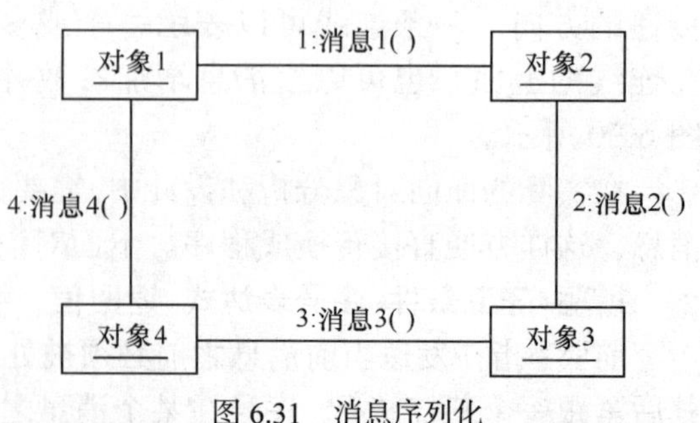

图 6.31　消息序列化

6.8　协作图图符

表 6-5 中列出了协作图中定义的各种图符。表中详细列出了每个图符的可视化符号、名称和简要描述。

表 6-5　　　　　　　　　　　　　　协作图图符

可视化图符	名 称	描　　述
对象	对象	用于表示协作图中参与交互的对象
对象	多对象	用于表示协作图中参与交互的多对象
对象名	主动对象	用于表示协作图中可以主动开始控制流的对象
————————	链	表示对象之间的关系
————————→	消息	用于表示对象之间发送的消息
	注释体	对合作图或某一个具体对象进行说明
-------------	注释连接	将注释体与要描述的实体连接起来，表明该注解是对于哪个实体的描述

6.9　协作图理解

协作图与顺序图一样，也是用于描述系统中各对象的交互关系并展现对象间的消息传递，但两者侧重点不同，顺序图着重于交互的时间顺序，而协作图着重于描述协作对象间的交互和连接。图 6.32 描述了一个读者“张三”登录图书管理系统的过程。

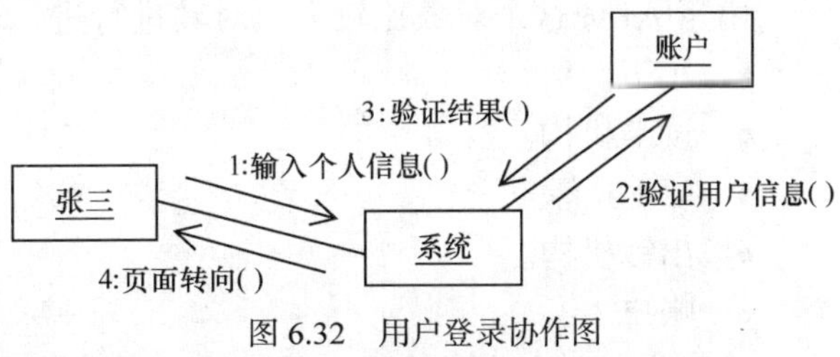

图 6.32　用户登录协作图

协作图中有 3 个对象：“张三”、“系统”、“账户”，正是这 3 个对象的相互合作完成了一个用户登录验证过程。

下面按照消息编号的顺序来看一下对象之间的消息传递。

第一步，对象“张三”向对象“系统”发送一个消息：输入个人信息( )，把张三的用户名和口令信息传送给对象“系统”；第二步，对象“系统”向对象“账户”发送一个消息：验证用户信息( )，把对象“张三”传来的个人信息发送给对象“账户”，验证张三的信息是否合法；第三步，对象“账户”给对象“系统”发送消息：验证结果( )，把最终的验证结果通知对象“系统”；第四步，对象“系统”给对象“张三”发送消息：页面转向( )，使对象“张三”根据其输入的登录信息，进行相应的页面转换，完成登录。

除了上面的内容外，还可以看到，图中对象“张三”和对象“账户”之间是没有链的，也就是说对象“张三”和对象“账户”是没有直接交互关系的。

6.10 协作图应用

在进行协作图模型创建时，主要遵循以下步骤。

- 确定协作图元素。
- 找出各元素间的关系。
- 创建实例层协作图。

下面通过对 ATM 取款用例的协作图建模来进一步了解协作图的建模过程。

例如，用户小王需要通过 ATM 取款 100 元，该场景的整个过程如下。

（1）用户小王向 ATM 中插入自己的银行卡。

（2）ATM 验证小王的银行卡。

（3）银行卡验证通过，ATM 屏幕给出输入密码窗口。

（4）小王输入自己的银行卡密码。

（5）ATM 打开小王的账户，验证密码是否正确。

（6）ATM 通过验证，显示新的屏幕输出，给出小王必要选择项。

（7）小王选择取钱选项。

（8）ATM 打开新窗口，提示输入金额。

（9）小王输入金额 100 元。

（10）ATM 向小王的账户发出请求取钱 100 元。

（11）小王的账户验证金额是否合理。

（12）小王的账户通过金额验证，从账户扣除 100 元。

（13）小王的账户通知出钱机构，吐出 100 元钞票。

（14）ATM 将小王的银行卡退出。

第一步，通过对上面场景过程的分析，可以得到 3 个对象：小王、ATM 和账户。

由于 ATM 这个对象比较大，对其进行进一步的分解，最终确定为 5 个元素：

- 小王。
- 读卡机构。
- ATM 屏幕。
- 出钞机构。
- 账户。

第二步，确定元素关系。通过对上面场景过程的分析，可以知道：

- 小王只能与读卡机构和 ATM 屏幕交互，不能直接与账户和出钞机构交互。
- 读卡机构只能与小王、ATM 屏幕和账户交互。
- ATM 屏幕能够与小王、读卡机构和账户交互。
- 账户可以与读卡机构、ATM 屏幕和出钞机构交互。
- 出钞机构只能与账户交互。

第三步，将所有元素实例化为对象，并根据对象间的交互关系找到对象间的所有消息，并根据消息的时间顺序进行消息序列化。

通过上述的分析，最终得到的协助图如图 6.33 所示。

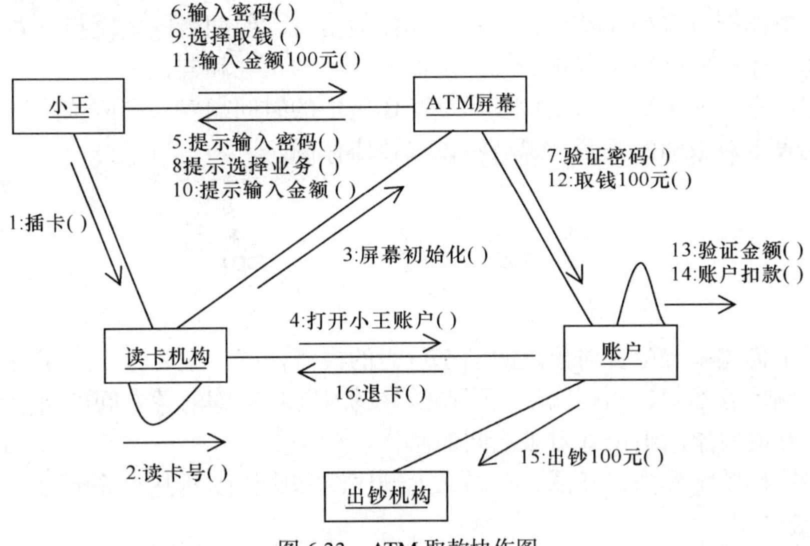

图 6.33　ATM 取款协作图

6.11　顺序图与协作图之间关系

顺序图和协作图在语义上是等价的，它们之间可以进行互相转换。多数的 UML 工具支持顺序图与协作图之间的转换。

例如，小王通过 ATM 取钱的协作图可以转换成顺序图，如图 6.34 所示。

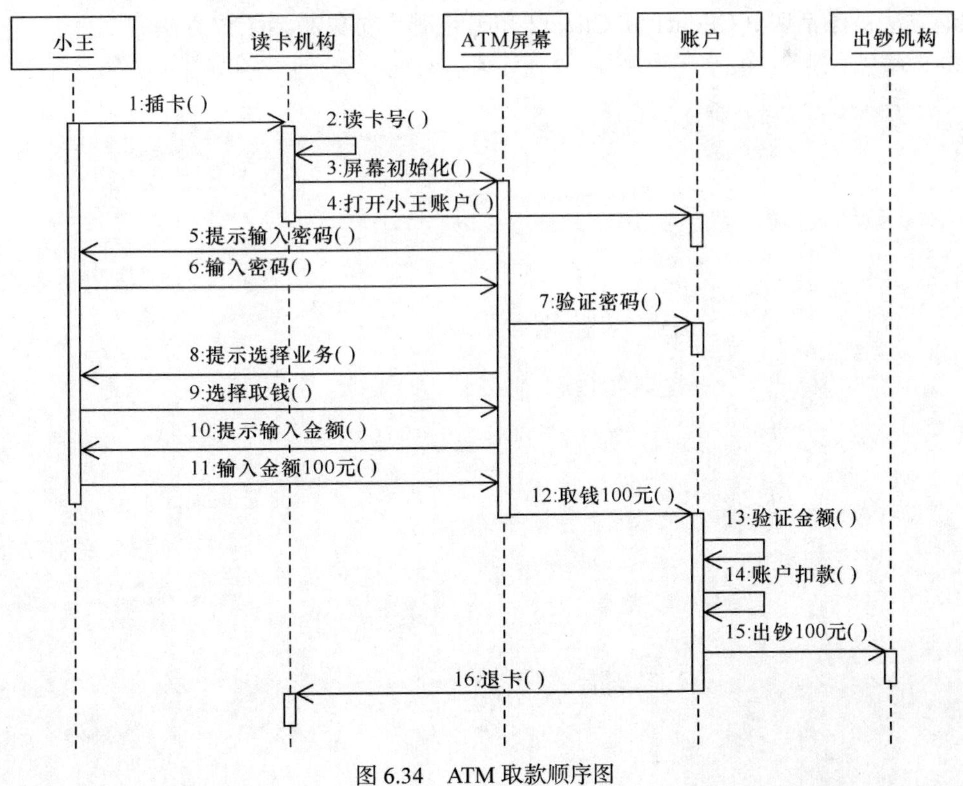

图 6.34　ATM 取款顺序图

顺序图与协作图可以相互转换，而不丢失任何信息。但两者的侧重点不同。顺序图着重于交互的时间顺序，而协作图着重于描述协作对象间的交互和连接。

在实际应用中，如果需要清楚地表示交互作用中的时间顺序，则应该选择顺序图；如果更注重清楚地表示对象间的关系，那么应该选择协作图。

6.12 小　　结

本章介绍了描述系统中各对象之间动态行为的模型视图，主要包括顺序图和协作图，但是它们之间的侧重点不同，顺序图主要强调消息的时间顺序即对象之间的通信模式，而协作图强调参加交互的对象的组织即对象之间的协作。

顺序图和协作图统称为交互图，在语义上顺序图和协作图是基本等价的，顺序图和协作也可以相互变换。

6.13 习　　题

1. 顺序图的作用是什么？
2. 同步消息和异步消息的区别是什么？
3. 请给出描述下述场景的顺序图和协作图。两个顾客 Client1 和 Client2 通过合适的消息向一个服务器对象 server 注册。过了一段时间后，服务器对象激活两个顾客的 do_it()方法。在 do_it()方法被激活时，Client1 和 Client2 知道是哪个对象激活了该方法。

第 7 章 类图和对象图

在第 1 章中介绍了面向对象的基本概念，其中最重要的两个概念就是类和对象。在建立面向对象的模型时，类图和对象图是最基本的元素。类图用来描述系统中类之间的静态关系，它对系统的静态结构进行描述。对象图实际上提供的是系统“快照”，用来描述在特定时刻实际存在的各个对象以及它们之间的关系。对一个系统而言，建模人员可绘制多个对象图，其中每一个对象图用来描述系统在一个特定时刻的状态。本章主要介绍 UML 的类图和对象图表示方法、含义以及如何应用。

7.1 类图概述

类图描述了类和类间关系，它从静态角度来表示一个系统，因此类图属于一种静态图。类图是 UML 建模中最基本和最重要的一类图。

在程序设计的不同阶段，类图的作用也不相同。在分析阶段，类图主要用于一些概念类的描述；在设计阶段，类图主要用于描述类的外部特性；在实现阶段，类图主要用于描述类的内部实现。

在 UML 中类使用一个矩形图符来表示，矩形分成上、中、下 3 个区域，每个区域用不同的名字标识，如图 7.1 所示，分别表示类的名字、属性和方法。

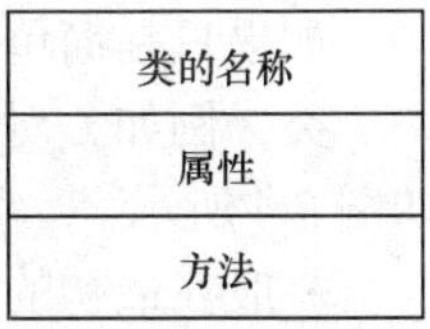

类的名称
属性
方法

图 7.1　类的图符

例如，我们定义一个类“汽车”，它有颜色、重量、轮子个数等属性，可以有启动、停止、加速等方法，“汽车”类的图符如图 7.2 所示。

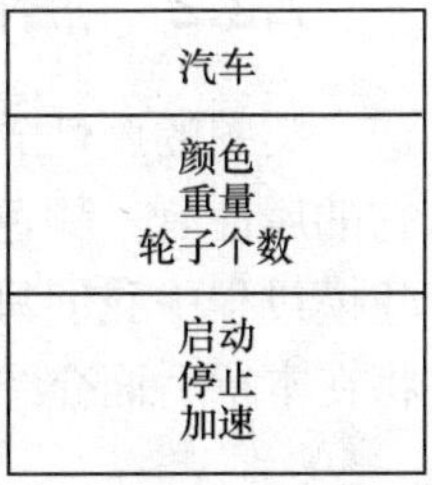

汽车
颜色 重量 轮子个数
启动 停止 加速

图 7.2　汽车类

属性用来描述类的数据域，每个属性都必须有名字。如图 7.2 所示，类“汽车”可以有“颜色”、“重量”和“轮子个数”等属性。除此之外，有时还需要提供一些其他信息，例如，属性所描述的数据的类型和属性的默认初始值等。

方法是用来描述类的行为和动作，每个类的方法可以有名字、参数和返回类型等信息。如图 7.2 所示，类“汽车”可以有“启动”、“停止”和“加速”等方法。

可以使用类图来描述现实世界中常见的事物，如汽车、房屋、树木等，这些类代表现实世界中的一类事物。类图也可以用来描述程序设计语言中的类，如学生、三角形等，这些类可以用程序设计语言来进行描述和实现。

7.2 类图元素

类图是用来描述一个类的，它包括类的名字、属性、方法和类的可见性。下面分别进行介绍。

7.2.1 类名称

类名称放在类的图符的上面部分，使用它来唯一标识一个类。一般给一个类命名时最好能够代表要解决的问题中对应的具体事物，含义要清晰明了。这个名称既可以是英文的，也可以是中文的，它是图符中必需的部分。例如，“汽车”、“学生”和“教室”分别代表现实世界的 3 类事物，可以使用 3 个类图来描述。描述汽车的类图如图 7.2 所示。如果只是为了描述一个类，不关心类的属性和方法，这时可以不标出类的属性和方法，如图 7.3 所示。

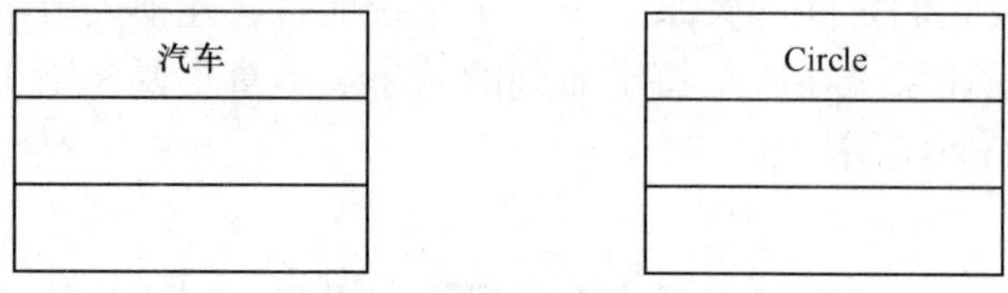

图 7.3 汽车类和 Circle 类

图 7.3 中两个类分别使用中英文名字来标识。一般在设计过程中为了方便可以使用中文名来标识一个类。在系统的实现过程中，考虑需要与具体的程序设计语言衔接一般使用英文名标识一个类。

如果只是简单描述一个类，也可以使用一个矩形来表示一个类，例如，对图 7.3 中的汽车类和 Circle 类的简单表示如图 7.4 所示。

图 7.4 类图的简单表示

一般在最初的系统分析设计时，更多地是考虑设计哪些类，较少考虑类的具体细节，一般使用简单类图来描述。随着分析和设计的不断深入，类中需要描述的信息也越来越多，这时就可以使用比较完整的描述方式。

7.2.2 属性

类图的属性放在类名字的下方，用来描述该类的对象所具有的特征，如前例中的汽车类，它的属性有：颜色、型号、重量、时速、轮子的个数等。描述一个类的属性可能很多，在实际建模过程中我们只抽取那些在系统中使用的特征作为类的属性，具体如何选择一个类的属性，将在本章后面介绍。属性放在类图图符的中间部分，对于上面例子，增加属性后如图 7.5 所示。

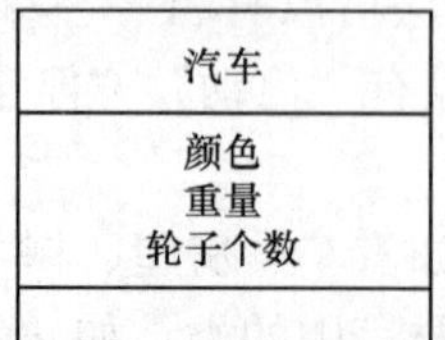

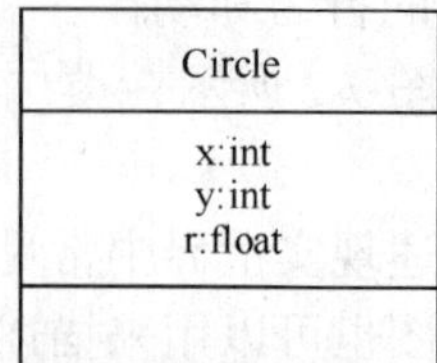

图 7.5 类的属性

图 7.5 中"汽车"类给出了 3 个属性，"Circle"类也给出了 3 个属性，在给出属性的名字的同时还给出了每个属性的类型。一般类图设计时只需要列出类的主要属性，这样可以突出重点，避免因类图属性过多而使类图过大。在分析设计的初期，类图中可以只列出属性，随着分析的深入，逐步增加属性的类型和可见性等信息，类图可见性方面的具体介绍见本章 7.2.4 小节。

在描述类的属性时还可以写上该属性的初始值，例如，图 7.5 中类 Circle 的属性分别增加初始值变成：

```
x: int = 0;
y: int = 0;
r: float = 0.0;
```

一般情况下不需要设计属性的初始值，只有需要强调某个属性需要设置特定的初始值时，才需要在设计过程中描述属性的初始值。

7.2.3　方法

类的属性列出了类的主要数据，类的方法则是对这些数据的处理过程。一般一个方法完成一个特定的动作或处理过程，所有的方法说明了该类能够完成的全部功能。方法放在类图图符的下面部分。例如，汽车类的 3 个方法如图 7.2 所示。

和属性一样，一般类图中只列出类的主要方法。在分析设计的初期，类图中可以只列出方法名字，随着分析的深入，逐步增加方法的参数、返回类型和可见性等信息，类图可见性见 7.2.4 小节。

例如，对于类 Circle，可以增加两个方法 Move 和 Draw。方法 Move，有两个参数 x 和 y 表示圆移动的相对位移，无返回值，如图 7.6 所示。

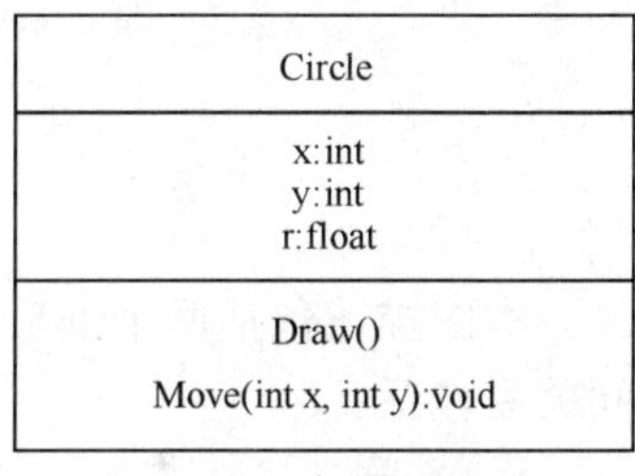

图 7.6　类的方法

类的方法操作是由类的所有实例提供的共同行为。例如，"Circle"类的对象需要提供移动和绘图的操作，类的方法与普通程序设计语言中的过程及函数一样，方法有自己的名字、参数和返回值。方法的参数和返回值的类型可以是用来定义属性类型的基本类型，也可以是其他的类。

在实际的类设计过程中如果孤立地考虑一个类时，建模人员很难确定该类应提供哪些操作，通常建模人员应在考虑各个对象如何实现系统全局行为的基础上来确定类所应提供的操作，而这个分析工作是在构造系统的动态模型时才进行的。换言之，一个类方法的获取是随着分析和设计过程的进行不断深入的，只有在设计过程快要结束时，建模人员才有可能得到类中各操作的完整定义。

在设计过程中一般不需要列出全部的方法，只列出设计者认为重要和主要的方法即可。但如果希望使用代码生成工具生成代码，则需要列出一个类的所有的属性和方法，而且需要列出每个属性和方法的各个细节。

7.2.4　可见性

在面向对象程序设计中通过类实现了对属性和方法的封装，为了控制对类内的属性和方法的访问，类提供了可见性。可见性有：公有（public）、私有（private）和受保护（protected），在 UML 中分别用“+”、“−”和“#”来表示。

其中公有的属性和方法（“+”）能够被系统中其他任何类的方法查看和使用；私有属性和方法（“−”）则仅在该类的内部可见，而且只有该类的方法才可以使用；受保护属性和方法（“#”）则不仅可以被该类内部的方法使用，也可以被该类的子类使用，但不能被其他类的方法使用。

图 7.7 是一个带有可见性描述的 Circle 类的类图，该类所有属性的可见性都为“−”，表示该类所有属性是私有数据成员，其对类外的元素为不可见。该类方法 Draw()是公有的，可见性为“+”，表示其他类的方法可以访问这个方法；而方法 Move（int x, int y）是一个私有方法，只有类内方法可以访问。图 7.6 中没有列出置取（get、set）方法，一般置取方法的可见性都是公有的。

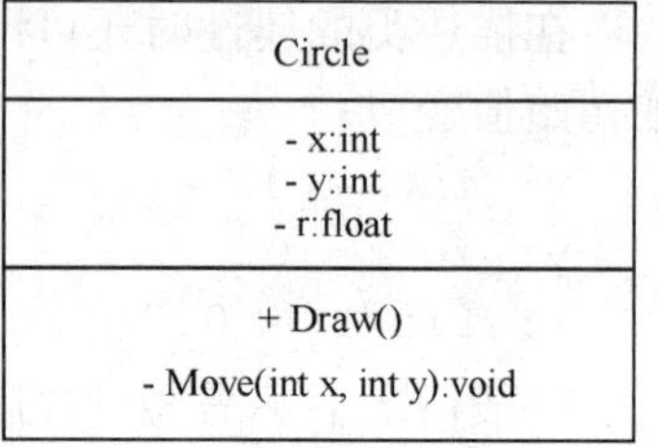

图 7.7　标出可见性类图

在设计类时，类的属性一般都设计成私有的，类外的方法通过置取函数访问类的属性；类的方法根据是否需要提供给其他类进行使用来确定设置成私有还是公有。公有方法为其他类提供了访问接口，私有方法只有本类自己使用。为了方便一般子类使用父类的属性，同时保证类的封装性，把这样的方法设置为受保护的。

7.3 类间关系

类图描述包括两个部分：类和类间关系，前面介绍了类，下面介绍类间关系。主要的类间关系包括：

- 关联
- 泛化
- 依赖
- 其他关系

7.3.1 关联

关联（association）描述类和类之间存在着连接，使用一个无向的线段表示。关联表示每个类对应的对象之间存在关联，可以相互之间进行通信，表示每个类的对象之间可以相互知道。类和类之间可能存在多种关联。

例如，张三有一辆小汽车，李四有一辆卡车。在面向对象分析中可以把每一个具体的人视为类“人”的一个对象，把每个具体的汽车视为类 “汽车”的对象，这样类“人”和类“汽车”之间就存在关联关系，如图 7.8 所示。

图 7.8 中每个方框代表一个类，两个类中间的连线表示类间的关联关系，上边是一个关联名，对具体的关联关系进行说明。这个图表示两个类之间是“拥有”关联关系，表示某一个具体的人可以拥有汽车。

关联是双向的，表示两个类相互之间有关联。如果要强调关联关系是从一个类到另一个类，则可以使用单向关联，一般称为导航关联，如图 7.9 所示。

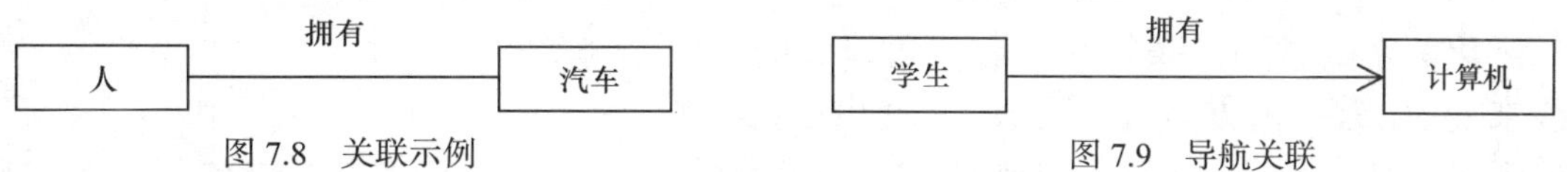

图 7.8　关联示例　　　　图 7.9　导航关联

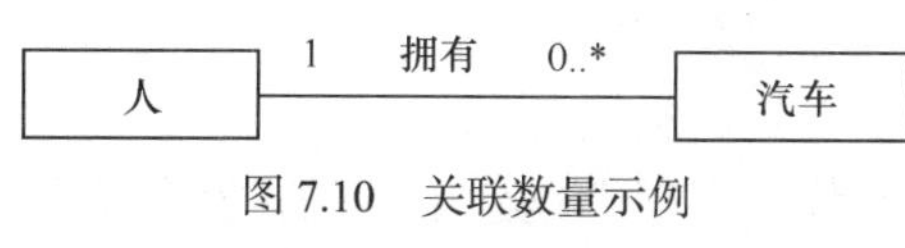

图 7.10　关联数量示例

导航关联使用带箭头的线段表示，上面也可以标出关联的名字。比较图 7.8 和图 7.9 可以看出，两个例子描述的关系类似，方法却不相同。在实际的分析和设计中，多数的情况下都是单向关联关系，只有在强调关联关系是单向时才使用导航关联，一般情况下只需要普通关联即可。

如果想说明相关联的对象的数量，具体地说就是几个对象和几个对象相关联，可以在关联上标出关联数量，如上例中类“人”和类“汽车”带有数量的关联表示，如图 7.10 所示。

图 7.10 表示相关联的两个类“人”和“汽车”对应的具体对象之间关联关系的数量，具体说就是某一个人可以没有汽车，也可以拥有一辆或多辆汽车。

数量的表述方法主要有：

- 1　　表示　　1 个对象
- 5　　表示　　5 个对象
- 0..1　表示　　0 到 1 个对象
- 0..*　表示　　0 到多个对象
- 3..8　表示　　3 到 8 个对象

如果对象的个数为 1，可以省略。在实际的设计中只有强调对象的个数时才在关系中标识数量。

关联关系在设计阶段表现为一个指向另一个类的指针，例如，有两个类 CPerson 和类 CCar。CPerson 类定义如下：

```
Class CPerson{
    …
    CCar * pCar;
    …
}
```

在类 CPerson 中定义了一个单向关联，关联到类 CCar。如果在 CCar 类中也定义了一个指向 CPerson 类的一个属性，则形成了一个双向关联。

7.3.2　泛化

在面向对象的分析过程中，先从一个一个具体的对象分析出类，再把一个一个具体类的共性抽取出来得到更抽象的类，这个过程叫泛化，得到的更抽象的类称为泛化类，泛化类和具体类之间的关系称为泛化关系。

例如，张三开了一辆捷达轿车，李四开一辆富康轿车，就可以把这些具体的轿车抽象成一个类“轿车”，同样我们也可以抽象出类“货车”、“皮卡”等。把这些类进一步抽象得到一个类“汽车”。通过这个对车的抽象过程，可以看出“汽车”类是更加抽象的类，而“轿车”、“货车”、“皮卡”类是比较具体的类，它们之间的泛化关系如图 7.11 所示。

泛化关系通常用一条带有空心三角箭头的有向实线来表示，箭头的方向指向泛化类。使用泛化关系描述了面向对象类的提取过程和类的层次。一般将泛化类称为超类，将具体的类称为子类。这蕴涵着如下观点：超类实际上是表示一群类公共特征的通用类，子类是超类的特殊情况。由子类创建超类的过程称为泛化，由超类创建子类的过程称为特化。泛化和特化在本质上没有什么差别，其区别只不过在于从什么方向来看待超类与子类之间的关系。

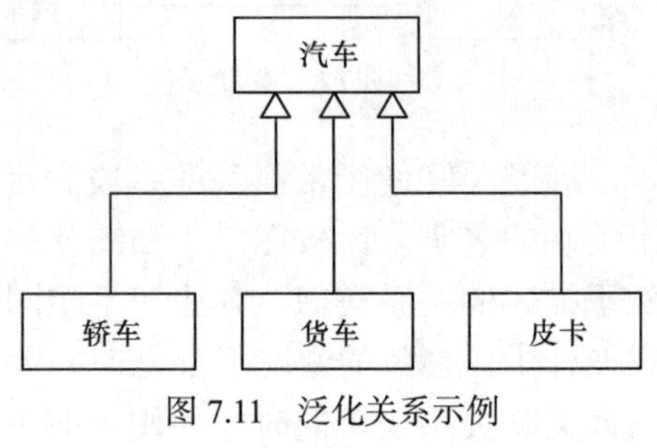

图 7.11　泛化关系示例

本质上，泛化表示类之间的分类关系，更具体地说，泛化表示的是类之间的“is-a”关系。从这个角度看，可认为图 7.11 中的“轿车”是一种“汽车”。从程序设计的角度上看，更确切的解释是可替换性。可替换性指运行时一个类的实例可以被这个类的任何子类的实例所替换。也就是常说的面向对象的多态，这是面向对象的一个重要特征。

7.3.3　依赖

依赖（dependency）是描述两个类或多个类之间的连接关系，其中一个类是独立的，另一个类是非独立的，依赖于独立的类。如果独立的类发生改变，将会影响到依赖到该类的所有类。常见的依赖是一个类是另一个类的成员或使用另一个类作参数，或存取另一个类中的全局变量。在 UML 图中，依赖用一条带有箭头的虚线来表示，箭头的方向指向独立的类，如图 7.12 所示。

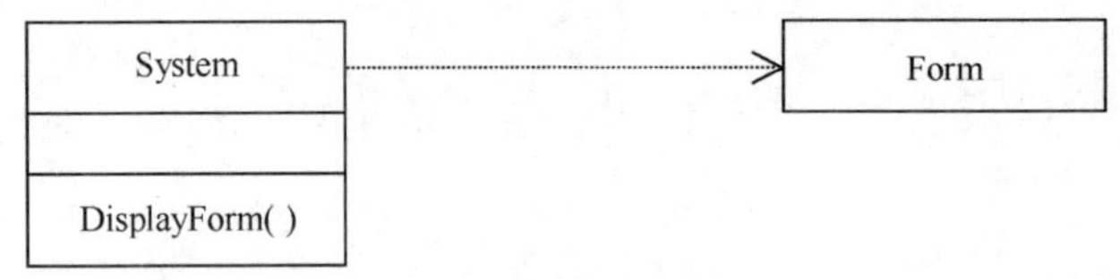

图 7.12　依赖关系

假设有两个类“System”和“Form”。System 类有一个方法 DisplayForm，该方法的某个参数类型是 Form。此时就称类 Systems 依赖于类 Form。

依赖与关联有什么区别呢？关联是类之间的一种关系，这种关系是非常明显的，一般在进行问题分析的过程中能够直接看出。依赖是一种弱关联，只有一个类用到另一个类，但是和另一个类的关系不是太明显的时候，才可以把这种关系看成是依赖。因此，多数情况下，依赖是以方法的参数的形式出现的。

7.3.4　其他关系

除了上面提到的关联关系、泛化关系和依赖关系之外，在面向对象分析和设计中还会经常用到其他几种关系：

- 聚合关系
- 组合关系
- 实现关系

聚合关系（Aggregation）表示的是整体和部分的关系，整体与部分可以分开，例如，电脑包括键盘、显示器，一台电脑可以和多个键盘、多个显示器搭配，确定键盘和显示器是可以和主机分开的，主机可以选择其他的键盘、显示器组成电脑。在 UML 中使用带空心菱形的实线来表示聚合关系。例如，电脑和键盘的关系可以描述为聚合关系，如图 7.13 所示。该图描述了类“键盘”和类“电脑”之间的关系是聚合关系，表示某一个具体的键盘可以是某一个具体电脑的组成部分。这个键盘可以是这个电脑的组成部分，也可以把它连到其他电脑上，这时他就是其他电脑的组成部分了。

组合关系（Composition）也是描述整体与部分的关系，但是整体与部分不可以分开。例如，公司和部门，部门是部分，公司是整体，公司 A 的财务部不可能和公司 B 的财务部对换，就是说，公司 A 不能和自己的财务部分开。在 UML 中使用实心菱形表示组合关系。例如，公司和部门关系如图 7.14 所示。

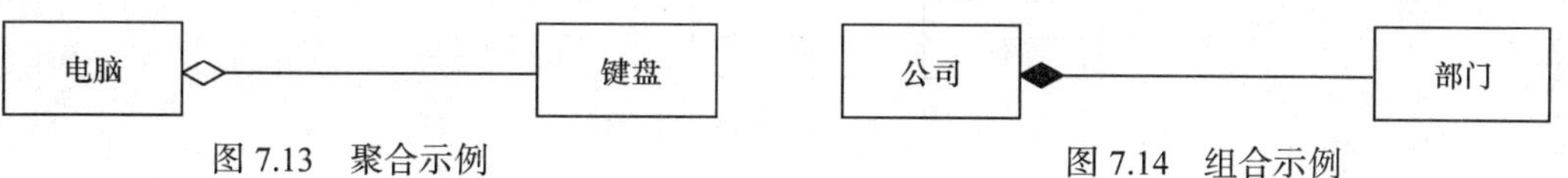

图 7.13　聚合示例

图 7.14　组合示例

实现关系（Implementation）是用来描述接口和实现接口类的关系，在 UML 中使用虚线箭头表示。例如，类“人”实现了接口活动，如图 7.15 所示。

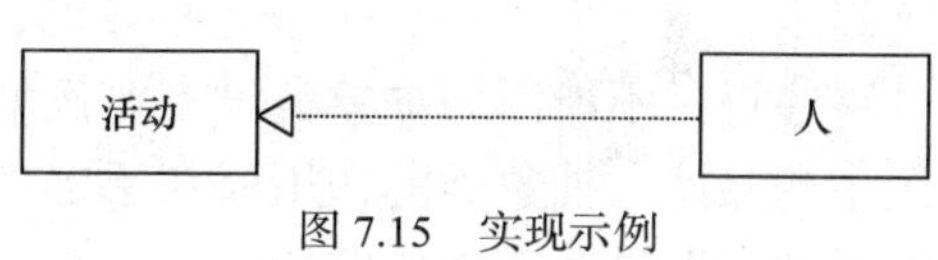

图 7.15　实现示例

接口可以看成是一种特殊的类，它强调对外提供的功能和行为结果。有关接口的内容，将在第 10 章中进行详细介绍。

7.4　抽　象　类

在面向对象的设计中，建模人员常常需要引入泛化类来定义许多相关类的公共特征，其目的是使用可替换性原则来简化整个模型，而不是为了定义一个全新的概念。因此，通常不必为泛化层次图中的根类创建实例，因为所需要的所有对象都能由根类的某个子类的实例更精确地来描述，这类没有实例的类通常被称为抽象类。

从概念上说，抽象类也是一个类，它同样具有属性和方法。在具体的设计和实现时，抽象类的部分方法只有方法名，而没有方法的实现部分。具体抽象类的定义和说明因面向对象程序设计语言的不同而不同。

例如，有 3 个类“人”、“鱼”和“鸟”，类“人”有一个行走方法，walk()；类“鱼”由一个游动的方法，swim()；类“鸟”由一个飞行的方法 fly()。在进行泛化时，这 3 个类可以抽象出一个类 “生物”，而每个类的运动的方法各不相同，是否需要对这些方法进行泛化呢？如果不需要泛化就比较简单了，只需要在每个具体类中保留各自的运动方法就可以了，如图 7.16 所示。

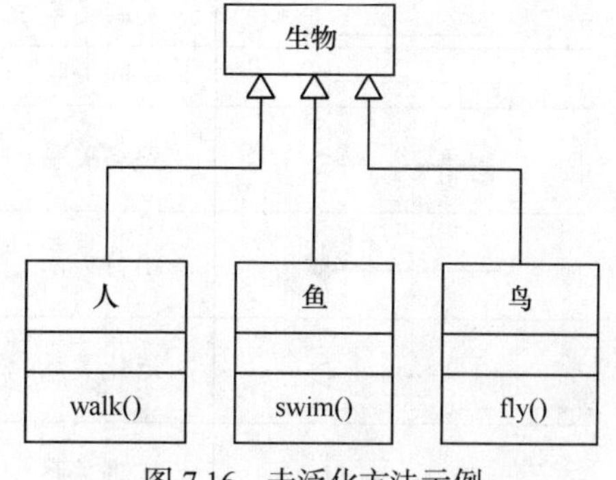

图 7.16　未泛化方法示例

如果要对运动的方法进行泛化，可以把这 3 种运动抽象成为 move()。由于人的行走、鱼的游动和鸟的飞行是完全不同的运动方式，因此抽象后的方法无法定义具体内容，我们可以不定义 move()方法的具体实现，这样的方法叫做抽象方法。带有抽象方法的类称为抽象类，如图 7.17 所示。

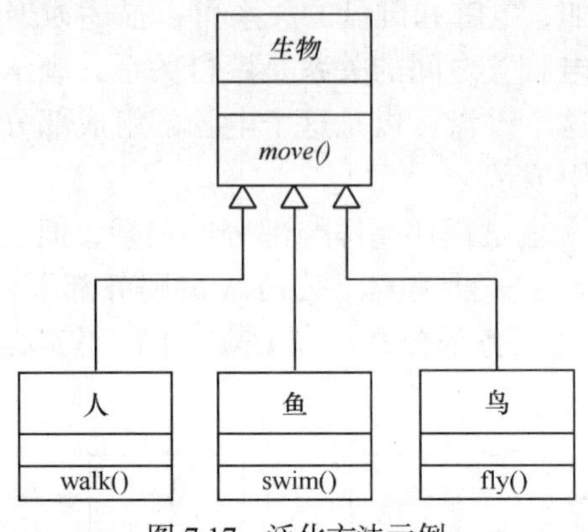

图 7.17　泛化方法示例

在 UML 中，使用斜体字的类名表示抽象类。例如，图 7.17 中的类名“生物”，使用斜体字表示。同样方法 move()也是抽象的，因此也用斜体字表示。

注意：不能因为抽象类没有实例就认为它们在系统中是多余的，更不能因此将它们从类图中删除掉。抽象类的作用就在于定义其所有后裔类的公共特征，这对于生成具有清晰结构的类图而言是非常重要的。

除此之外，抽象类实际上也为其所有后裔类定义了一个公共接口，这种公共接口极大地简化了客户模块的程序设计。

7.5　类图图符

表 7-1 列出了经常使用的类图基本图符，表中列出了每个可视化图符的表示方法、名称以及简单的描述，方便读者在今后使用。

表 7-1　　类图图符

可视化图符	名　称	描　述
	类	表示具体的一个类，第一栏为类名，第二栏为类的属性，第三栏为类的方法
	关联关系	表示类的对象间的关系。关联是双向的
	单向关联	表示类的对象间的单向关系，又称为导航
	聚集关系	表示类的对象之间的关系为整体与部分的关系，整体和部分可以分开
	组合关系	表示类的对象之间的关系为整体与部分的关系，整体与部分不可分开
	泛化关系	描述了类的一般元素与特殊元素之间的分类关系，通过一般元素抽象出泛化类
	实现关系	描述了类的一般元素与特殊元素之间的分类关系，对某个类的详细实现

续表

可视化图符	名　称	描　述
·········>	依赖关系	有两个类或包 X，Y 元素，修改 X 的定义，可能引起 Y 定义的修改，则称 Y 依赖与 X
	对象	某个类的一个实例
	注释体	用于对 UML 实体进行文字说明
············	注释连接	将注释体与要描述的实体连接起来，表明该注解是对于哪个实体的描述

在表 7.1 列出了常用的类图图符，这些图符是面向对象分析与设计中最常用的符号。

7.6 类图理解

下面设计一个简单的绘图程序，能够实现绘制由直线和圆弧组成的图形，根据题目要求设计出类图，如图 7.18 所示。

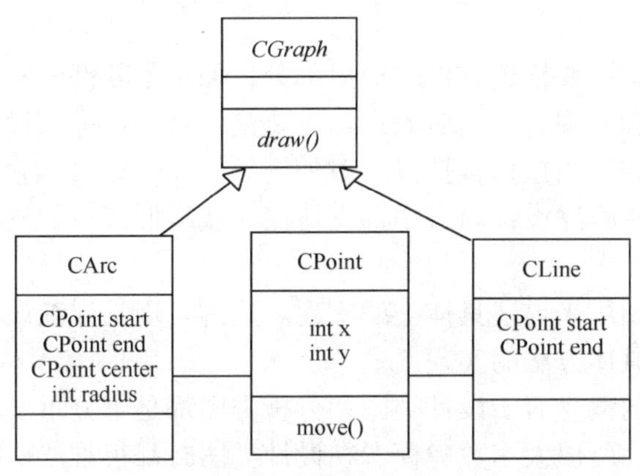

图 7.18　绘图程序类图

图 7.18 中设计了 4 个类：CPoint、CLine、CArc 和 CGraph。类 Point 是一个点类，由两个坐标值 x 和 y 组成，点类有一个移动的方法 move。类 CArc 是一个圆弧类，由 3 个点 center、start、end 和一个半径 radius 组成，分别表示圆弧的圆心、起点和终点，圆弧的半径。类 CLine 是一个直线类，由两个点 start 和 end 组成，表示一条直线的起点和终点。类 CGraph 是一个抽象类，它是类 CArc 和类 CLine 经过泛化后得到的一个抽象类，该类有一个抽象的方法 draw。类 CArc 和类 CPoint 设计成关联关系，表示两个类有关系。

这个类图表示绘图程序用到了两个类，分别是圆弧类 CArc 和直线类 CLine，这两个类都有一个绘图的方法，把这两个类进行泛化，得到泛化类 CGraph。需要说明的是，在泛化过程中一定要注意是一个抽象的过程，得到的泛化类在概念上应该是比原来的类更加抽象。

类 CArc 和类 CLine 用到了类 CPoint，使用关联关系来表示。如果认为点是圆弧和直线的组成部分，也可以使用聚合关系来表示。

这个类图是一个示意性的类图，实际的类图还有许多细节内容。这个类图经过进一步的细化，最后可以用程序设计语言来实现。

7.7 类图应用

上一节给出一个绘制图形程序的类图，本节将介绍类图的分析和设计过程，讲述如何从一个实际问题出发找出一个一个具体的类，进一步设计出类图。

7.7.1 类图的层次

在面向对象技术中，类是一个比较宽泛的概念。它可以表示程序设计中的一个类型，也可以表示现实世界中的一类事物或一个概念。需要注意的是，虽然在软件开发的不同阶段都使用类图，但这些类图描述了不同层次的抽象。在需求分析阶段，类图是所研究的问题域中的概念；在设计阶段，类图描述类与类之间的接口；而在实现阶段，类图描述软件系统中类的实现。按照 Steve Cook 和 John Dianiels 的观点，类图分为 3 个层次。

概念层：概念层类图主要描述应用领域中的概念。而具体实现它们的类虽然可以从这些概念中得出，但两者并没有直接的映射关系。事实上，一个概念模型应独立于具体实现的软件和程序设计语言。

说明层：说明层类图主要描述软件的接口部分，而不是软件的实现部分。面向对象开发方法非常重视区别接口和实现，面向对象设计主要是针对接口进行设计。简单地说类的接口是类为外部使用者提供的使用接口，提供了对外统一的操作接口，它一般是一些抽象或具体的方法。一般在面向对象程序设计语言中都支持接口或类似接口的概念。接口的设计是面向对象设计的精髓。

实现层：实现层类图用来描述具体类的实现。这种实现是详细设计或真正的代码实现，强调具体属性的描述和具体方法的实现。

理解类图 3 个层次的概念对于设计类图和分析类图都是十分重要的。但是由于各层次之间没有一个清晰的界限，所以大多数建模者在设计类图时都很难严格对其加以区分。虽然将类图分成 3 个层次的观点并不是 UML 的必要组成部分，但是它们对于建模非常有用。在实际的软件项目开发时，不同的开发阶段所使用的类图不同。在分析阶段主要侧重概念类图的描述；在设计阶段主要侧重说明层类图的描述；在实现阶段主要侧重实现层类图的描述。

7.7.2 需求描述

下面就以上节中的绘图程序为例，来详细讲述如何建立类图。

绘图程序使用简单的直线线段和圆弧作为基本的图元，使用这些图元组成基本的图形。绘图程序能够根据给定的图元依次绘制每个图元，完成一个图形的绘制。

在第 6 章中介绍了如何使用用例图来描述一个软件的需求，使用事件流对每个用例进行描述，详细说明每个用例的完成过程。

读者可以自己按照第 6 章的需求分析方法，根据上面绘制图形的简单需求，自己来设计用例图和完成用例描述。

7.7.3　类的提取

在获取和分析需求的过程中，通过不断地与用户进行交流，用户会经常提到一些概念。同样在需求描述中也会经常用到一些概念。在概念类的提取过程中首先把这些概念提取出来。如上面例子中，可以提取出一些名词概念：图形、直线、圆弧、图元。

这些名词概念就是备选的概念类，我们首先对这些概念进行必要的说明，明确每个概念的含义。

- 图形：需要绘制的图形。
- 直线：组成图形的直线线段。
- 圆弧：组成图形的圆弧，圆作为圆弧的一个特例。
- 图元：绘制图形的基本元素，本例中包括直线和圆弧。

确定了 4 个概念类后，接下来分析这些概念类之间的关系。图形是由一个一个具体的图元组成的，根据前面讲到的类间关系可以看出这两个类之间是一个聚集关系。图元有直线和圆弧两类，因此图元可以视为直线和圆弧的泛化。有了概念类和类间关系，可以绘制出概念类图，如图 7.19 所示。

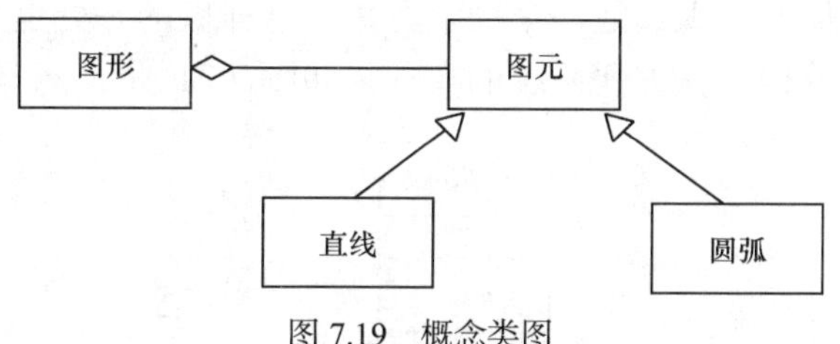

图 7.19　概念类图

与用户进行沟通和交流，找出每个类主要的属性和方法。例如，类“圆弧”的主要属性有：圆心、半径、起点和终点。主要方法有：绘制圆弧。对于概念类只需要列出对分析和设计有影响的属性和方法，一般的属性和方法可以不必列出，避免过早陷入过多的细节设计中。

在获取类的属性时，根据实际问题的需要，选择类中与问题相关的属性。例如，绘图程序中的线段是否需要颜色的属性需要根据绘图程序是绘制单色图还是多色图来确定。再如一个学生的身高，是否作为一个学生的属性，如果在学生成绩管理系统中，就不需要这个属性；如果是在学生的健康管理系统中，就需要这个属性。

同样，方法的选取也是根据实际情况的需要，如绘图程序中一定需要绘制图形，因此每个图元都应该有自己的绘图方法，另外还与相关的类有关，也就是说相关类需要这个类完成哪些动作，或提供哪些结果。

用例分析是用来描述用户希望系统能够完成哪些功能，而概念类图描述了系统的宏观的结构和组成，也可以认为这就是系统的构架。

7.7.4　类图设计

在分析阶段，已经找出了主要的概念类和类的主要属性、方法、类间关系。到了设计阶段，则需要从软件系统的角度重新来设计类图。

分析阶段的类到了设计阶段有的可能变成一组类，有的可能消失了。同时在设计阶段还会补充进一些新的类，形成设计类图。

继续分析上面的例子，首先从基本的类“直线”和“圆弧”开始，这两个类都是需要绘制的图形，因此这两个类可以作为两个设计类。进一步分析，这两个类都包括了起点和终点。在二维坐标系下每个点的位置都是由横坐标 x 和纵坐标 y 共同决定的，因此可将起点和终点单独用一个类来表示，这样就可以得到一个新的类：“点”。类“点”应该具有两个最基本的属性：两个坐标值，横坐标 x，纵坐标 y，如图 7.20 所示。

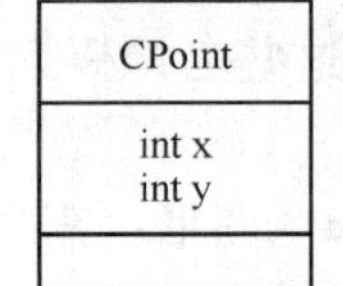

图 7.20　CPoint 类类图

类“图元”是类“直线”和“圆弧”的泛化类，在设计阶段是否还需要保存这个泛化类。这就要看看“直线”和“圆弧”这两个类是否需要进一步地进行抽象。先来看属性，类“直线”和类“圆弧”有相同的属性：起点和终点，这两个属性是否可以放到抽象类“图元”中呢？这就要看看什么是图元，图元是绘制图形的基本元素，这个基本的元素是否要求有起点和终点？如果是，就可以把这两个属性放到抽象类“图元”中。

再来看方法，两个类中都有绘制方法，不同的是一个绘制圆弧，另一个绘制直线。这个方法是否需要进行抽象？如果需要如何进行抽象？如果不进行抽象，也就不需要设计抽象类了。如果进行抽象就可以抽象成一个绘制类，具体如何绘制由每个具体类实现。换句话说，抽象后的方法不负责具体的实现，是一个抽象方法。这样做的好处是为两个具体类的不同绘制方法提供了统一的对外接口，方便系统的实现，如图 7.21 所示。

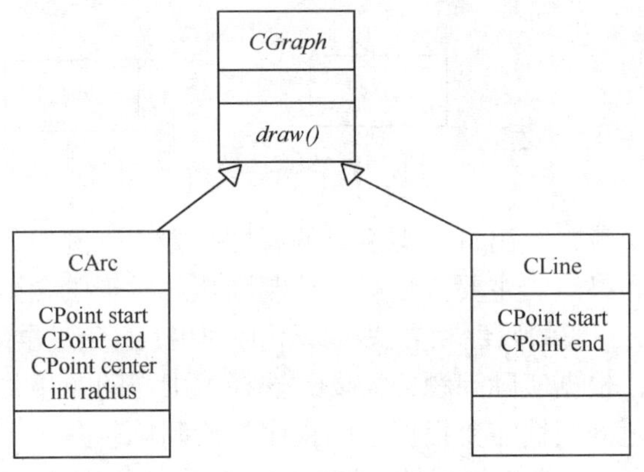

图 7.21　图元类泛化图

对于类“图形”，这个类在分析阶段用来说明要完成的工作，是一个实现的结果。因此在设计阶段就没有对应的设计类了。

根据上面的分析，得到了设计类图，如图 7.18 所示。需要说明的是，这个分析和设计过程需要多次反复，因此得到的类图也需经过不断地修改和完善。另外，不同的人得到的分析和设计结果可能不同，只要能够满足用户的要求，便于系统的实现就可以了。

7.8　对象图概述

前面介绍了类图的描述方法，在面向对象分析和设计中还会涉及对象，UML 中也提供了相应的描述方法，就是对象图。对象图（Object Diagram）描述了一组对象及对象之间的关系。

对象图是类图的实例，几乎使用与类图完全相同的标识。它们的不同点在于对象图显示类的多个对象实例，而不是实际的类。一个对象图是类图的一个实例。由于对象存在生命周期，因此对象图也是有生命周期的，它只能在系统某一时间段存在。

例如，在某个高校的学生信息管理系统中，在系统分析阶段一个类“学生”，对应有多个具体的学生，如“张三”、“李四”等。这些具体的学生就是类“学生”的对象，当系统处理张三的相关信息时，这时“张三”这个对象就是存在的，但“李四”这个对象就是不存在的，反过来当系统处理“李四”的信息时，“李四”这个对象就是存在的，同时“张三”这个对象在该时刻就已经不存在了。

对象图是表示在某一时刻类图中的类的具体实例以及这些实例的连接关系，UML 中对象图与类图具有相同的表示形式，主要的区别是对象的名字下面要加上一条下划线。对象名有下面 3 种表示形式。

（1）<u>对象名：类名</u>

对象名在前，类名在后，用冒号来连接。

（2）<u>：类名</u>

这种格式用于尚未给对象命名的情况，前面的冒号不能省略。

（3）<u>对象名</u>

省略格式，即省略掉类名。

使用前面讲到的类“人”和“汽车”的例子，下面给出一个简单的类图和对象图，类图如图 7.22 所示。

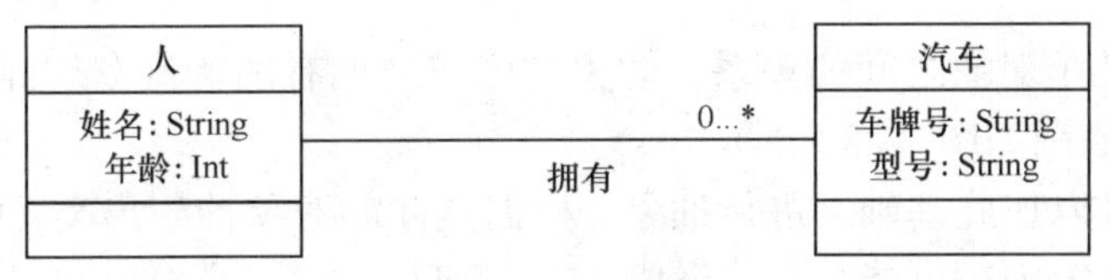

图 7.22　类图示例

图 7.23 是两个类“人”和“汽车”对应的 3 个对象“张三”、“商务用车 1”和“家用车 1”，以及 3 个对象之间的关系。对象图中所包含的都是一个个具体的对象，像类图一样，对象图也包括 3 个部分，分别是对象的名字、对象的属性值和对象的操作方法。对象之间的关联在对象图中被称为“链”。

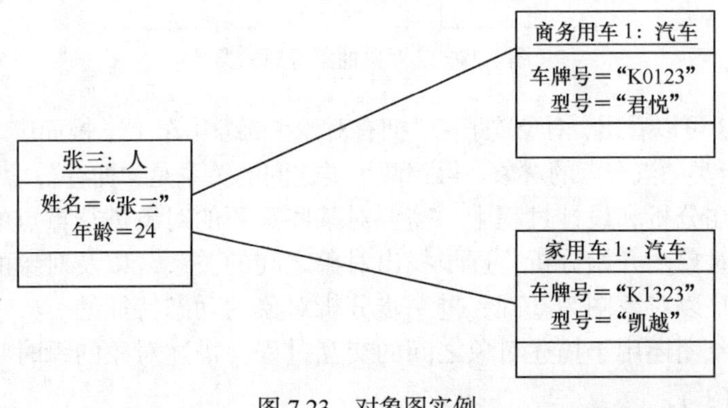

图 7.23　对象图实例

对象图显示对象的集合以及对象之间的联系，代表了系统某时刻的状态。它包含带有值的对象，而不仅是属性的描述符。协作图显示一个可多次实例化的对象及其联系的总体模型，协作图包含对象和链。如果对协作图实例化，则产生了对象图。

7.9 对象图应用

在面向对象分析与设计中，多数情况下都使用类图进行分析和设计，对象图使用较少。主要在以下两种情况下使用对象图来分析和描述一个系统。

第一种情况是在分析阶段的初期，用户在描述需求中同时会提到很多的对象和类，为了获取重要对象和它们之间的关联，需要使用对象图对这些对象进行描述。

这里还以图 7.23 的对象图为例，在面向对象分析中。首先找出一个具体的用户“张三”，这个人有姓名、年龄等信息。张三拥有两辆汽车，其中一辆是商务用车，另外一辆是家庭用车。两辆车的牌照编号分别是“K0123”和“K1323”，两辆车的型号分别是“君悦”和“凯越”。这样可以得到 3 个对象，如图 7.24 所示。

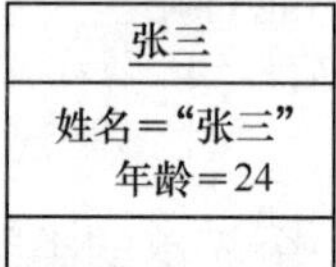

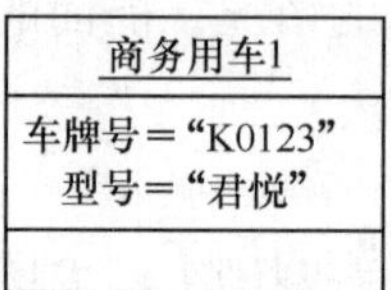

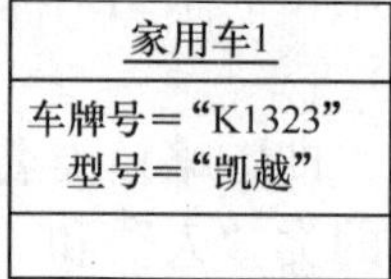

图 7.24 对象实例

接着再分析这几个对象之间的关系，对象“张三”拥有两辆汽车“商务用车 1”和“家用车 1”，对应的对象图如图 7.23 所示。

有了对象图，可以在此基础上进行抽象，根据具体的对象抽象出类，例如，对象“张三”是一个人，同样在系统中还可能存在这样的人：“李四”、“王五”等。对这些具体的人进行抽象得到一个类“人”，同理对具体的对象“商务用车 1”和“家用车 1”进行抽象得到一个类“汽车”。两个类如图 7.25 所示。

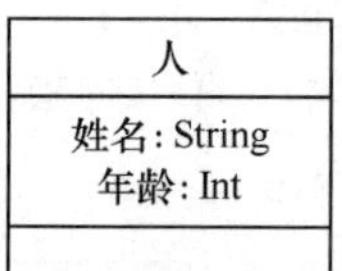

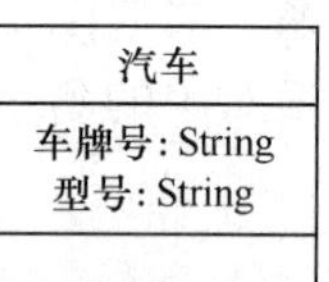

图 7.25 从对象抽象得到的类

根据对象图 7.23 可以看出，对象“张三”拥有对象“商务用车 1”，推而广之可以看出类“人”的每个对象可以拥有类“汽车”的对象。得到两个类之间的关系是“拥有”，类图如图 7.22 所示。

第二种情况是在分析和设计过程中，需要对某些重要的对象进行重点的描述，这时会用到对象图，或者从对象图开始分析，逐步找出对象之间的关系，以及对象的动态特征。例如协作图和状态图都是以对象图为基础，进一步分析对象的动态特征的。

除此之外，对象图还用于描述对象之间的交互过程；描述对象的瞬时状态和状态变化；描述对象的数据结构等。

7.10 小　　结

本章介绍了类图和对象图的描述方法，以及类图和对象图在实际的面向对象分析和设计中的应用。类图用来描述系统中类之间的静态关系，对象图用于描述给定时刻实际存在的诸对象以及它们之间的关系。

给定一个类图，可以判断一个对象图是否表示了系统的一个可能状态。对象之间的关系是由类图上相应的关联关系来定义的。两个类之间的关联关系表明了它们的对象在运行时存在连接关系。

抽象类是不能实例化的类，它用于定义所有后裔类的公共特征。泛化关系表示类之间的分类关系。

在学习本章的过程中最好能够自己结合具体的问题，尝试从中提取概念类，进行类的分析和设计，找出类的属性和方法，最终给出类模型图。

7.11 习　　题

1. 请说出下列符号的含义：

（1）1..4

（2）0..n

（3）0..*

2. 自己设计一个类图描述教师和学生之间的关系。

3. 假设一个公司雇佣了若干员工，每个员工的信息包括员工号码、姓名、地址和生日。该公司当前有多个项目，每个项目的信息包括项目名称、项目计划工期和开始日期。每个员工可同时被分派到一个或几个项目中，也可以不做任何项目。每个项目至少由一个员工来承担。公司在每个月末给每个员工邮寄一张支票，支票上的数额与项目的性质和工作时间相关。请用一张类图描述上述情况，要求：给出相关的类、属性、方法和关系。

4. 汽车和自行车都是交通工具。一辆自行车只能归一个人拥有，但一辆汽车可归一个人或者两个人拥有。一个人可能没有自行车或汽车，也可能拥有多辆自行车或汽车。人具有姓名、性别和年龄等信息。在任何时候，一辆汽车上可能载有 0 个或多个乘客。每辆汽车都有自己的颜色和商标。特别地，每辆汽车都只有四个轮子和一台发动机。请画出类图。

第 8 章 包

包（package）是用来对模型元素进行分组的，且为分组好的元素提供一个命名空间（namespace）。包图是 UML 2.0 中的一个新概念，在 UML 1 中一直是非正式的部分，过去被称为包图的东西实际上仅仅是包含包的 UML 类图或 UML 用例图。本章将主要介绍包和包图的一些知识，包括包的概念和组成、包图的图符、包图的应用，另外还会单独来介绍包的设计准则。

8.1 概　　述

包是 UML 中的一种结构，用来将各种建模元素（如用例或者类）分组组织起来。包的符号是文件夹的样子，如图 8.1 所示，它可以应用于任何 UML 图中。

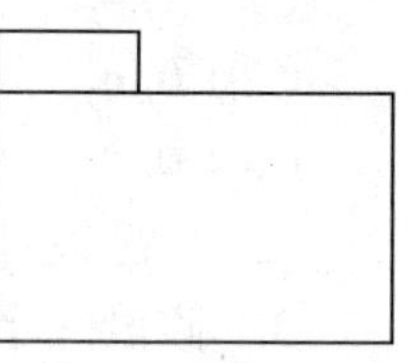

图 8.1　包的图符

包的主要作用是对模型元素进行分组管理，并为这些分组好的元素提供一个统一的命名空间，包除了是一个命名空间外，其本身也是一个可打包的元素，也就是说一个包可以作为另外一个包的内部元素，即包是具有可嵌套性的。

每个包都必须有一个包名，包的名称应为一个字符串，用来唯一标识这个包。并且包名应该能够反映整个包的内容，使人能够直观地了解该包。

包所拥有的元素通常存在可见性,用于指示这个元素是不是可以被包外的其他元素访问,对于包所拥有的公共元素，总是可以被外部采用限定姓名的方式进行访问的。一个包如果被删除了，那么这个包所拥有的元素也将被删除。

UML 中包图是 UML 2.0 中的一个新概念，在 UML 1.x 中一直是非正式的部分，过去被称为包图的东西实际上仅仅是包含包的 UML 类图或 UML 用例图。在 UML 2.0 中任何图如果只包含包（以及包之间的依赖），都可以看作是包图。

创建包图的主要作用是：

- 描述需求的高阶概述。
- 描述设计的高阶概述。
- 在逻辑上把一个复杂的图模块化。
- 组织源代码。
- 对框架进行建模。

8.2 包图图符

表 8-1 中列出了经常使用的包图基本图符，并列出了每个可视化图符的表示方法、名称以及简单的描述，方便今后使用。

表 8-1 包图图符

可视化图符	名 称	描 述
	包	一种分组机制，表示一个命名空间
	泛化关系	也称做继承关系，描述了类或包的一般元素与特殊元素之间的分类关系
	依赖关系	包之间的依赖关系概述了包中元素的依赖关系，即包间的依赖关系可从独立元素间的依赖关系导出
	注释体	用于对 UML 实体进行文字说明
	注释连接	将注释体与要描述的实体连接起来，表明该注解是对于哪个实体的描述

8.3 包图理解

包图中的主要内容包括包及包间的关系，下面详细介绍包图中的各种元素。

8.3.1 包中元素

每个包内都可以拥有其他元素，这些元素可以是类、接口、构件、用例等，甚至可以是其他的包。包与其元素是组成的关系，如果包被撤销了，那么包内的所有元素也就被撤销了。

一个包形成了一个命名空间，UML 规定在一个包内同一种元素的名称必须是唯一的。例如，同一个包中不能同时拥有两个名为“Student”的类，但如果在“Class”包中有一个名为“Student”的类，在“School”包中也有一个名为“Student”的类，这样却是可以的。因为，如果用完整的类名表示，类“Class::Student”和类“School::Student”是不同的类，它们以各自不同的路径名来进行区别。

在一个包中不同类型的元素却可以拥有相同的名称，例如，在一个包中可以同时拥有一个名为“计算”的类和一个名为“计算”的方法。但是，这种命名方法容易造成混乱，因此最好对一个包中的所有元素都使用唯一的命名。

8.3.2 包的可见性

包的可见性主要用来控制包外部的元素对包内部元素的访问权限。包的可见性主要包括：

- 公有的（Public），用符号“＋”表示，代表该包中的某个元素可以被引入该包的包中元素访问。
- 私有的（Private），用符号“－”表示，代表该包中的某个元素只能够被该包中的元素访问。
- 受保护的（Protected），用符号“#”表示，代表该包中的某个元素可以被继承该包的包中元素访问。

例如，现在存在一个“选课系统”包，包中包含 3 个类学生、课程、教师，如图 8.2 所示。其中学生类的可见性为 Public，表示如果其他包引入了“选课系统”包，则可以直接通过类名访问该类，而外部元素也可以通过“选课系统：：学生”这种方式访问学生类。课程类的可见性为 Protected，表示只有选课系统包中的元素或者继承选课系统包的包中元素可以访问它。教师类的可见性为 Private，表示该类只能被学生选课系统包中的元素访问，其他元素都不能对其进行访问。

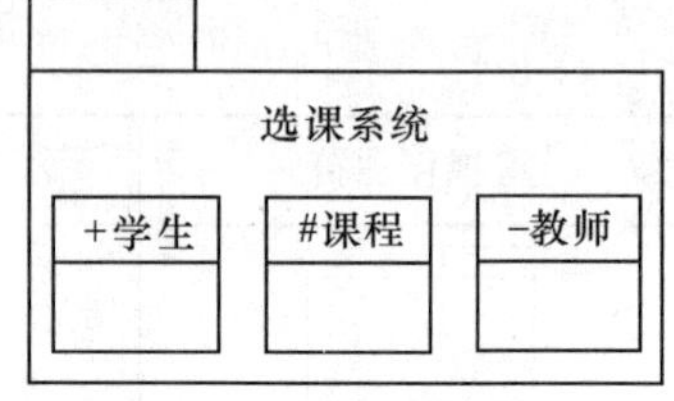

图 8.2　包的可见性

8.3.3　包间关系

包与包之间的关系主要包括以下两种：

- 依赖关系
- 泛化关系

除了上述的两种主要关系外，还有包与包之间还有其他两种：

- 包引入
- 包合并

1. 依赖关系

如果两个包中的任意两个元素间存在依赖关系，那么这两个包就存在依赖关系。包的依赖关系的表示方法与类图相同，都是用一条带有箭头的虚线来表示，箭头的方向指向被依赖的一端，如图 8.3 所示。

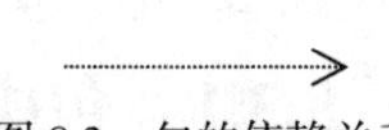
图 8.3　包的依赖关系

包的依赖关系还有一个重要的特点：包的依赖是没有传递性的。举例来说，张三比李四跑得快，李四比王五跑得快，那么就可以说明张三比王五跑得快，这就是关系的传递性。现实中这种传递关系的例子很多，如“谁比谁高”等问题。但有些关系就是不具备传递性的，例如：“同学”关系就是非传递性关系。

这种非传递性的依赖关系的主要作用是系统中某个包的变化不会导致系统要进行大范围的改变。例如，系统中包括 3 个包：A、B、C，它们的依赖关系如图 8.4 所示，当 C 包中的一个类发生了改变，并不表明 A 包也需要进行改变。只有当 B 包中的某个类发生了改变，并且这个类与 A 包的某个类存在依赖关系，那么模块 A 才有可能需要改变，这就是包的非可传递性。

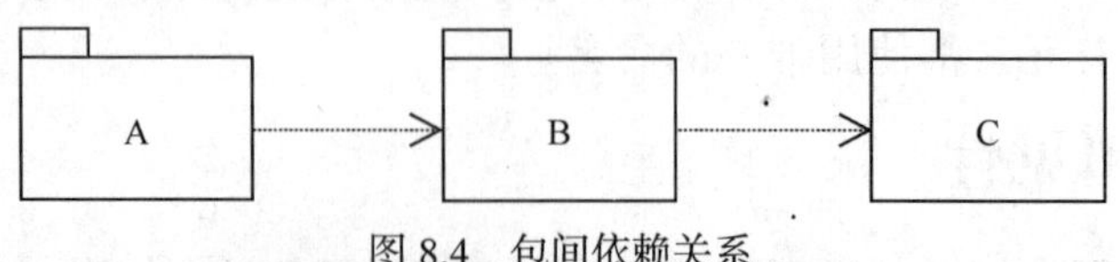

图 8.4　包间依赖关系

2. 泛化关系

包之间的泛化关系和类之间的泛化关系类似，也是用一条带有空心三角箭头的有向实线来表示，其中箭头的方向指向泛化包，另一端连接具体包。

包之间的泛化关系用于说明包的家族关系，与类之间的泛化概念相同，特殊包可以应用到抽象包被使用的地方。

图 8.5 中显示了系统中包含了两个包：界面包和用户界面包，其中界面包是用户界面包的泛化包，表明了两个包之间的关系。

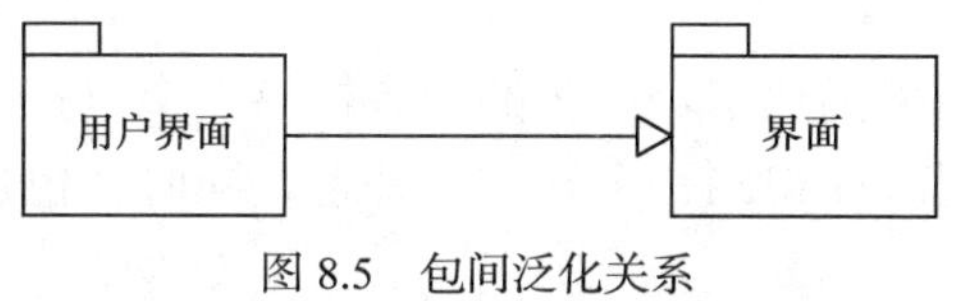

图 8.5 包间泛化关系

3. 包引入

包引入（package import）是一种允许采用非限定名称访问来自于另一个命名空间中的元素的关系。假如现在有一个包 X 和一个包 Y，如果包 X 没有引入包 Y，那么包 X 在访问包 Y 时，必须采用限定名，如包 Y 中含有一个公有类 sum，如果包 X 中的元素想访问它时，必须使用 Y::sum。当包 X 引入了包 Y 以后，则可以采用非限定名称进行访问，此时 X 可以直接使用 sum 来访问包 Y 中的 sum 类。

对于包的引入，如同 C++语言中的 using namespace 关键字，也如同于 Java 语言中的 import 关键字。

在 UML 规范中定义了在进行包引入时还包括一个可见性（visibility）属性用于表示包引入关系的可见性。这一属性值可以是 public 或是 private，在 UML 中分别采用不同的图型（sterotype）来区分。public 对应<<import>>图型，而 private 对应<<access>>图型，具体表示如图 8.6 所示。

包引入可见性的具体含义是：

- 如果一个包引入可见性是 public，那么，被引入的包可以被命名空间之外的其他元素访问。
- 如果一个包引入可见性是 private，那么被引入的包只能被命名空间中的元素访问，而命名空间外的元素不能访问。这与编程语言中的 public 和 private 的含意是一样的。

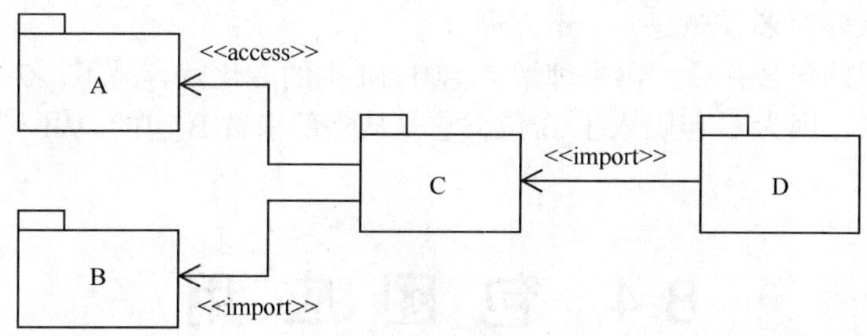

图 8.6 包引入

图 8.6 是一个包引入的例子，从图中可以看到，系统中共包含 4 个包：A、B、C、D，其中 C 包引入了 A 包和 B 包，当 C 包引入 A 包和 B 包后在 C 包中可以直接采用非限定名对两个引入包中的元素进行访问。此外，B 包还可以被 C 包之外的元素访问，因为其引入关系

的可见性是 public，也就是说在 D 包引入了 C 包后，也可以直接采用非限定名访问 B 包中的元素。由于 A 包引入到 C 包的可见性是 private，因此，虽然 D 包引入了 C 包，但并不能采用非限定名访问 A 包。当然，D 包仍然可以采用 A::xxx 这样的限定性名访问 A 包中的元素。

对于包引入的传递性，可以理解为，<<import>>关系是可传递的，但<<access>>关系则不可以。

另外，包引入中的可见性和上面讲的包中元素的可见性，是不同的内容，读者应该注意，加以区分。

4. 包合并

包合并（package merge）描述了一个包的内容被另一个包扩展的关系。包合并关系表示将两个包的内容合并在一起从而得到一个新的合并包，同时，包合并关系也隐含了对被合并包的扩展。

在 UML 规范中定义的包合并，箭头（target）所指向的包是被合并的包。

图 8.7 是一个合并包的例子，图中包含了 3 个包，A 包、B 包和 C 包。其中 B 包将 A 包合并了，C 包引入了 B 包。

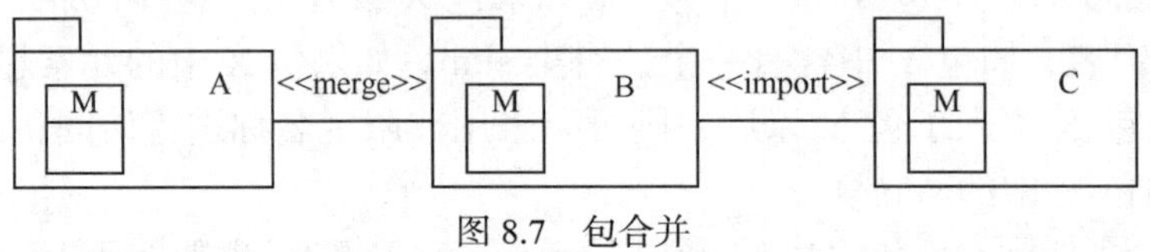

图 8.7　包合并

图 8.7 中每个包中都包含一个类 M，当这 3 个包进行和合并和引入操作后，每个包中的 M 类也将产生一定的变化。图 8.8 中显示了包合并前后对类 M 的影响，其中等号左边表示合并之前，等号右边表示合并之后。

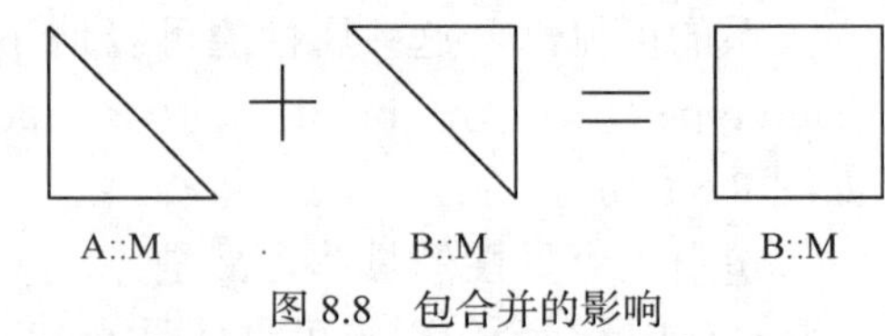

图 8.8　包合并的影响

在合并之前，A 包和 B 包中的 M 类分别用：A::M 和 B::M 表示，分别是两个三角形。但合并后 B 包将 A 包合并了进来，B::M 变成了一个正方形。

从 A 包的角度来看，不论是合并前还是合并后，M 类都是一个三角形，因为它是独立的，并没有合并其他的包，只是被其他的包合并了。对于 B 包可以这样理解，在合并之前，无论是从包里头看还是从包外头看都是一个三角形。但在合并之后，从包 A 里面看来 M 类还是一个三角形，但从外面来看却是一个正方形。

了解了上面说的包合并后，再来理解 C 包中 M 类的变化就容易了，C 包中的 M 类显然应该是一个正方形，因为 C 包引入了 B 包，它是从外部来看 B 包的，引入后 M 类自然是一个正方形。

8.4 包图应用

本节以一个学生选课管理系统为例来说明包图的应用。

在学生选课管理系统中，需要为每个学生建立一个账户，方便学生查询自己的成绩。账户中存放着学生的个人信息，学生所选修课程的情况信息。系统中也需要存储课程的信息，授课教师信息。利用第 5 章所学知识，可以再进一步分析这个系统，得到系统的需求文档。

按照第 7 章介绍的方法对系统进行分析和设计，得到系统的概念类图和设计类图。在概念类图设计中，可以得到以下的类。

- 学生：学生选课管理系统中指的是某个大学的本科生。
- 课程：某个大学本科生开设的课程。
- 教师：某个大学本科生的任课教师。

这些概念类在实现的时候，需要结合具体的程序设计语言或开发环境，如选用 Java 程序设计语言来实现。这时需要考虑系统的界面，会用到很多的系统界面类，在这些界面类的基础上还可以设计一些自己的界面设计类。上面提到的概念类会逐步细化，得到多个业务逻辑类。例如，学生的基本信息类，学生的账户信息类等。

除此之外，还需要涉及信息的存储，为了方便地把这些信息存储到数据库中，需要设计一些数据库访问类，完成信息的存取。

可以根据这些类的主要功能，把这些类分出多个包。例如，上面的设计类可以分成 3 个包：界面、业务逻辑和数据库。

- 界面：包中包括了系统的界面类和用户设计的界面类。
- 业务逻辑：实现学生选课管理系统的主要功能的类，负责完成信息处理。
- 数据库：完成信息系统中的信息到数据库的转换，例如系统中的对象到关系数据库中的记录的转换。

这 3 个包的关系如图 8.9 所示。

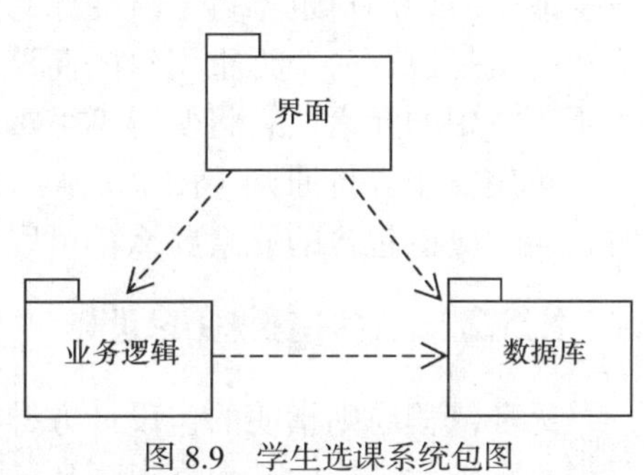

图 8.9　学生选课系统包图

图 8.9 中列出了 3 个包，3 个包之间存在依赖关系。在实际的包图设计过程中，每个设计者可以根据自己实际需要来划分包。上面例子是按照 3 层结构——表示层、业务逻辑层和数据库层来划分包的。在上面的包中如果包括的类太多，可以再进一步划分成多个包，也可以把每个包划分成多个子包。

8.5　包的设计原则

包是 UML 中重要的组织形式，在进行规模较大的程序设计和开发时，往往要划分出许多的包，如果仅仅把看起来像是适合在一起的类放进相同的包中，得到的往往是一种不好的包结构：发布很困难、不容易重用、难于更改等，这种包结构带来的可能是更多的麻烦。

Robert C. Martin 总结了在面向对象的设计中对于包的设计应该遵循的原则，这些基本原则对于包的设计起到了很好的帮助作用，主要包括：

- 重用发布等价原则
- 无环依赖原则
- 稳定抽象等价原则
- 稳定依赖原则
- 共同封闭原则

- 全部重用原则

8.5.1 重用发布等价原则

重用发布等价原则指明的包设计方针：一个包中的元素要么都可重用，要么都不可重用，重用粒度等于发布粒度。

重用主要是从用户的观点来看的。对用户来说，使用某个发布元素（组件，类，类群等），如果该元素的开发者因为某种原因对其作了修改而发布了一个新的版本，用户会期望在升级为新版本之后，不会影响到原系统的正常运作。

也就是说，对于一个可重用的元素（组件，类，类群等），其开发者应该承诺新版本能够兼容旧版本。

Robert C. Martin 对重用的定义如下。

代码当且仅当满足下面的条件，可以作为重用代码：代码的使用者无需查看它的源代码；用户只需联接静态库或包含动态库；当库发生改变（纠正错误、增强功能）时，用户只需要得到一个新的版本便能集成到原有的系统。

包要做到能够重用，必须有一个设计良好的结构，它包含的所有元素必须也是可以重用的。因为如果一个为重用而设计的发布单位里，包含了不可重用的元素，当不可重用的元素发生改变时，用户也不得不改变原有系统以适应新的版本。这显然违反了重用的定义规则。

也就是说，一个为重用目的而设计的发布单位里，不能包含不可重用的元素；如果包含了不可重用的元素，它将变得不可重用。

重用发布等价原则（REP）从用户观点的角度上为我们规范了包设计的原则：在设计包时，包中应该包含的元素要么都可以重用，要么都不可以重用。

8.5.2 无环依赖原则

无环依赖原则指明的包设计方针：包之间的依赖结构必须是一个直接的无环图形。也就是说，在依赖结构中不允许出现环（循环依赖）。

如果系统中存在 2 个或 2 个以上的包，它们之间的依赖关系图出现了环状，就称包之间存在循环依赖关系，如图 8.10 所示，A 依赖 B，B 依赖 C，C 又依赖 A，形成了一个环状依赖。

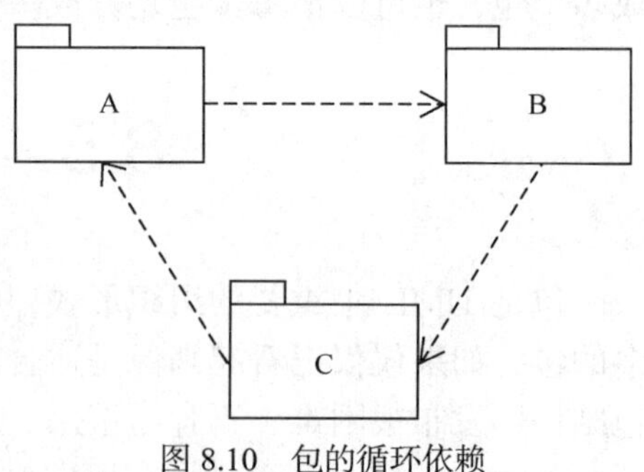

图 8.10 包的循环依赖

如果多个包之间形成了循环依赖，如图 8.9 所示，A 依赖 B，B 依赖 C，C 依赖 A，假设修改了 B 并需要发布 B 的一个新的版本，因为 B 依赖 C，所以发布时应该包含 C，但 C 同时又依赖 A，所以又应该把 A 也包含进发布版本里。

也就是说，依赖结构中，出现在环内的所有包都不得不一起发布。它们形成了一个高耦合体，当项目的规模大到一定程度，包的数目变多时，包与包之间的关系便变得错综复杂，各种测试也将变得非常困难，常常会因为某个不相关的包中的错误而使得测试无法继续。而发布也变得复杂，需要把所有的包一起发布，无疑增加了发布后的验证难度。

为了打破这种包间的循环依赖关系，可以采用创建新包的方式来实现。例如，还以图 8.8

中的循环依赖为例，包 C 要依赖包 A，必定 A 中包含有包 A 和包 C 共通使用的类，把这些共同类抽出来放在一个新的包 D 里。这样就把 C 依赖 A 变成了 C 依赖 D 以及 A 依赖 D，从而打破了循环依赖关系。

这样，包的依赖关系就从 A->B->C->A（循环）变成了：A->B->C->D 和 A->D，具体表示如图 8.11 所示。

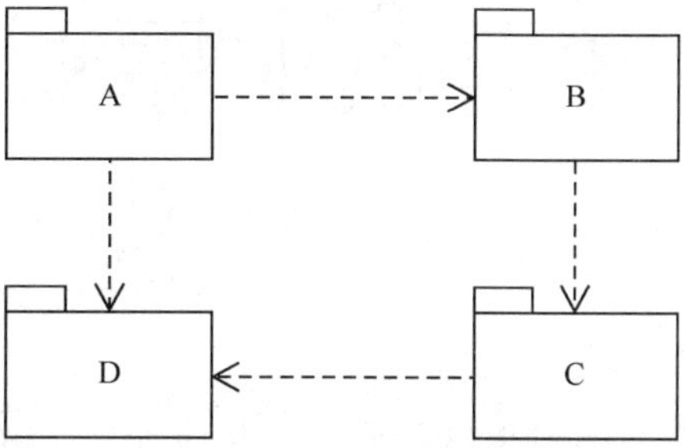

无环依赖原则（ADP）为系统开发者解决包之间的关系耦合问题。在设计包结构时，不能有循环依赖存在。

图 8.11 打破包的循环依赖

8.5.3 稳定抽象等价原则

稳定抽象等价原则指明的包设计方针：最稳定的包应该是最抽象的包。不稳定的包应该是具体的包。包的抽象程度跟它的稳定性成正比。

一个包的抽象程度越高，它的稳定性就越高。反之，一个包的具体程度越高，它的稳定性就越低。一个稳定的包必须是抽象的，反之，不稳定的包必须是具体的。

抽象类或接口通过子类继承扩展行为，这表示抽象类或接口比它们的子类更具有稳定性。因此在设计包时，应该提高包内的抽象类或接口的比率；它们的子类可以放在另一个不稳定的包内，该包依赖上述稳定的包，从而遵循了稳定依赖原则。

在进行包的设计时，理想的体系结构应该是如图 8.12 所示。

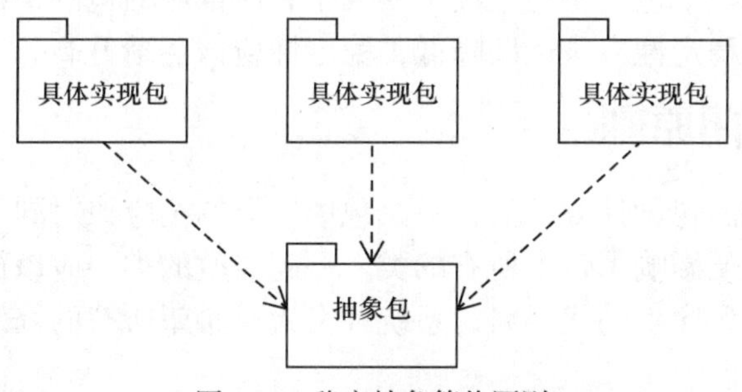

图 8.12 稳定抽象等价原则

不稳定的（容易改变的）包处于上层，它们是具体的包实现；稳定的（不容易改变的）包处于下层，稳定的包不容易改变，但容易扩展。

稳定抽象等价原则（SAP）为系统开发人员解决包之间的关系耦合问题。在设计包结构时，稳定的包应该是抽象的（由抽象类或接口构成），不稳定的包应该是具体的（由具体的实现类构成）。

8.5.4 稳定依赖原则

稳定依赖原则指明的包设计方针为：包之间的依赖应该朝着稳定的方向进行，也就是说一个包只应该依赖那些比自己更稳定的包。

包应该依赖比自己更稳定的包。因为如果依赖一个不稳定的包，那么当这个不稳定的包发生变化时，本身稳定的包也不得不发生变化，变得不稳定了。

怎么样让一个软件足够稳定呢？一个确切的方法是，让大量其他的包依赖它。一个包被很多其他包依赖是非常稳定的，这是因为被依赖的包为了协调其他包必须做很多的工作来对应各种变化(责任的负担者)。另一方面，当一个包依赖于很多其他的包时，它将变得不稳定。

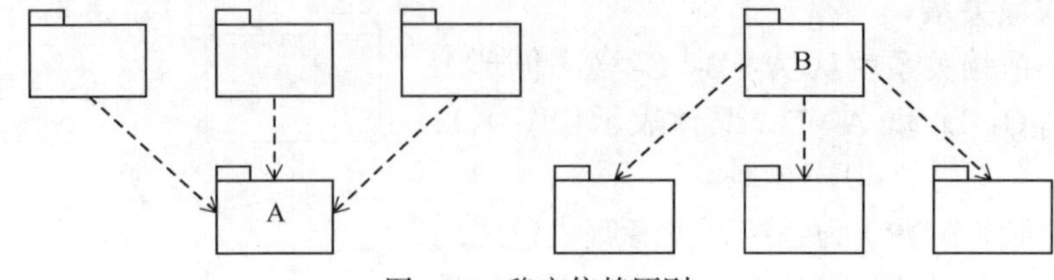

图 8.13　稳定依赖原则

如图 8.13 所示，A 包应为稳定的包，因为包 A 被很多其他包依赖，相当于担当着责任，而且包 A 没有依赖别的包，是独立的。B 包是非常不稳定的，因为包 B 没有被其他的包所依赖，不担当着责任，而且包 B 依赖于很多别的包。

如果一个包被别的包依赖，同时也依赖于别的包时，可以根据包的稳定性判断原则来判断该包的稳定性。

Ca：Afferent Coupling，向心耦合。依赖该包（包含的类）的外部包（类）的数目。

Ce：Efferent Coupling，离心耦合。被该包依赖的外部包的数目。

I：Instability。不稳定性。I=Ce/(Ce+Ca)。它的值处于[0，1]之间。

图 8.11 中，包 A 的 Ce=0，所以不稳定性 I=0，它是稳定的。相反，包 B 的 Ce=3，Ca=0，所以它的不稳定性 I=1，它是不稳定的。

稳定依赖原则要求一个包的不稳定性 I 要大于它所依赖的包的不稳定性。换句话说，沿着依赖的方向，包的不稳定性应该逐渐降低，稳定性应该逐渐升高。

8.5.5　共同封闭原则

共同封闭原则指明的包设计方针为：一个包中所有的类应该对同一种类型的变化关闭。一个变化影响一个包，便影响了包中所有的类。一起修改的类，应该放在同一个包里。

如果必须修改应用程序里的代码时，系统开发人员希望所有的修改都发生在一个包里，而不是遍布在很多包里。

共同封闭原则就是把因为某个同样的原因而需要修改的所有类组合进一个包里。如果 2 个类从物理上或者从概念上联系得非常紧密，它们通常一起发生改变，那么它们应该属于同一个包。

共同封闭原则从软件功能的角度上规范了包设计的一个原则：在设计包时，相互之间紧密关联的类应该放在同一包里。

8.5.6　全部重用原则

全部重用原则指明的包设计方针为：包的所有类被一起重用。如果重用了其中的一个类，就重用全部。没有被一起重用的类不应该被组合在一起。

依赖一个包就是依赖这个包所包含的一切。当一个包发生了改变，并发布新的版本，使用这个包的所有用户都必须在新的包环境下验证他们的工作，即使被他们使用的部分没有发生任何改变。

全部重用原则的基本理念就是不要把用户不使用的类一起组合进包里。全部重用原则是从方便用户重用的角度去设计包，重用者是他们的受益者。

全部重用原则保证了包的内部具有很高的聚合性，它让包的设计尽可能的小。

全部重用原则从用户的角度上规范了包设计的一个原则：在设计包时，相互之间没有紧密关联的类不应该放在同一包里。

8.6 小　　结

包是 UML 中的一种结构，用来将各种建模元素（如用例或者类）分组组织起来，并为这些分组好的元素提供一个统一的命名空间。

本章对包的基础知识进行了介绍，主要包括包的概念、包图中元素、包间的关系等。还介绍了两个比较新的知识包引入和包合并。包引入是为了让一个命名空间能更方便地引用另一个包中的元素，其方便性在于，对于引入的包中的元素可以采用非限定性名的访问方式进行访问。包合并是为了建模包的增量式扩展，即在已有的一个包上通过包合并得到一个功能更加完整或是强大的新包。最后又讲解了 Robert C. Martin 的包设计准则，这些知识都是比较基础的内容，如果需要更详细的了解，请参阅相关资料。

8.7 习　　题

1. 简述包的特性。
2. 简述包引入和包合并的基本作用。
3. 第 7 章的习题 3 中给出了一个雇员管理系统，根据自己设计的类设计出包图。
4. 简述包的设计准则。

第9章 状态图和活动图

状态图和活动图是用来描述系统的动态行为特征的，主要用于描述事物的状态变化和处理过程。状态图（Statechart Diagram）是附加到类和用例的状态机图，描述对象响应外部激励时所经历的各种状态和转换。通过展示事件和转换，状态图显示了对象在其生命周期中依次经历的各种状态。活动图（Activity Diagram）是一种描述系统行为的图，它用于展现参与行为的类所进行的各种活动的顺序关系。活动图是特殊的状态图，其中所有状态均为动作状态，并且源状态中的动作一经完成即会触发控制流。状态图和活动图统称为行为图，它们都是状态机的表现形式。

9.1 状态图概述

9.1.1 状态机

状态机是UML 2.0中新出现的内容。状态机视图是一个类对象可能经历的所有历程的模型图。状态机由对象的各个状态和连接这些状态的转换组成。每个状态对一个对象在其生命期中满足某种条件的一个时间段建模。当一个事件发生时，它会触发状态间的转换，导致对象从一种状态转换到另一新的状态。与转换相关的活动执行时，转换也同时发生。状态机主要使用状态图来表达。

状态机视图通过对类和对象的生存周期建立模型来描述对象随时间变化的动态行为。每一个对象都被看作是通过对事件进行探测并做出回应来与外界其他部分通信的独立的实体。事件表示对象可以探测到的事物的一种运动变化——如接收从一个对象到另一个对象的调用或信号、某些值的改变或一个时间段的终结。任何影响对象的事物都可以是事件，真实世界所发生的事件通过从外部世界到系统的信号来建造。

状态机主要用于描述类的行为，但它们也描述用例、协作和方法的动态行为。就这些对象方面而言，一个状态代表了执行中的一步。通常用类和对象来描述状态机，但是它也可以被其他元素所直接应用。

状态机是展示状态与状态转换的图。通常一个状态机依附于一个类，并且描述一个类的实例对接收的事件所发生的反应。状态机也可以依附于操作、用例和协作并描述它们的执行过程。

状态机是一个类的对象所有可能的生命历程的模型。对象被孤立地从系统中抽出和考察，任何来自外部的影响被概述为事件。当对象探测到一个事件后，它依照当前的状态做出反应，反应包括执行一个动作和转换到新状态。状态机可以构造成继承转换，也能够对并发行为建立模型。

状态机图是一个对象的局部视图，一个将对象与其外部世界分离开来并独立考查其行为的图。利用状态机可以精确地描述行为，但不适合综合理解系统执行操作。如果要更好地理解整个系统范围内的行为产生的影响，那么交互视图将更有用些。然而，状态机有助于理解如用户接口和设备控制器这样的控制机。

9.1.2 状态图概述

状态图主要用来描述一个特定对象的所有可能状态以及由于各种事件的发生而引起状态之间的转移。通过状态图可以知道一个对象、子系统、系统的各种状态及其收到的消息对其状态的影响。通常创建一个 UML 状态图是为了以下的研究目的：研究类、角色、子系统或构件的复杂行为。

状态图主要由起点、终点和状态组成，各状态由转移连接在一起。状态是对象执行某项活动或等待某个事件时的条件。转换是两个状态之间的关系，它由某个事件触发，然后执行特定的操作或评估并导致特定的结束状态。

状态图适合于描述跨越多个用例的单个对象的行为，而不适合描述多个对象之间的行为协作。为此，常常将状态图与其他技术组合使用。

状态图由状态、事件和转换 3 个主要元素构成，根据对象状态的实际特殊状况，又包含复合状态和子状态等元素。

在面向对象分析和设计中，对于系统中的一些重要对象的状态变化需要加以描述时，可以使用状态图。例如，一个高校学生管理系统中的对象“学生”可以有多个状态，这些状态分别是：学前、在校、毕业、休学，退学。

- 学前：进入大学之前。
- 在校：在大学进行专业学习。
- 毕业：完成大学学业，离开学校。
- 休学：因为健康或其他原因中途暂停学习，回家休息。
- 退学：未能正常完成学业，结束大学学习。

通过这些状态可以描述一个学生在大学学习期间的主要特征变化。

这些状态之间可以进行转换，导致状态发生转换的行为和动作称为事件。学生状态的状态图如图 9.1 所示。

图 9.1 描述了一个高校的学生对象的主要状态变化，从进入大学之前到在校学习，完成学业后毕业，中途可能会休学或结业。从这个过程中可以更加清楚地了解到一个大学生的主要状态以及这些状态的变化，可以更好地帮助开发人员对高校学生管理系统进行分析和设计。

图 9.1 描述了一个学生在校学习的各种状态，接下来将详细介绍状态图的含义，使用的图符和设计方法。

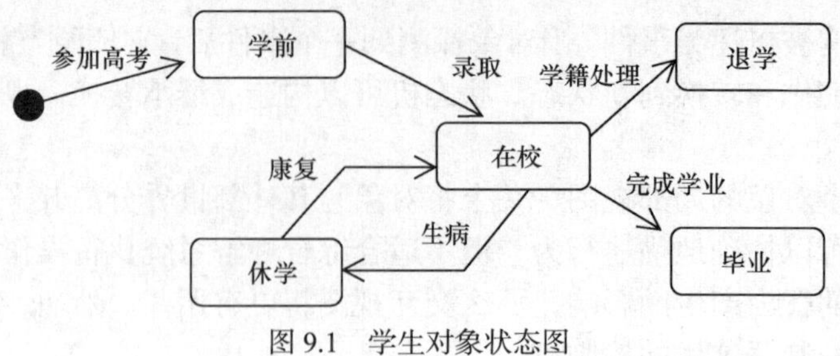

图 9.1　学生对象状态图

9.2　状态图元素

状态图中的元素主要包括以下几种，下面将详细进行介绍。

- 起点
- 终点
- 状态
- 事件
- 转换
- 符合状态和子状态

9.2.1　起点和终点

起点表示所有对象的源，图符如图 9.2 所示。起点不是一个标准的状态，因为在此状态中对象还不存在。

图 9.2　起点图符

终点表示所有对象生命周期的结束，图符如图 9.3 所示。终点也不是一个实际的状态，因为处于该状态的对象已经消亡。

图 9.3　终点图符

9.2.2　状态

对象的状态始终是由其属性和关联决定的。状态图中的状态表示的是给定类对象的一组属性值，这组属性值对所发生的事件具有相同性质的反应。

换而言之，处于相同状态的对象对同一事件具有同样方式的反应，所以当给定状态下的多个对象接收相同事件时会执行相同的动作，然而处于不同状态下的对象会通过不同的动作对同一事件做出不同的反应。

一般情况下，状态图中状态用圆角矩形表示，图符如图 9.4 所示，并在其中标出状态的名字。

状态名称

图 9.4　简单状态图符

在有些系统中，对象的状态需要进行详细描述，这时需要使用状态变量和状态活动进行说明。状态变量表示对象在该状态的属性，一般来说，该状态变量部分可以省略。状态活动列出了在该状态时要执行的事件和动作，由入口动作、出口动作、内部转换、延迟事件、内部活动、子状态和子状态机几个基本部分组成。

图 9.5 描述了一个状态“输入密码”。以此为例说明入口动作/出口动作、内部转换、延迟事件及内部活动。

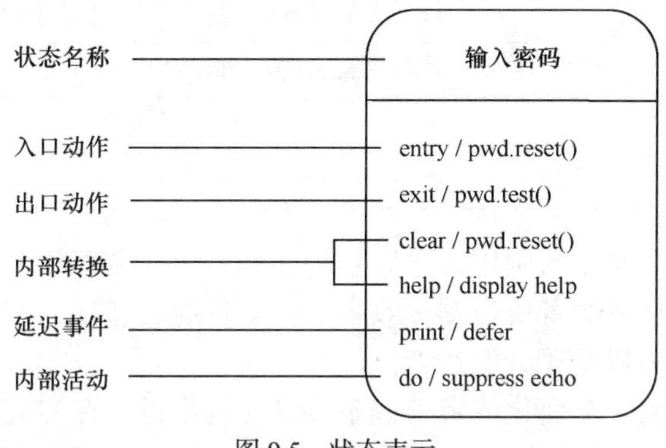

图 9.5　状态表示

入口动作/出口动作是指在进入或退出一个状态时要执行的动作。例如，在登录系统中，输入密码之前，需要将密码输入框内文本重置清空，输入密码之后需要进行密码验证，也就是说，对象在输入密码状态中，入口动作是清空文本框；出口动作是验证密码。语法形式：entry/入口动作；exit/出口动作。

内部转换是指在不离开状态的情况下进行的一些处理事件。例如，在不离开输入密码状态下，有可能需要进行清除已输入内容事件，这种事件就是内部转换。语法形式：事件名 参数列表 守卫条件/动作表达式。

延迟事件是其处理过程被推迟的事件，它们的处理过程要到事件不被延迟的状态被激活时才会执行。语法形式：延迟事件 / defer。

内部活动指对象处于状态时一致执行的动作，直到被一个事件中断为止。例如，在输入密码状态中，希望不要将密码显示在屏幕上，使用 suppress echo 内部活动。语法形式：do / 活动表达式。

9.2.3　事件

“事件”指发生在时间和空间某点上的能够引起某些动作执行的事情。它在某一个时间点发生，没有持续时间。如果某一事情的发生造成了影响，那么在状态图中它就是一个事件。

事件可以是内部事件也可以是外部事件。外部事件指在系统和它的参与者之间传送的事件。例如，按下 CD 机的 Play 按钮就是外部事件。内部事件指在系统内部的对象之间传送的事件。例如，溢出异常就是内部事件。

UML 中主要包含以下 4 类事件。

- 调用事件
- 信号事件
- 改变事件
- 时间事件

表 9-1 是几种事件类型及具体描述。

表 9-1　　事件的种类

事件类型	描　述
调用事件	接受等待应答对象的明确形式的同步请求
变化事件	对布尔表达式值的修改
信号事件	接受一个对象间外在的、命名的、异步的通信
时间事件	绝对时间的到达或一个相对时间段的终结

调用事件，代表一个操作的调用，是同步的。当一个对象调用另一个具有状态机的对象的某个操作时，控制就从发送者传送到接收者。该事件触发转换，完成操作后，接收者转到一个新的状态，并将控制权返还给发送者。

变化事件是状态中的一个变化或者某些条件满足的事件。在 UML 中，变化事件用 when 开头的布尔表达式表示。当条件由假变为真时，事件将发生，例如，when time=11:59 / selfTest()。

信号事件是指由对象异步地发送并由另一对象接收的事件。信号既可以是动作也可以是一条信息。

时间事件指经过一段时间或者到达某个绝对时间之后发生的事件。在 UML 中，使用关键字 after 表示，例如，after（4 秒）/ dbconnection()。

9.2.4　转换

对象从一个状态改变成另一个状态称为转换，转换是两个状态之间的关系。当状态发生转换时，称转换被激活，转换激活前，对象为源状态，激活后，对象为目标状态。转换的图符如图 9.6 所示。

图 9.6　转换图符

一个转换通常由源状态、触发器事件、守卫条件、动作和目标状态 5 部分组成。语法形式：

转换名：事件名 参数列表 守卫条件 / 动作列表

例如，单击[按键！=Tab] / 显示小数点；其中，单击为事件名，[按键！=Tab]为守卫条件，显示小数点为动作。

对象处于源状态时，接收到转换的触发器事件且满足守卫条件时，就会激活一个出自于源状态的转换。

触发器事件是指源状态对象接收到该事件并满足守卫条件时，激活转换。有些转换没有触发器事件，则称之为无触发器转换，也称为完成转换。它是在源状态完成活动时隐性触发。

- 守卫条件。放在方括号中的布尔表达式，它只在触发器事件触发时计算一次。
- 动作。可执行的原子计算，不能被事件中断。
- 目标状态。转换完成后对象所处的活动状态。

转换事件是启动从一个状态到另一个状态转换的事件，也可能启动的是一个内部转换，如果是内部转换则状态仍然保持不变。

9.2.5　复合状态和子状态

复合状态是包含子状态即嵌套状态的状态。复合状态可包含有顺序的子状态也可包含并发的子状态。

UML 中，复合状态的表示方法和简单状态类似，不过需要一个可选的图形框来描述嵌套的子状态机。其中，子状态可以嵌套到任何层次。

顺序子状态是最常见的一种子状态机。图 9.7 是一本图书从入库到使用的几个状态。图书购入后入库，进入“在库中”状态。图书被读者借出后，图书处于“外借”复合状态。而复合状态“外借”包含有两个子状态：“正常”子状态和“过期”子状态，用来区分读者所借图书是否超期。读者还书后，图书又回到“在库中”状态。

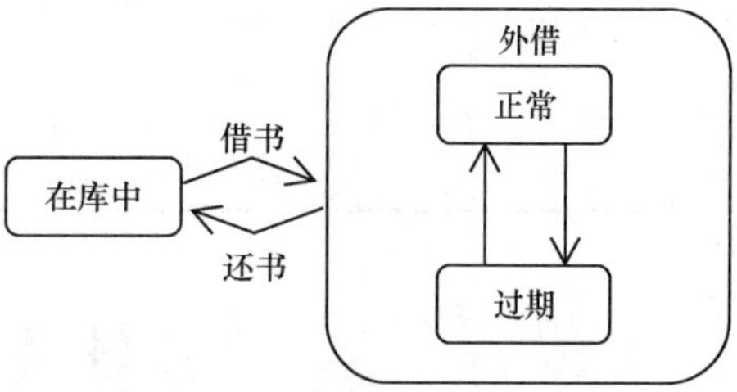

图 9.7　复合状态图（顺序子状态）

并发子状态在状态中使用嵌套表示，用虚线分开。在控制传递到状态时，控制分叉为多个并发流，每个并发流为一个由顺序子状态构成的并发子状态。

如图 9.8 所示，复合状态 Complete 有 3 个并发子状态，当控制传递到 Complete 时，分岔为 3 个并发流，根据事件的不同进入不同的分岔流来进行处理，但最终所有的分岔流都拥有自己的终点。

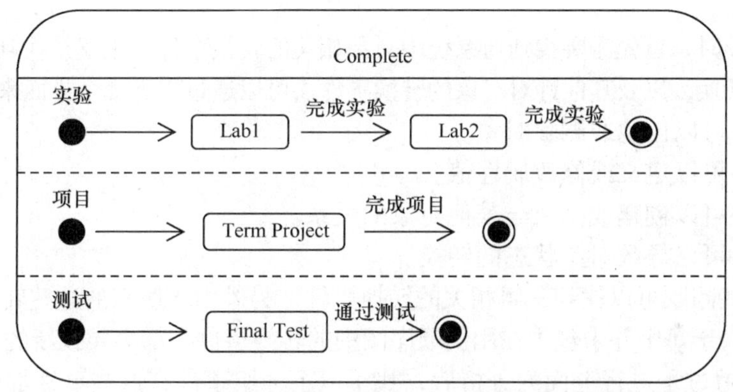

图 9.8　复合状态图（并发子状态）

9.3　状态图图符

表 9-2 列出了状态图中常见的图符。表中列出了每个图符的可视化符号、名称和简要的描述。

表 9-2　UML 状态图图符

可视化图符	名　称	描　述
	起点	用于表示状态图的起点
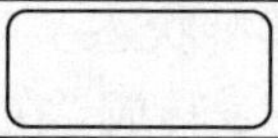	状态	表示状态图中对象的一个简单状态
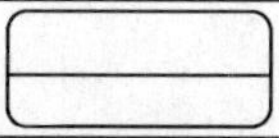	复合状态	用于表示状态图中的一个复合状态，每个复合状态又包含多个子状态
	终点	表示状态图的终点

续表

可视化图符	名　称	描　述
→	转换	说明两个状态之间的联系，当某个事件发生后，对象从一个状态转换到另一个状态
（注释体图符）	注释体	对状态图或某一个状态进行说明
…………	注释连接	用于连接注释体和被注释的活动

9.4　状态图应用

在前面的 9.1 节中讲到了一个学生对象状态图，使用这个状态图来描述学生对象的主要的状态变化，下面介绍这个例子的状态分析过程。

9.4.1　状态分析

在构建状态图时，首先需要找到与系统中对象相关的转换事件，也就是找到有哪些启动了活动或者导致状态转换，以及其他针对对象的转换事件。可以通过以下几个方面来寻找转换事件。

- 哪些事件可以创建或删除对象。
- 哪些事件可以定义或修改属性值。
- 哪些事件可以创建或结束与其他对象的关系。
- 哪些事件可以导致对象状态的转换。

通过分析这些问题可以找到一组相关的转换事件，另外由于所有的这些转换事件都是来源于用例的，因此对于每个并未包含在用例顺序图中的转换事件，都会导致新的用例会被发现。

在对学生学习过程进行上面的分析后，找了以下一组事件，这些事件都属于状态图中的转换事件。

- 参加高考
- 录取
- 生病
- 康复
- 完成学业
- 学籍处理

接下来对这些转换事件做进一步分析，看看这些事件可以带来哪些状态，怎样导致状态的转换。

- 参加高考：学生参加高考后进入“学前”状态。
- 录取：处于“学前”状态的学生被录取后变成“在校”的学生。
- 生病：“在校”学生如果生病需要长时间的治疗和休养，则进入“休学”状态。
- 康复：休学的学生经过一段时间疗养康复后，可以再回到学校继续学习，转成“在校”状态。
- 完成学业：在校学生完成要求的学业后可以毕业，学生进入“毕业”状态。
- 学籍处理：学生在校学习期间如果有严重的违纪或出现严重学业问题可能被学籍处

理，退出“在校”状态，进入“退学”状态。

通过上面的分析可以得到以下的状态：

- 学前
- 在校
- 退学
- 毕业
- 休学

得到这些状态后，就可以将状态与转换事件联系起来，构成状态图。学生对象的最终状态图如图 9.1 所示。

9.4.2　状态图描述

通过上面的分析，状态转换过程如图 9.1 所示。上面的分析给出了学生的主要状态，在实际的分析过程中可以对状态进行更详细的分析。

例如对于状态“在校”可以按照年级细分成多个状态。

- 一年级
- 二年级
- 三年级
- 四年级

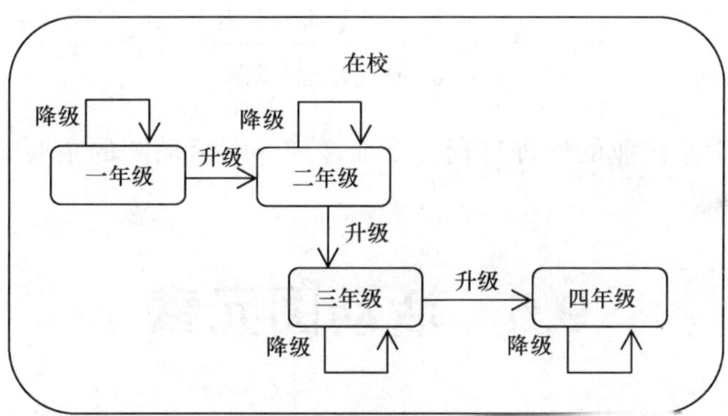

图 9.9　细化状态图

相应地可以增加事件：

- 升级：完成一年的低年级学习，正常进入到高一个年级学习。例如，从一年级“升级”到二年级。
- 降级：完成一年的低年级学习，因为课程学习的问题没有进入高一个年级的学习，继续留在这个年级学习。

增加新的状态后，对原来的在校状态进行细化，得到细化后在校状态的状态图如图 9.9 所示。

9.5　活动图概述

活动图是用来描述达到一个目标所实施一系列活动的过程，描述了系统的动态特征。活动图类似结构化程序课程中的流程图，不同之处在于它支持并行活动。活动图和状态图的主要区别在于状态图侧重从行为的结果来描述，以状态为中心；活动图侧重从行为的动作来描述，以活动为中心。活动图用来为一个过程中的活动序列建模，而状态图用来为对象生命期中的各离散状态建模。

与用例图相反，在活动图中可以明确地看出参与者们是并行执行某个用例的，还是各自独立执行该用例的。

活动图主要由起点/终点、活动、分支、分岔/汇合、泳道等元素组成。例如，在校学生的作业处理过程就可以使用活动图来描述，主要活动有：

- 布置作业：教师给学生布置要完成的作业。
- 做作业：学生按照教师的要求完成指定的作业。
- 提交作业：学生完成作业后，把自己的作业提交给教师。
- 批改作业：教师对学生提交的作业进行批改。
- 下发作业：教师把批改后的作业发还给学生。

从布置作业到下发作业完成了学生作业的处理过程，这个过程使用活动图表示，如图 9.10 所示。

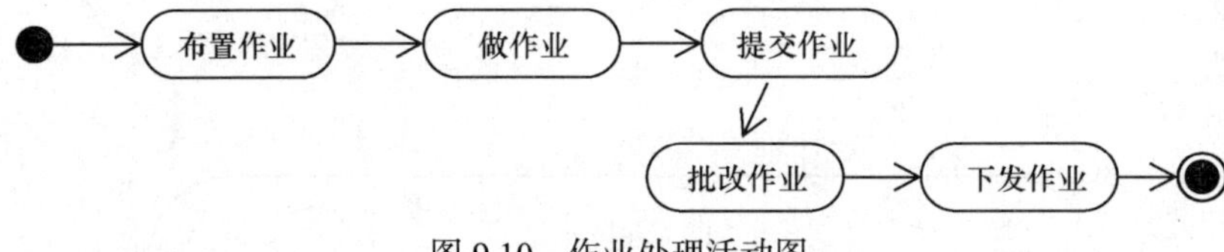

图 9.10　作业处理活动图

图 9.10 描述了学生作业的处理过程，下面详细介绍活动图的主要图符、活动图的用途以及如何设计活动图。

9.6　活动图元素

活动图中的元素主要包括以下几种，下面将详细进行介绍。

- 起点和终点
- 活动
- 转移
- 接收信号和发送信号
- 决策点和汇合点
- 分叉和汇合
- 控制流终点
- 泳道

9.6.1　起点和终点

活动图有一个起点一个终点，起点用黑圆点表示，终点用黑圆点外加一个圈表示，如图 9.11 所示。

起点是整个活动开始的地方。一个活动可以有多个起点，表示活动在开始时启动了多个控制流。同样，活动也可以没有起点，而是由事件（如接收到某个事件）来启动。

终点表示活动的完成，活动图中可以有多个终点，表示活动可以通过几种不同的方式结束。如果在活动中包含多个并行流，那么当最终到达活动终点时，所有的并行流都会终止。

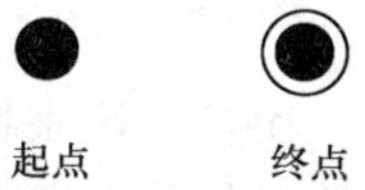

起点　　终点

图 9.11　起点/终点图符

在图 9.10 所示的作业处理过程中，图中最左边是一个起点，图中最右边是一个终点，用来标识作业处理过程的开始和结束。

9.6.2　活动

活动图中，可以包含活动状态也可以包含动作状态。

活动状态表示工作流过程中命令的执行或活动的执行，用于等待计算处理工作的完成。活动完成后，执行流程进入活动图中下一个活动状态。当一个活动的前导活动完成时，活动完成转换会被触发。

动作状态与活动状态类似，但是它表示原子活动，当动作状态处于激活状态时，不允许发生转换。动作状态不允许包含子状态。

活动图中，活动使用带圆边的矩形表示，包含有活动描述，如图 9.12 所示。

在图 9.10 所示的作业处理过程中，共记有 5 个活动，每个活动有一个名字，标在活动图符中，例如，第一个活动是“布置作业”。

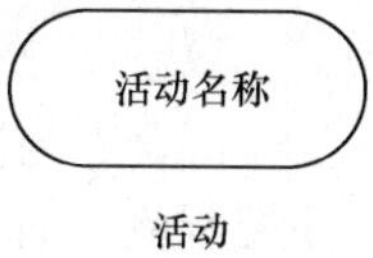

活动名称

活动

图 9.12　活动图符

9.6.3　转移

转移使用带箭头的线段表示，如图 9.13 所示，主要用于连接活动、起点、终点、同步条、判断等。

在控制流中，输入箭头将激活活动中的某个步骤，在该步骤执行完成后，控制流将沿着输出箭头继续。也可以再转移上面标注一个简单的名称。

图 9.13　转移图符

9.6.4　接收信号和发送信号

接收信号表示当前需要等待某个事件的发生，如果这个特定的事件不发生，那么系统一直处于等待状态。只有在接收到该事件后，才会执行该操作的后续流程。接收信号是活动图中常用的一种元素。

在活动图中有很多业务都是通过事件来启动的，例如，只有当打印机接收到打印信号时才能进行打印，否则将一直处于待机状态。

发送信号表示把某个信号发送给一个等待接收的活动，它与接收信号是一对元素。在活动图中发送信号的后面将不会安排其他活动。

接收信号与发送信号的图符如图 9.14 所示。

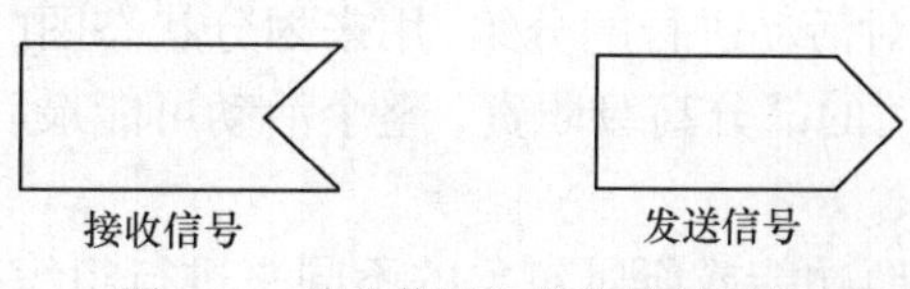

图 9.14　接收信号和发送信号图符

9.6.5 决策点和汇合点

决策点用来描述具有条件的行为。决策点只有一个输入转换，可以有多个带守卫条件的输出转换。而所有输出转换的守卫条件皆为互斥。对一个分支来说，当其他所有输出转换的守卫条件都为假的情况下，守卫条件为“否则”的输出转换才能发生。

例如图 9.15 上，验证打印机连接活动后存在一个分支，如果验证结果打印机连接正常进行打印活动，否则系统屏幕显示“未连接打印机”错误提示。

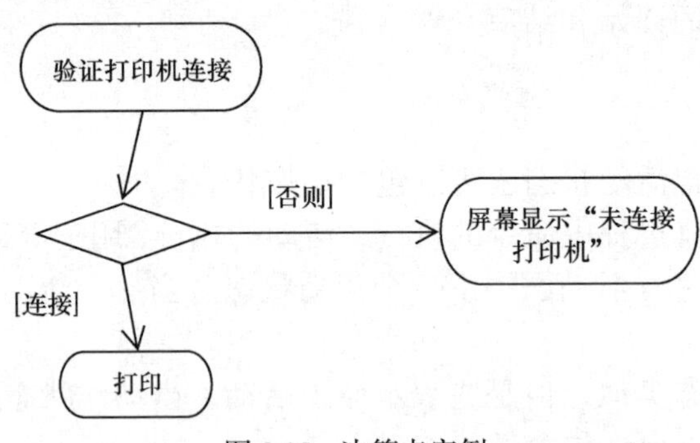

图 9.15 决策点实例

汇合点与决策点相反，它拥有多个输入转换，却只有一个输出转换。汇合点的作用是合并控制流。对于输入汇合点的所有转换并非是同步的，当控制流到达汇合点时，将自动产生输出，而无需等待其他控制流的到达，汇合点的图符如图 9.16 所示。

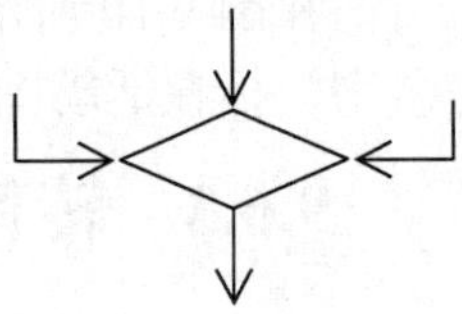

图 9.16 汇合点图符

9.6.6 分岔和汇合

活动图中可以包含并发线程的分岔控制。一个转换分解成多个转换导致并行动作执行，并发线程既可以顺序执行，也可以并发执行。

并行的行为可以用分岔和汇合来描述。分岔有一个输入转换和多个输出转换，当分岔输入转换被触发时，其所有输出转换并行发生；汇合描述多个并行进程的同步，有多个输入转换和一个输出转换，当汇合的多个输入转换都完成后，输出转换才会被触发。

分岔和汇合在活动图中必须匹配，即，有一个分岔则必须有一个对应的汇合将从该分岔出去的线程汇合在一起，它们都由粗黑线表示。

例如，图 9.17 中，“获得订单”活动之后的分岔表示活动“安排付款”和“调货”可以并行进行，两个活动之后的汇合表示，需要等到两活动全部完成之后才可以继续进行下一个活动“交货”。

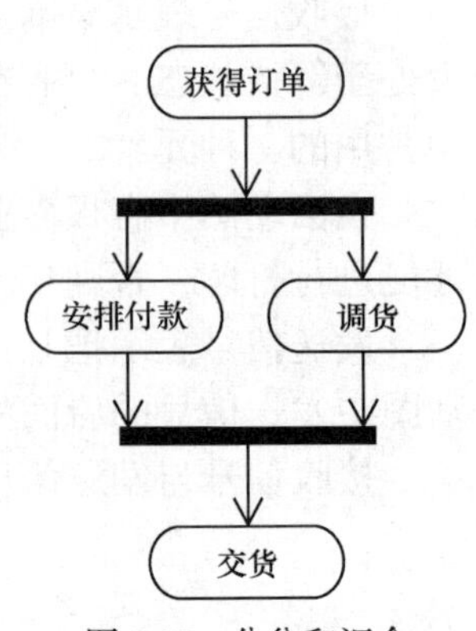

图 9.17 分岔和汇合

9.6.7 泳道

泳道是为组织活动图而对活动进行的分组，用来划分状态图的状态，每个泳道代表整个活动的部分高级职责，整个活动可能最后由一到多个泳道实现。

使用泳道可以把活动按照功能或所属对象的不同来进行组织。

属于一个对象的所有活动都放在同一个泳道内，对象的名字放在泳道的顶部。

图 9.18 是一个带泳道的销售过程活动图。图中主要包含了两个对象“销售”和“配货”，它们各自有不同的活动放在自己的泳道内。

使用泳道可以方便读者了解执行动作的对象，从带泳道的活动图中，不仅可以看出动作的过程，动作的执行者，还可以了解这些对象之间的合作，如图 9.18 中的销售人员需要从配货方调货。

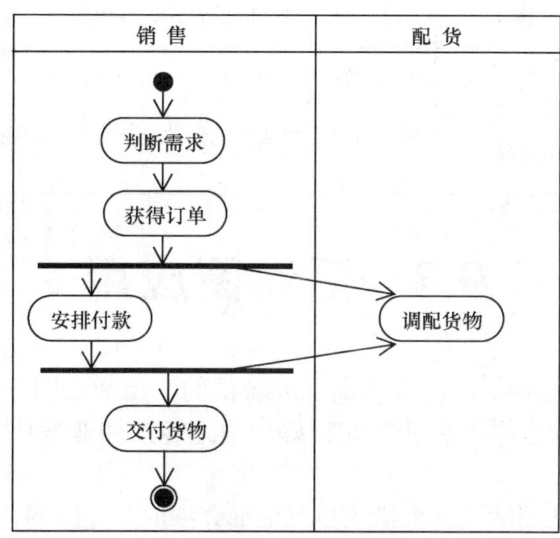

图 9.18　销售过程活动图

9.7　活动图图符

表 9-3 列出了活动图中定义的基本图符，列出了每个图符的可视化图符、名称和简要描述。

表 9-3　UML 活动图图符

可视化图符	名 称	描　　述
	起点	用于表示活动图中所有活动的起点，一般每幅活动图有且仅有一个起点
	终点	用于表示活动图中活动的终点，一般每幅活动图中可以有一个或多个终点
活动名称	活动	活动图中要描述的一个动作
	判断条件	用于表示活动图中活动流程出现的分支和决策。通常引出多个转移，表示不同的活动分支
	同步条	表示活动之间的同步。一般有一个或多个信息流引入，或者有一个或多个信息流引出
	接收信号	从外部过程接收一个信号，收到信号后开始执行相应的活动

续表

可视化图符	名 称	描 述
	发送信号	向外部过程发送一个信号
	泳道	用于对活动图中的活动按照对象进行分组，用于描述对象之间的合作关系
——→	转移	用于表示活动之间的转移，连接活动、起点、终点、同步条、判断等
	注释体	对活动图或其中的某一个活动进行说明
…………	注释连接	将注释体与要描述的活动连接起来，表明该注解是对于哪个实体的描述

9.8 活动图应用

在进行活动图的构建时，建议从详细程度较低的高层活动图开始，这样的活动图通常跨越几个业务用例。因为这样的活动图能很好地概述客户和业务伙伴与业务系统之间的交互关系。

然后再通过细化，使用活动图来描述步骤更加详细的业务用例，如果某个用例是由几个活动场景组成的，那么每个场景都应该使用一张活动图表示。

下面以旅客登机过程为例介绍活动图的应用。

9.8.1 过程分析

构建活动图首先需要找到业务过程中的活动，可以通过以下的问题来帮助寻找业务过程中的活动。

- 该业务过程需要完成哪些工作步骤。
- 每个参与者都将执行哪些操作。
- 有没有哪些事件启动了哪些工作步骤。

在旅客登机的过程中，旅客进入候机大厅后，首先要输入自己的身份证号码，得到登机牌。如果有行李则需要办理行李托运手续。通过安检后就可以登机了。根据这个过程我们可以得到下面一些主要的活动。

- 领取登机牌：旅客进入候机大厅后，输入自己的身份证号码，领取登机牌。
- 办理行李托运：如果旅客随身携带的行李超重，则需要办理行李托运手续，托运行李。
- 通过安检：旅客凭登机牌进行安全检查，通过安检后可以准备登机。
- 旅客登机：旅客按照指示，到指定入口处登机。
- 行李装载：将旅客的行李装载到飞机上。
- 飞机起飞：飞机完成旅客和货物的装载，从机场起飞。

9.8.2 活动连接

得到了业务过程中的主要活动后，就需要进一步考虑这些活动的执行顺序，如有没有并行的活动等，下面的问题有助于理解业务控制流。

- 所有活动的执行顺序。
- 执行某个活动时需要满足什么条件。
- 哪里有必要的分支。
- 哪些操作是同时发生的。
- 业务过程中，是否必须首先完成某些操作，才能执行其他操作。

通过分析上面的问题，发现在旅客进行行李托运时会出现一个决策点，而在旅客安检前会出现一个汇合。旅客登机和行李装载是分岔和汇合。

9.8.3　活动图描述

根据前面分析出的活动以及各活动的控制流，可以设计出一个旅客登机过程活动图，如图 9.19 所示。

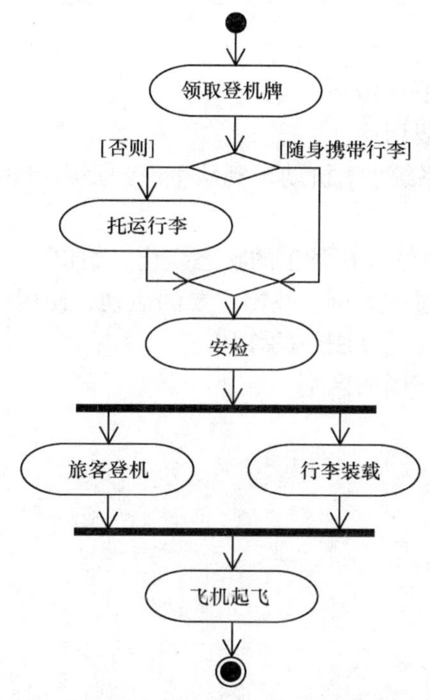

图 9.19　旅客登机过程活动图

图 9.19 的活动图中描述了旅客登机的全过程。当旅客到达机场后，首先需要领取登机牌，然后根据自己携带行李的重量确定是否需要托运行李，最后通过安检登机。这个过程比较简单，在实际的应用系统开发过程中使用活动图描述的过程往往都比较复杂，涉及的活动比较多。

活动图的详细程度也是因人而异的，这是一件很主观的事情。主要需要根据用户的需求来决定其详细程度，这里无法给出一个通用的准则，这一点需要读者在实际应用中根据不同的情况进行选择。

9.9 小 结

状态图和活动图都是用来描述系统的动态行为。状态图主要用于描述系统中主要对象的状态变化过程，从而帮助设计者理清系统中主要对象的状态。活动图主要用于描述用户的业务流程或者是某个具体的程序流程。使用活动图来描述用户的业务流程可以帮助设计者理清用户业务过程，业务中的主要活动，参加这些活动的对象，以及这些对象之间的关系。这两类图在面向对象分析过程中使用相对少一些，只有在需要对某些对象或过程进行详细描述时才使用。

9.10 习 题

1. 简要说明状态图的主要作用和用途。
2. 简要说明活动图的主要用途。
3. 在一个机动车辆管理系统中，机动车辆从生产到报废有多个状态，使用状态图来描述这些状态变化。
4. 在 9.4 节的基础上，继续分析学生的状态变化，给出一个完成的状态图。
5. 以高等学校新生报到过程为例，找出主要的活动，使用活动图来描述这个过程。
6. 举例说明分岔与汇合在活动图中的作用。
7. 简要说明活动图和状态图的区别。

第 10 章 构件图

构件图从软件架构的角度来描述一个系统的主要功能，如系统分成几个子系统，每个子系统包括哪些类、包和构件，它们之间的关系以及它们分配到哪些节点上等。使用构件图可以清楚地看出系统的结构和功能。方便项目组的成员制定工作目标和了解工作情况，同时，使用构件图还有利于软件的复用。

10.1 构件图概述

构件图（Component Diagram）描述了软件的各种构件和它们之间的结构关系。在进行系统开发时，构件图是各小组间有用的交流工具，它可以呈现给关键项目发起人及实现人员。

UML 支持对逻辑构件（如业务构件、过程构件）和物理构件（如 EJB 构件、CORBA 构件、COM+构件和.NET 构件以及 WSDL 构件）的规约；UML 支持对实现构件的制品、对可执行的构件的部署和对构件执行在其上的节点的规约。这些意味着在基于构件的系统开发过程中，在不同的阶段有着不同的构件模型，供不同的开发人员使用。

在软件系统开发时可以使用构件图将项目小组人员连接起来，充当各成员间的联系纽带。对系统设计人员构件图是十分有用的，因为构件图向设计人员展示了对将要建立的整个系统的早期理解。对系统开发人员发现构件图是有用的，因为构件图向他们提供了将要建立的系统的高层次的架构视图，这将帮助开发人员理解和建立将要实现的目标，并帮助开发人员进行任务的分配。对系统管理员构件图也是有用的，因为通过构件图他们可以获得运行系统的逻辑软件构件的早期视图。虽然系统管理员无法从图上确定物理设备或物理的可执行程序，但构件图较早地提供了关于构件及其关系的信息，这些信息将帮助系统管理员轻松地计划后面的工作。

10.2 构件图元素

在构件图中通常包含 3 种元素。

- 构件（Component）
- 接口（Interface）
- 依赖（Dependency）

10.2.1 构件

在《计算机百科全书》中，把构件定义为在构建软件系统中具有相对独立功能、可以明确辨识、接口由契约指定、语境有明显依赖关系、可独立部署且多由第三方提供的可组装软件实体。

按照 UML 2.0 的定义，构件是系统的模块化部分，它封装了自己的内容，且它的声明在其环境中是可以替换的；构件利用提供接口和请求接口定义自身的行为，它起类型的作用。

通过上面的定义，可以了解到以下几个含义。

（1）一个构件表示系统的一个模块部分，而且是一个自包含的单元，它封装了其内部成分的状态和行为。

（2）按照提供和请求接口，构件定义其行为。

（3）构件是可替换的单元，在设计和运行时基于接口的兼容性，若一个构件能提供与另一个构件相同的功能，则前者就能替换后者。

（4）构件起类型的作用，可执行的构件是可实例化的。

（5）由于在 UML 2.0 中，构件继承了类，因此，构件具有属性、操作和可见性，并能参与关联和泛化。

（6）可以用构件来装配大粒度（应用子系统重用）的构件，方法是把所复用的构件作为大粒度构件的成分，并把它们的请求和提供接口连接在一起。

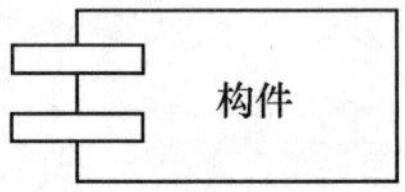

构件

图 10.1 UML 1.× 版本中构件图符

在 UML 1.× 版本中，构件的图符如图 10.1 所示。

在 UML 2.0 版本中对构件的图符进行了部分修改，用户可以通过 3 种不同的表示方法来表示构件，具体采用哪种表示方法，用户可以根据自己的需要进行选择，具体图符如图 10.2 所示。

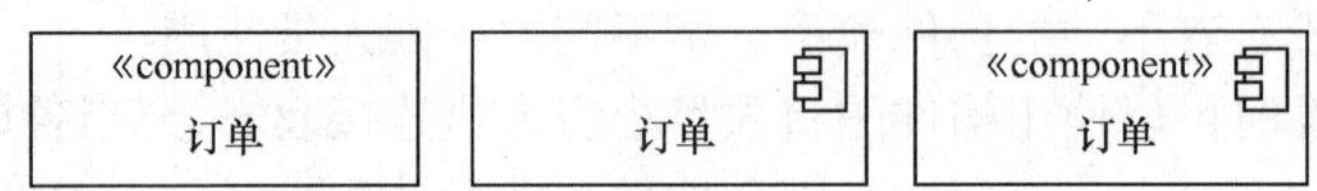

图 10.2 UML 2.0 版本中构件图符

通过图符可以看出，构件的图符在 UML 1.x 和 UML 2.0 中还是有较大区别的。但上述的 UML 1.x 符号在 UML 2.0 中仍然被支持。然而，UML 1.x 符号集在较大的系统中不能很好地进行调节。UML 2.0 显著地增强了构件图的符号集，在维持它易于理解的基础上，UML 2.0 符号能够调节得更好，并且符号集也具有更多的信息。

构件是定义良好的接口实现单元，它是系统中可替换的部分。构件可以是开发环境中的一个实际文件，它主要有以下几种类型。

- 部署构件：如 dll 文件、exe 文件、COM+对象、CORBA 对象、EJB、动态 web 页、数据库表等。
- 工作产品构件：如源代码文件、数据文件等，用来产生部署构件。
- 执行构件：指系统执行后产生的构件。

在 UML 2.0 中，可以把构件分为基本构件和包装构件。

基本构件注重把构件定义为在系统中可执行的元素。包装构件扩展了基本构件的概念，它注重把构件定义为一组相关的元素，这组元素为开发过程的一部分。也就是说，包装构件定义了构件的命名空间方面。在构件的命名空间中，可以包括类、接口、构件、包、用例、依赖和制品。

10.2.2 接口

接口是表示对一组相关的操作进行声明的一种建模元素，它指定了一种约束，这些约束必须由实现这个接口的构件的任何实例完成。

可以按各种约束（如前置和后置条件）的形式把一个接口与一个职责相关联，可以对通过这个接口的交互规定次序。

接口可以分为提供接口和请求接口。

把构件实现的接口称为提供接口，这意味着构件的提供接口是为其他构件提供服务的。构件可以直接实现提供接口，构件的子构件也可以实现提供接口。实现接口的构件支持由该接口所拥有的特征，此外，构件必须与接口拥有的约束相容。构件使用的接口被称为请求接口，即构件向其他构件请求服务时要遵循的接口。

图 10.2 列出了构件的表示形式，但这些只是简单的表示形式，一个典型的构件图符中可以包括更多的信息。一个构件元素可以在名字区下面附加额外的区。如前面所提到的，一个构件是提供一个或更多公共接口的独立单元。图 10.3 显示了订单构件的第二个区，用来表示订单构件提供和要求的接口。

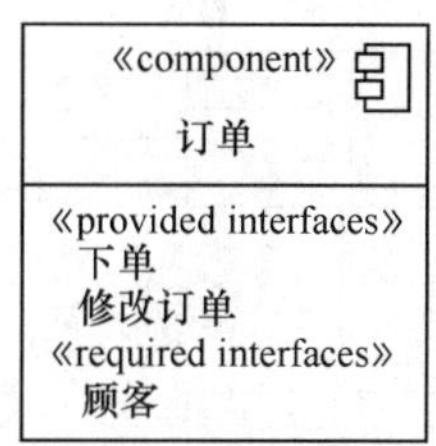

图 10.3 订单构件的分栏表示

接口的表示形式除了图 10.3 的形式外，UML 2.0 还引入另外一种方法来显示构件提供并要求的接口。

在末端有一个完整的圆圈的接口图符代表构件提供的接口，如图 10.4 所示。在末端只有半个圆的接口符号代表组件要求的接口，如图 10.5 所示。

图 10.4 构件的提供接口图符　　图 10.5 构件的要求接口图符

使用提供接口和要求接口图符来重新表示上面的订单构件，具体表示形式如图 10.6 所示。具体采用哪种表示方式，可以根据使用者的习惯和项目组的约定。

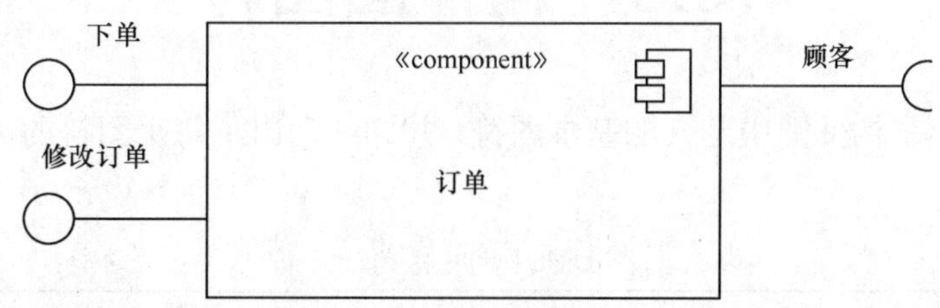

图 10.6 订单构件的图符表示

接口既可以用于概念建模也可以用于物理建模。也就是说，类的接口和构件的接口是相同的概念。构件实现类的接口中定义的操作，构件和接口之间的关系叫做实现。其他的构件通过接口使用该构件，或者说通过接口使用这个构件的功能。也有人把这种情况称为一个构件通过接口为另一个构件提供服务。另一方面，构件也需要其他的构件来提供某些功能的服务。

10.2.3 依赖关系

一个构件如果使用了另一个构件所提供的接口，则可以说在该构件和另外一个构件之间存在依赖关系。

依赖关系用带箭头的虚线表示，如图 10.7 所示。

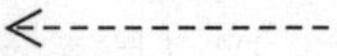

图 10.7 依赖关系

图 10.8 表示了订单构件、顾客管理构件和结账构件间的依赖关系，依赖关系的箭头方向由订单构件指向顾客管理构件和结账构件，表明订单构件使用了顾客管理构件和结账构件所提供的接口。

如果需要详细表明使用的接口，则可以采用图 10.9 的表示方式，图中具体表明了订单构件、顾客管理构件和结账构件间的依赖关系。该依赖关系是由于订单构件的请求接口——顾客使用了顾客管理构件的提供接口——顾客；订单构件的请求接口——付款使用了结账构件的提供接口——付款。

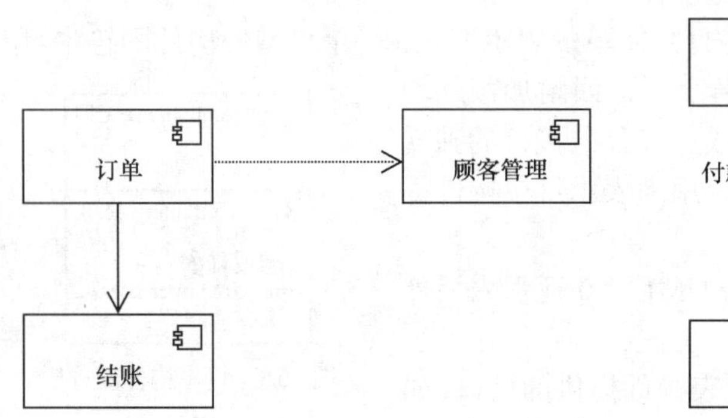

图 10.8 构件间的依赖关系

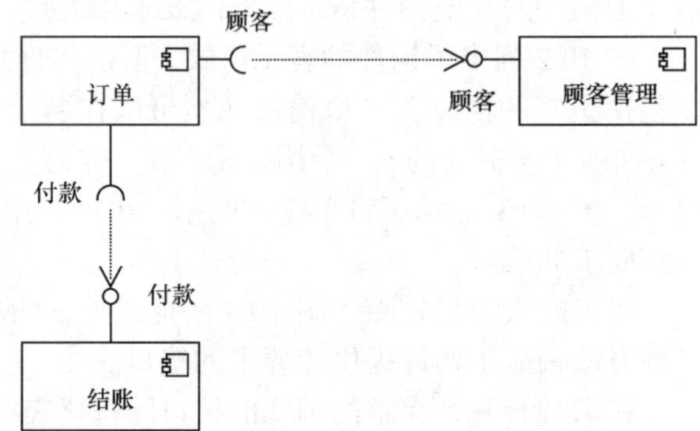

图 10.9 添加接口的构件间的依赖关系

构件间产生依赖关系的原因很多，归纳起来，主要包括以下几个。

- 如果两个构件间存在泛化关系，则两构件间存在依赖关系。
- 如果两个构件间存在使用关系，则两构件间存在依赖关系。
- 如果两个构件间存在实现关系，则两构件间存在依赖关系。

10.3 构件图图符

表 10-1 中列出了构件图中定义的基本图符，并详细列出了每个图符的可视化图符、名称和简要描述。

表 10-1 UML 构件图图符

可视化图符	名 称	描 述
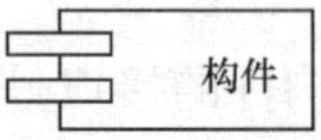 构件	构件	构件代表系统的模块化部分（UML 1.×）
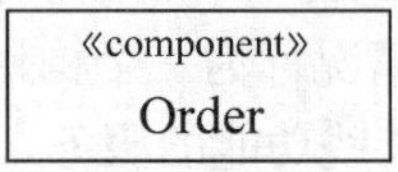 «component» Order	构件	构件代表系统的模块化部分（UML 2.0）

续表

可视化图符	名 称	描 述
Order	构件	构件代表系统的模块化部分（UML 2.0）
《component》 Order	构件	构件代表系统的模块化部分（UML 2.0）
	提供接口	构件对外提供可见操作和属性，其他构件通过接口使用构件
	要求接口	构件使用时需要其他构件提供的接口
	依赖关系	表明两个构件间存在依赖关系
	注释体	对构件图或某一个构件进行说明
	注释连接	将注释体与要描述的实体连接起来，表明该注解是对于哪个实体的描述

10.4 构件图理解

图 10.10 给出了图书管理系统的构件图，下面通过对该构件图的分析和理解，来加深对构件图的学习。

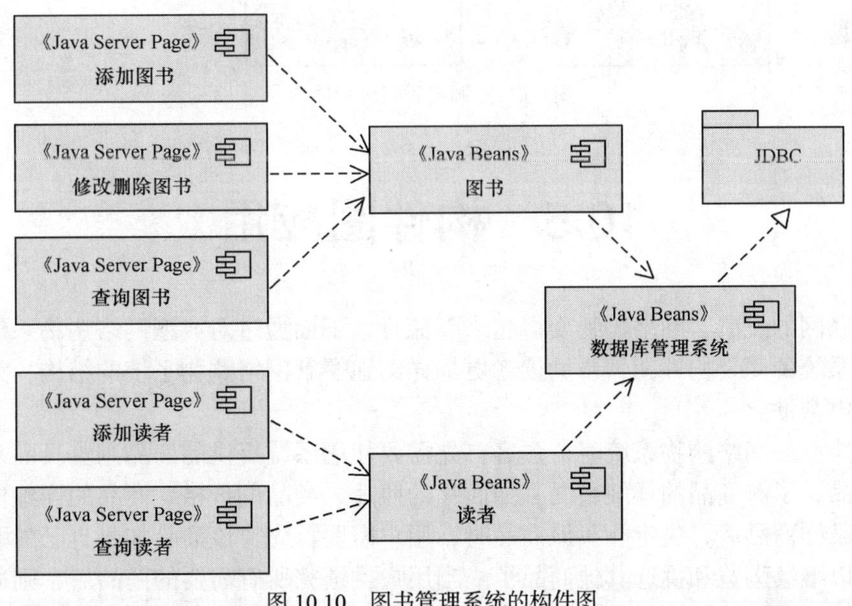

图 10.10 图书管理系统的构件图

通过图可以看到，该构件图中共包含了添加图书、修改删除图书、查询图书、添加读者、查询读者、图书、读者、数据库管理系统 8 个构件，还包含了一个 JDBC 包。当然还包括构件间的依赖关系。

图中添加图书构件、修改删除图书构件、查询图书构件都是 Java Server Page 类的构件，而图书构件、读者构件、数据库管理构件都是 Java Beans 类的构件。其中添加图书构件、修改删除图书构件、查询图书构件这 3 个构件都依赖于图书构件；图书构件和读者构件都依赖于数据库管理构件；而数据库管理构件还需要使用 JDBC 包来实现该构件和实际数据库的连接。

该构件图只是一个比较粗的构件图，并没有详细表明每个构件所包含的接口。在实际使用构件图时，应该根据实际需要进行描绘，不一定要在构件图中详细表明所有的细节。当某个环节需要详细描述时，可以使用含有比较多信息的构件图符，当某个构件比较复杂时，还可以对该构件的内部进行详细表示。

除了上面给出的图书管理系统构件图这类常见的构件图外，有些时候为了详细表示某些源代码间的关系，也可以对源代码文件进行构件图描绘。

图 10.11 给出了一个简单的源代码间的构件图，在图中将相关源代码文件的集合作为构件，用依赖关系来表示这些文件间编译的依赖关系，通过约束条件来表示源代码的版本号、作者和修改日期等信息。这类构件图适用于比较大的系统。

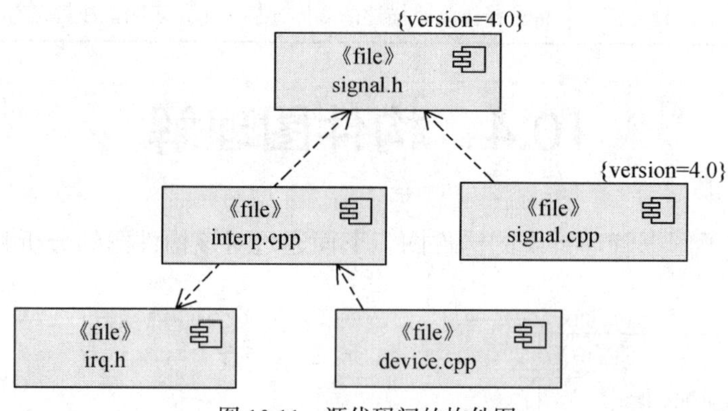

图 10.11　源代码间的构件图

10.5　构件图应用

随着互联网的发展，网络购物变得越来越流行，下面通过对典型网络购物系统的分析，从而得出该系统的简要构件图，帮助读者更加详细地了解网络购物系统的结构，为今后该方面的开发提供帮助。

在使用典型的网络购物系统时，顾客首先需要使用系统提供的商品浏览页面来浏览网站所提供的商品，了解商品的详细情况，如商品的照片、商品的价格、商品的详细信息等。在用户浏览了某样商品后，决定购买该商品时，用户需要首先将该商品加入自己的购物车，然后用户就可以继续浏览和挑选其他商品了。当用户挑选完所有需要的商品后，则通过结账系统，对自己所挑选的商品进行付款，从而完成这次购物。

通过上面对一次典型的网络购物过程的描述，可以大体的将网络购物系统分为以下几个部分。

● 商品浏览系统：主要是呈现给顾客的，方便顾客通过该系统进行商品的浏览，了解商品的详细情况，并可以选购该商品。

● 商品资料库：根据经验可以知道，任何购物系统的商品都不会是固定的，都会是变化的，因此商品浏览系统需要使用商品资料库，来动态地显示商品。

● 购物车：主要用来暂时存放顾客挑选的商品，该商品用户已经从普通商品中挑选出来了，要进行购买。在购物车中，顾客可以随时增加、修改和删除自己已经挑选的商品，并最终确定自己需要的商品和数量。

● 结账系统：主要是对顾客最终确定的商品进行结算，查看用户挑选的商品是否有货，计算商品的总价格，并引导顾客对自己所选购的商品进行支付。

通过上面的分析，得到了系统的主要构件，具体如图 10.12 所示。

现在再进一步进行构件间关系的分析，通过介绍已经知道，商品浏览系统需要从商品资料库中读取商品的信息，然后进行显示，因此商品浏览系统构件和商品资料库构件间存在依赖关系；同时在用户浏览商品时，还可以将商品加入自己的购物车，所以商品浏览系统构件还和购物车构件存在依赖关系。在顾客使用结账系统时，结账系统需要首先从购物车了解顾客挑选的商品，因此结账系统构件和购物车构件存在依赖关系；同时在进行结账时还必须从商品资料库中了解顾客挑选的商品是否有货，顾客挑选商品的价格等，所以结账系统构件和商品资料库构件间也存在依赖关系。

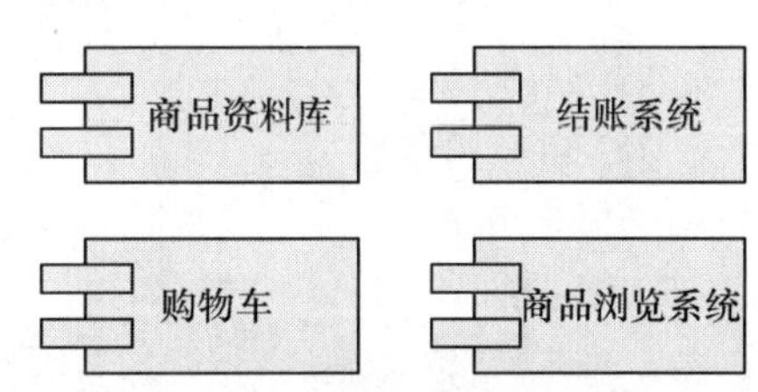

图 10.12 在线购物系统主要构件

通过上面的所有分析，系统的最终构件图如图 10.13 所示，这里使用了 UML 1.×的图符来表示。由于这里只是一个初步的了解，因此并没有详细分析各个构件的接口，读者如果感兴趣，可以进一步进行分析。

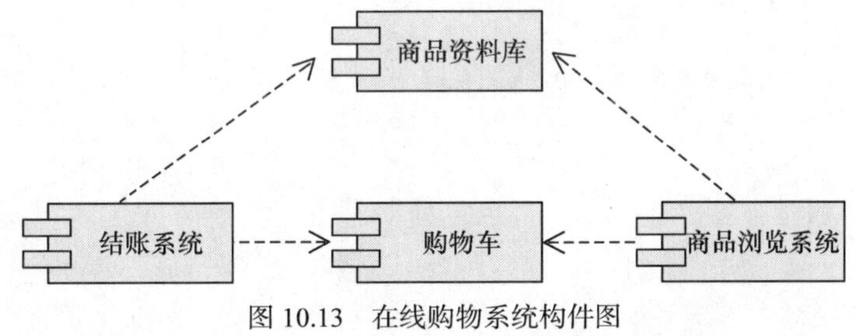

图 10.13 在线购物系统构件图

10.6 小 结

本章首先介绍了构件图的基本概念；然后详细介绍了构件图中常见的构件、接口、依赖关系；接下来讨论了如何在实际的项目开发过程中理解和使用构件图。通过本章的学习，希望读者对构件图及构件图中的常见元素有一个基本的了解，为以后使用构件图打下一个基础。当然，构件图的内容远不止本章介绍的内容，还包括如构件的内部结构、端口、连接件等，但这些都属于比较高级的应用，读者如果想了解更多关于构件图方面的知识可以查阅相关的书籍和资料。

10.7 习 题

1. 什么是构件？什么是接口？
2. 为什么要使用构造图？构件间的关系是什么？
3. 简述构件图的基本元素。

第11章 部署图

部署图（Deployment Diagram）是 UML 用来描述系统的硬件配置、硬件部署以及软件构件和模块在不同节点上分布的模型图。本书前面已经介绍了 UML 中的其他图，但这些图主要用来描述系统的软件结构的行为，而部署图则可以用来描述系统中硬件的结构和部署，为系统的开发和使用人员提供方便。

11.1 部署图概述

部署图描述了整个系统的软硬件的实际配置，它表示了系统在运行期间的体系结构、硬件元素（节点）的构造和软件元素是如何被映射在那些节点之上的。

部署图可以帮助系统的有关人员了解系统中各个构件部署在什么硬件上，以及这些硬件之间的交互关系。

在实际使用部署图时，一般将部署图与构件图一起使用，将构件图和部署图这两种图绘制在一起。这样做的主要原因是构件图展示了系统中的基本构件，但系统要正常运行必须将这些构件部署到相关的硬件节点上去，而部署图则是 UML 中唯一能描述系统硬件的图，将构件图和部署图一同绘制能够更好、更完整地描述系统的全貌。将部署图和构件图绘制在一起还有另一个好处，当系统中某个构件进行了变更（如某个模块的升级、修改等）时，通过这两种图可以很好地反应该构件的变更将影响到系统中的哪些软硬件结构，方便系统进行调整。

在系统中创建部署图的主要目的是：

- 研究系统投入使用的相关问题。
- 研究系统和生产环境中的其他系统的依赖关系，这些系统可能是已经存在的或是将要引入的。
- 描述一个商业应用主要的部署结构。
- 设计一个嵌入系统的硬件和软件结构。
- 描述一个组织的硬件/网络基础结构。

11.2 部署图元素

部署图中常见的元素主要包括：

- 节点
- 关联关系

11.2.1 节点

节点是存在于系统运行时代表计算资源的物理元素，它可以代表一种物理硬件设备或软件元素。节点还可以包含对象和构件的实例。

在 UML 部署图中节点使用一个立方体来表示，并在上面标上节点的类型和名字。为了设计方便，往往把节点分成处理器和设备两类，分别用“Processor”和“Device”表示，图符如图 11.1 所示。

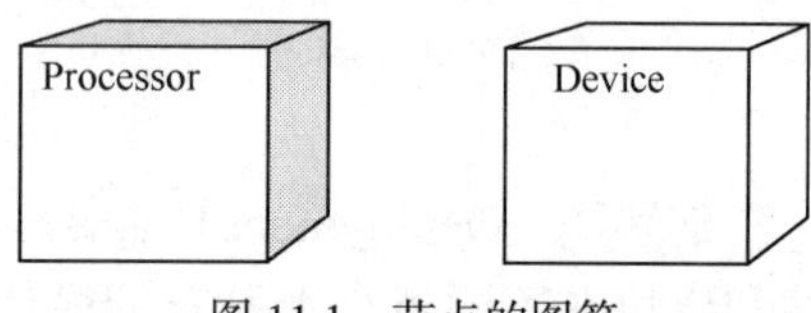

图 11.1 节点的图符

处理器是指能够执行软件构件的节点，主要包括常见的台式机、笔记本电脑、服务器、计算机网络等。

其他的节点则称为设备，与处理器的主要区别是设备一般不能执行软件构件，不具备独立的计算能力，它们一般都通过其接口为外部提供服务，主要包括打印机、扫描仪、读卡器、网络集线器等。

一个节点上可以部署一个或多个构件，一个构件也可以部署在一个或多个节点上。图 11.2 表示了如何在一个节点上部署两个构件。在数据库服务器节点“DBServer”上部署了两个构件：“商品资料数据库”和“注册用户数据库”。这两个构件分别用来存储网络购物系统中的商品资料和在网络购物平台注册的顾客。

有时对某个节点，系统有特殊的要求。为了表明这些特殊要求，可以为节点增加必要的细节描述。如图 11.3 所示，对于客户端节点系统有特殊的要求，操作系统需要采用 Windows 操作系统，浏览器需要采用 Internet Explorer。

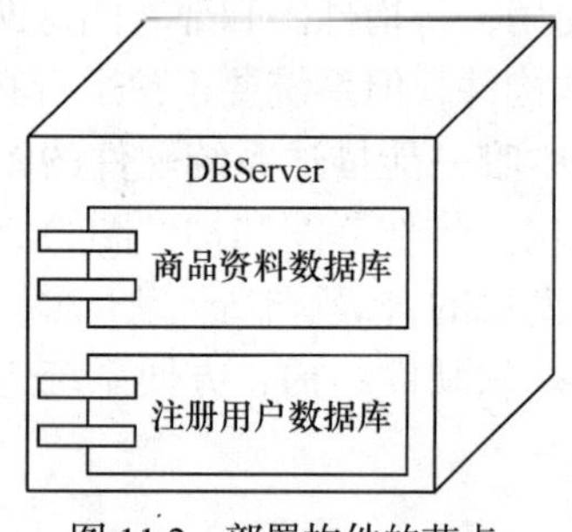

图 11.2 部署构件的节点

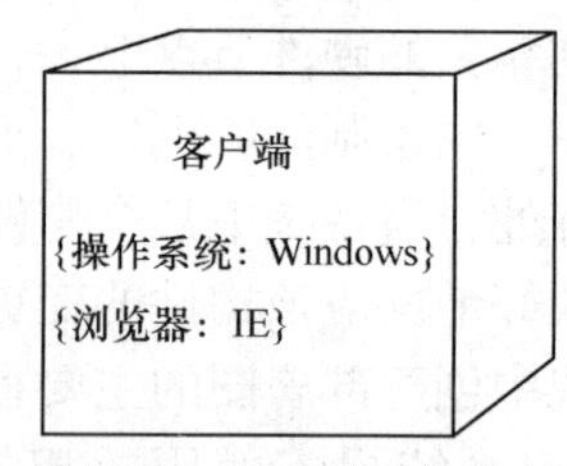

图 11.3 增加约束的节点

UML 2.0 中提供若干个标准节点原型，主要包括“cd-rom”，“disk array”，“secure”，“storage”，“computer”，“pc”，“pc client”，“pc server”，“server”，“unix server”，“user pc”。图 11.4 中列出了几个节点原型的图符，它们各自的标识会显示在节点符号的右上角。

图 11.4 UML 2.0 节点原型

11.2.2　关联关系

节点之间最常见的关系是关联关系，使用一条线连接起来，表示两个节点的连接，如图 11.5 所示。

图 11.5　节点之间的连接

节点间的连接表示了节点之间的物理连接。这种物理连接不仅是实际的线路连接，如常见的网线连接，还可以包括节点间的无线连接，如远程服务器之间通过卫星通信进行连接。

节点之间的关联关系还可以像类图中一样加入角色、多重性等，而且为了更好地表示两个节点之间的关系，还可以给关联关系增加“约束”，对该连接进行更加详细描述，如图 11.6 所示。

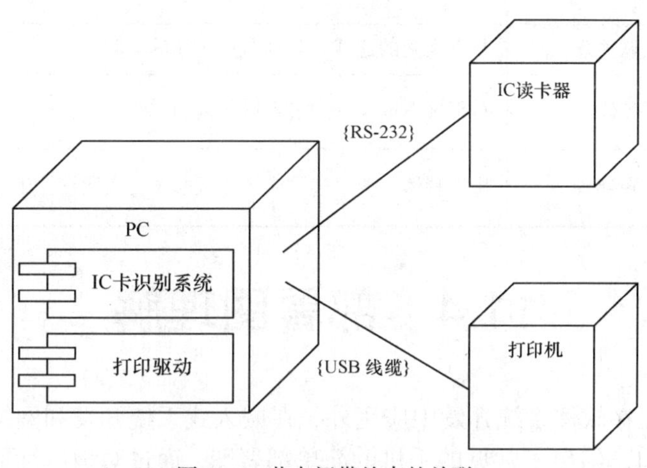

图 11.6　节点间带约束的关联

图 11.6 在 PC 节点包含了“IC 卡识别系统”和“打印驱动”两个软件构件，但这并不表明该节点上只有这两个软件构件。 例如，PC 要能正常使用还必须安装操作系统等必备的软件构件，但那些构件没有显示出来，因为这些构件并不是最重要的。事实上每个结点也许包括几十甚至几百个的软件构件，但部署图的目标并不是描述所有的软件构件，而是只需要描述那些对系统的理解至关重要的构件即可。

11.3　部署图图符

表 11-1 列出了部署图中定义的基本图符。表中详细列出了每个图符的可视化符号、名称和简要描述。

表 11-1　　UML 部署图图符

可视化图符	名　称	描　　述
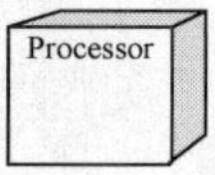 Processor	处理器节点	处理器节点代表一个具有独立计算能力的节点

续表

可视化图符	名　称	描　　述
Device	设备节点	设备节点代表一个不具有独立计算能力的节点
PC Client	节点原型	UML 2.0 中的节点原型
构件	构件	构件代表可执行的物理代码模块
对象	对象	类的一个实例
	关联关系	节点之间的连线，表示节点之间的关联
	注释体	对部署图或某一个节点进行说明
	注释连接	将注释体与要描述的实体连接起来，表明该注解是对于哪个实体的描述

11.4　部署图理解

部署图除了可以在软件系统开发中应用外，在嵌入式系统开发和网络及硬件系统开发方面都可以使用。图 11.7 给出了常见的手机的简单部署图，通过对该属性的硬件系统部署图的学习，来加深大家对部署图的理解。

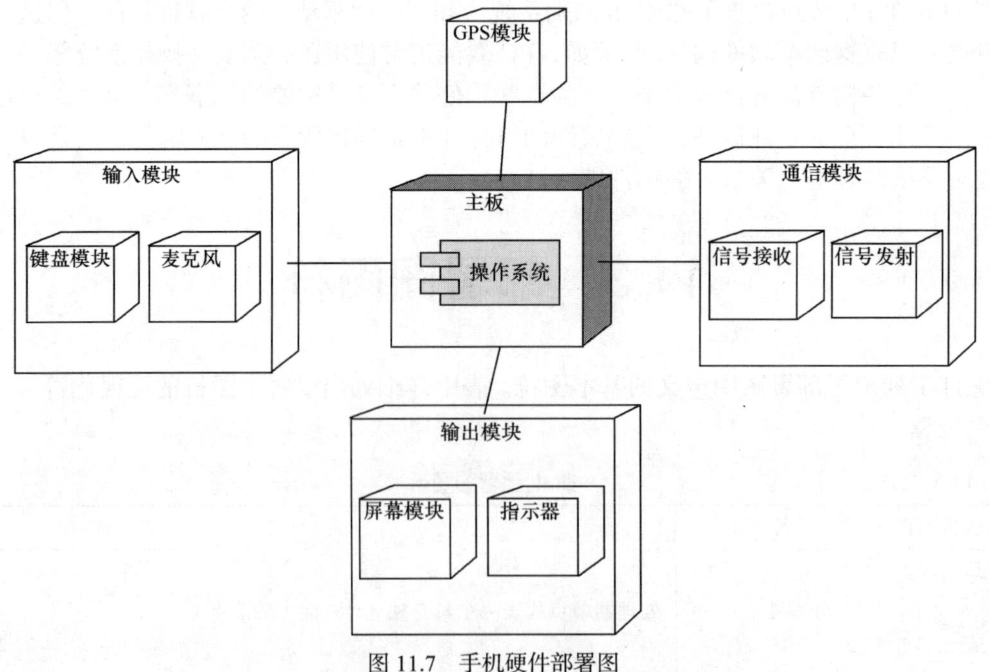

图 11.7　手机硬件部署图

通过对上面部署图的分析，可以看到图中主要包括：一个处理器节点主板；4 个设备节点输入模块、输出模块、GPS 模块和通信模块。通过这些节点可以看出，在整个硬件系统中主要起计算和控制作用的是主板。

进一步对各个构件进行分析。

- 输入模块：主要包括两个小的节点，键盘模块和麦克风模块，负责用户对于信息的输入，如通过键盘发短信、利用麦克风进行语音输入等。
- 输出模块：主要包括两个小的节点，屏幕模块和扬声器，负责向用户显示系统处理后的信息，如通过屏幕显示短信、利用扬声器接听电话等。
- 通信模块：主要包括两个小的节点，信号接收和信号发射，负责与电话基站的双向联系功能。
- GPS 模块：主要负责与卫星通信，确定当前位置。
- 主板模块：系统中唯一的处理器模块，负责整个硬件系统的数据处理，在该节点还必须部署操作系统构件，以便让用户可以使用系统的资源。

从图中的关联关系可以看出，4 个设备节点——输入模块、输出模块、GPS 模块和通信模块都是物理连接在主板上的，这些设备的所有数据都是由主板进行处理的，它们之间没有直接的物理连接。

在实际使用部署图时不一定非要使用 UML 中的图符，也可以根据自己的习惯来绘制部署图，如使用更加形象的图符等，只要保证绘制的部署图能够被所有的开发人员认可和理解即可。

另外，在对各个节点进行命名时，要尽量使用所有开发人员都习惯的或者经常使用的词汇，这对整个项目组对系统的理解是十分重要的。

11.5 部署图应用

下面还是以网络购物系统为例来说明部署图的应用。顾客使用网络购物系统浏览和购买自己需要的商品。整个网络购物系统需要的硬件设备有：

- 个人计算机：用于顾客通过网络使用购物系统。
- 数据库服务器：用来保存系统中商品的详细信息等。
- 应用服务器：用来运行网络购物系统。
- 打印机：需要纸制品时，进行打印。
- 防火墙：保证整个网络购物系统的安全。

仅有上面的这些硬件设备并不能使整个的网络购物系统运行起来，还需要在这些硬件设备上放置必需的软件构件，以保证系统的正常运行。在实际的项目中，可以使用表格的形式把所有的硬件设备以及需要部署的软件构件列出来。这样就可以清晰地看出在整个系统中都包含了哪些硬件设备，以及在各个硬件设备上都需要部署哪些软件构件，以帮助系统工程师进行系统的部署。

网络购物系统中包含的硬件设备及软件构件，如表 11-2 所示。

表 11-2 图书管理系统硬件设备及软件构件

硬件设备	软件构件	软件构件作用
个人计算机	操作系统	保证计算机的正常启动与运行
	网络浏览器	用来登录网络购物系统
数据库服务器	操作系统	保证计算机的正常启动与运行
	数据库系统	存储系统中商品的信息
应用服务器	操作系统	保证计算机的正常启动与运行
	IIS	保证网络购物系统能够正常运行
	网络购物系统	系统的应用程序
	打印机驱动程序	保证打印机能够正常工作
打印机		
防火墙	操作系统	保证防火墙的运行与用户设置
	防火墙软件	保证整个网络系统的安全

表 11-2 中列出了网络购物系统中的硬件设备和软件构件，但有些软件构件，如操作系统，是保证所有计算机能够运行的先决条件，因此在绘制部署图的时候不一定非要标出该软件构件。

通过对网络系统的分析可以知道，系统中个人计算机是通过互联网连接到防火墙的，防火墙在通过专用线缆连接到应用服务器，应用服务器是通过局域网与数据库服务器进行连接，而打印机是通过 USB 线缆与应用服务器连接。

网络购物系统的部署图如图 11.8 所示。

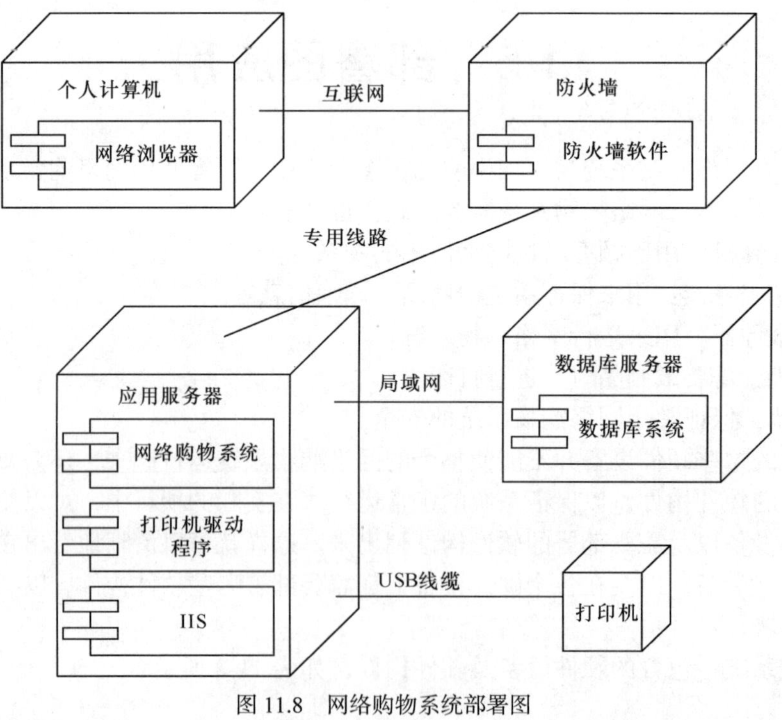

图 11.8 网络购物系统部署图

11.6 小 结

部署图描述了系统运行时进行处理的节点和在节点上活动的构件的配置，在实际使用时一般将部署图和构件图结合起来一起应用。

部署图主要用来对系统的静态部署进行建模。在使用部署图时不一定要使用 UML 中的图符，也可以根据自己的习惯来绘制部署图，只要保证绘制的部署图能够被所有的开发人员认可和理解即可。另外在绘制部署图时，绘制的目标并不是描述所有的软件构件，只需要描述那些对系统的实现至关重要的构件即可。

11.7 习 题

1. 简述部署图和构件图的区别。
2. 简述部署图在实际项目开发中的主要作用。
3. 结合实际情况，绘制一张简单的银行 ATM 系统的部署图。

第 12 章 面向对象实现技术

应用 UML 进行面向对象分析和设计，可以得到各种模型图，但最终需要将这些模型图转换成具体的实现。在实现一个系统时，需要考虑选择程序设计语言和开发环境，把设计模型图转化成具体的实现程序。

如果选择的 UML 工具支持自动代码生成，这样可以生成应用程序中的大部分重要的代码框架，然后程序设计人员可以自己补全具体的实现细节。在 UML 各种图中，类图是最基本和最常用的一种图，在实现中需要重点关注。本章选择 Java 语言作为具体的实现语言，介绍 UML 类图的详细设计与实现。

12.1 面向对象的程序设计语言

在面向对象实现时，需要选择面向对象的程序设计语言。可以根据需要，结合不同程序设计语言特点，具体选择某种面向对象的程序设计语言来实现应用系统。

在第 4 章讲述了 Rational Rose 可视化开发工具的简单使用，应用 Rational Rose 可视化开发工具可以和多种程序设计语言的开发环境无缝集成，目前 Rose 所支持的开发语言包括 Visual Basic、Java、PowerBuilder、C++、Ada、Smalltalk 等。

Visual Basic（VB）是由微软公司开发的包含协助开发环境的事件驱动编程语言。它源自于 BASIC 编程语言。VB 拥有图形用户界面（GUI）和快速应用程序开发（RAD）系统，可以轻易地使用 DAO、RDO、ADO 连接数据库，或者轻松的创建 ActiveX 控件。程序员可以轻松地使用 VB 提供的组件快速建立一个应用程序。

Powerbuilder 是 Powersoft（美国著名的数据库应用开发工具厂商，现已被 Sybase 收购）推出的可视化数据库集成开发工具，它是一个专业的客户机／服务器应用程序开发工具。PowerBuilder 目前的最新版本是 11.0，它能够设计传统的基于客户机／服务器体系结构的应用系统，从 6.0 版本开始也能够开发基于 Internet 的应用系统（Web.PB）。

Ada 语言最早是针对嵌入式和实时系统设计的，并且在今天依然在这方面广泛使用。Ada 语言的重要特征就是其键入式风格、模块化设计、编译检查、平行处理、异常处理及泛型编程。Ada 在 1995 年加入了对面向对象设计的支持，包括动态分配等。

Smalltalk，被公认为历史上第二个面向对象的程序设计语言，和第一个真正的集成开发环境（IDE）。Smalltalk 由 Alan Kay，Dan Ingalls，Ted Kaehler，Adele Goldberg 等于 20 世纪 70 年代初在 Xerox PARC 开发。Smalltalk 对其他众多的程序设计语言的产生起到了极大的推动作用，主要有 Objective-C，Actor，Java 和 Ruby 等。20 世纪 90 年代的许多软件开发思想都是基于 Smalltalk 的，如设计模式、敏捷编程和重构等。

C++是一种使用非常广泛的计算机程序设计语言。它是一种静态数据类型检查的，支持多范型的通用程序设计语言。C++支持程序化程序设计、数据抽象化、面向对象程序设计、泛型程序设计、基于原则设计等多种程序设计风格。

在目前 Rational Rose 支持的许多程序设计语言中，经常使用的面向对象语言主要是 C++和 Java。Java 相对于 C++是更为“纯粹”的面向对象的程序设计语言。在 Java 中一切皆为对象，包括数据类型，窗体、其他控件、端口、线程等。另外，Java 中的接口概念和 UML 的接口有很大的相似性，过渡更为顺畅。因此，这里选用 Java 来相对具体地为读者介绍面向对象编程技术的具体实现。

Java 语言被 Sun 公司于 1995 年 5 月正式推出后，被广泛接受并从一定程度上推动了 Web 的迅速发展。它是一种简单的，面向对象的，分布式的，解释型的，健壮安全的，结构中立的，可移植的，性能优异、多线程的动态语言。

Java 语言的平台无关性，使得它的可移植性非常好，一个软件开发出来，可以同时在不同的平台上都可以运行。Java 的 JDK 的最新版可以从官方网站：http://www.java.com/zh_CN/download/index.jsp 免费下载。

在 Java 中，一个类由属性和方法组成，为每个属性和方法提供了可见性描述。类按照文件方式进行组织，一般情况下，每个类存放在一个文件中。

Java 的所有这些特点都与 UML 中设计类的描述非常一致。这样使用 UML 描述的设计类可以方便地转换成 Java 语言实现的类。

12.2　类和接口的设计

在实现阶段需要对类和接口进行详细设计，主要是添加与实现相关的具体细节，方便具体的程序实现。

12.2.1　类的设计

在 7.7 节中，已经介绍了如何从需求分析中得到一个分析类。在系统设计中，根据分析类完成设计类，最后得到一个设计类图，如图 12.1 所示。

在实现阶段，需要考虑具体的程序设计语言和具体的实现细节，在此基础上进一步细化这个设计类图。

Java 程序设计语言提供了不同的绘图包和绘图方式，本例中选择 Java 的 Graphics 类中的绘图命令完成对图形的绘制，这样在实现类图中就应该增加一个 Graphics 类。同样还需要增加一个绘图容器类，这里选择 JFrame 类。

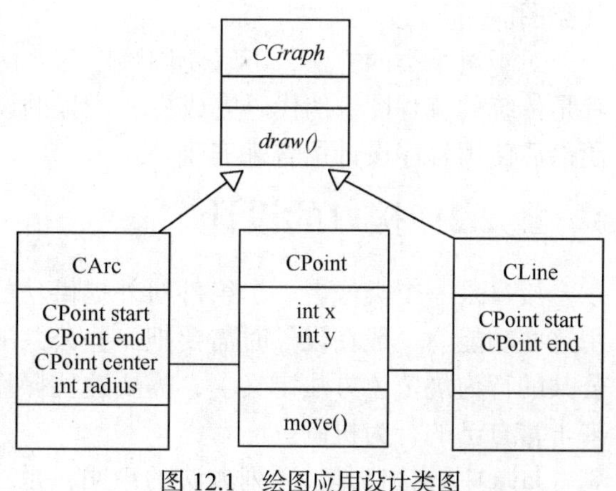

图 12.1　绘图应用设计类图

Graphics 和 JFrame 这两个类分别包括在不同的 Java 包中，有着自己的继承树和相关联的类，这样在类图中需要描述多个与 Java 有关的类。对于多数的 Java 程序设计人员来说，对这两个类都比较熟悉，因此可以只列出这两个类即可。增加后的类图如图 12.2 所示。

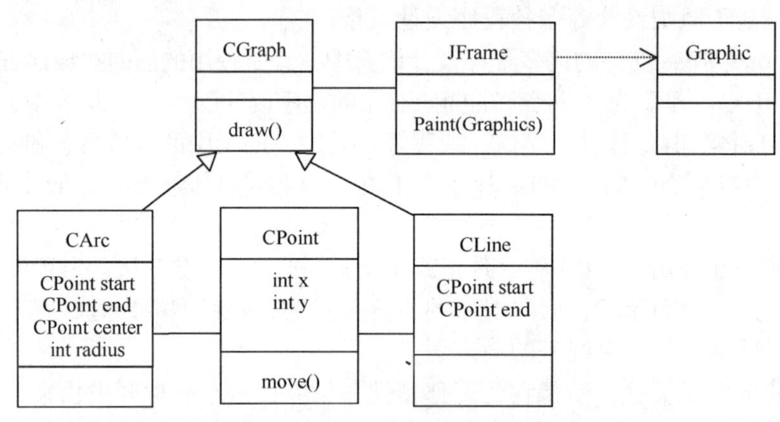

图 12.2　增加绘图类的实现类图

在进行类的设计时一般应该把类中变量全部设置成 private 属性，这样可以使得其他类访问此类中的变量时，必须通过方法调用获得变量值而不是直接访问变量，更好地降低了各个类之间的耦合度。一般情况下，写 Java 类时其内部的变量应该全部为 private，通过 get 和 set 方法和其他类交换数据。

get 方法是读取属性时进行的操作，set 方法是设置属性时进行的操作。定义一个属性时如果只有 get，这个属性就是只读的。同样，如果只有 set，属性就是只写的，当然只写的属性是没有任何意义的。

在实现阶段还需要为每个类增加具体的属性和方法的描述，如类 Cline，这个类不需要增加属性，但需要实现自己的 draw()方法，增加属性的置取方法。增加方法后的类 Cline 如图 12.3 所示。

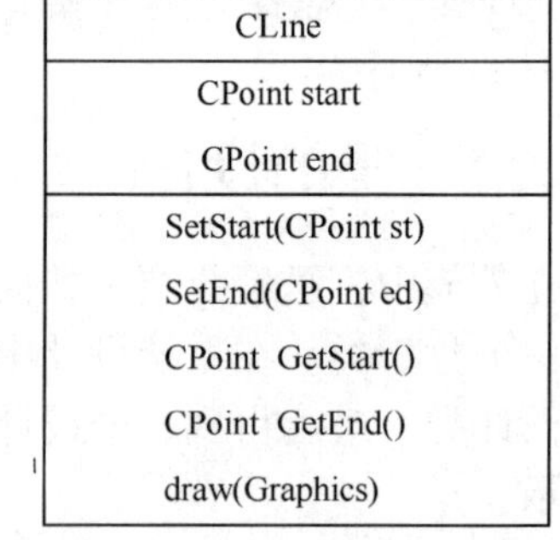

图 12.3　增加方法后的实现类图 CLine

同样方法可以完成其他类的设计实现，最后可以得到一个更加详细的实现类图。由于实现类图涉及的实现细节较多，一般比较大，在此不再给出完整的实现类图。

对于每个类的方法，可以使用顺序图、活动图或者是传统的流程图、伪代码完成方法流程的设计，以便最后使用程序设计语言来实现。

12.2.2　接口的设计

接口是一个类或者一个组件对外提供功能的接口，其他类和组件可以通过提供的接口使用这些功能。一般在设计时需要把一些公共的操作抽象出来形成接口，接口封装的就是这些公共的行为规范（方法定义），需要这些操作的类可以来实现这个接口，通过继承多个接口来丰富自己的行为机制。

Java 中的接口是一系列方法的声明，是一些方法特征的集合，一个接口只有方法的特征没有方法的实现，因此这些方法可以在不同的地方被不同的类实现，而这些实现可以具有不同的行为（功能）。

在 Java 语言规范中，一个方法的特征仅包括方法的名字，参数的数目和种类，而不包括方法的返回类型，参数的名字以及所抛出来的异常。在 Java 编译器检查方法的重载时，会根据这些条件判断两个方法是否是重载方法。

Java 没有 C++那样多重继承的机制，也就是说一个子类只能有一个父类。但在 Java 中接口也是可以继承接口的，而且可以多重继承。因此在出现多重继承的情况时，可以使用接口来解决这个问题。

接口是操作规约的集合。如果某个类实现了一个接口中声明的所有操作，那么称此类实现了该接口。Java 语言提供了接口的定义，支持一个类可以实现多个接口。接口中可以定义要实现的方法名，方法的具体实现是在实现这个接口的类中完成。

例如在图 12.1 中，类 CGraph 是一个抽象类，其中有一个抽象的方法 draw()，提供了一个对外的动作。在设计过程中也可以将这个类定义成一个接口，这时类图如图 12.4 所示。

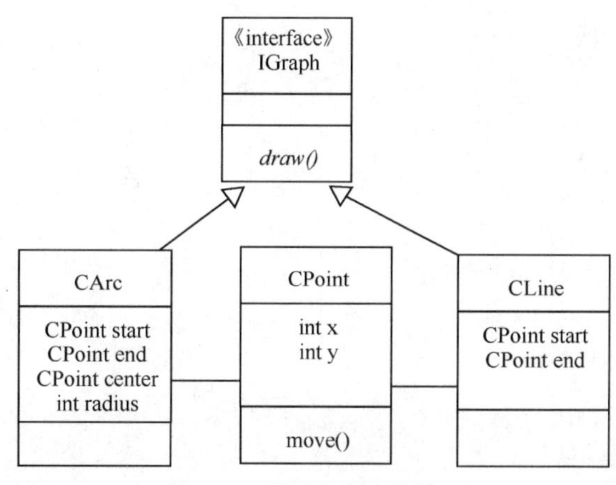

图 12.4　设计类图中的接口

接口的代码实现如下：

```
Interface IGraph{
  draw(Graphics s);
}
```

这个例子可以设计成接口，但是设计成抽象类更加恰当。一般接口只是提供一个公共的操作方法，没有更多的概念抽象。而抽象类是用来表征我们在对问题领域进行分析、设计中得出的抽象概念，是对一系列看上去不同，但是本质上相同的具体概念的抽象。

接口和抽象类两者从理论上可以做一般性的混用，但是在实际应用中，它们还是有一定的区别的。抽象类一般作为公共的父类为子类的扩展提供基础，这里的扩展包括了属性上和行为上的。而接口一般来说不考虑属性，只考虑方法，使得子类可以自由地填补或者扩展接口所定义的方法。

抽象类和接口是 Java 语言中的两种定义抽象类的方式，它们之间有很大的相似性。但是对于它们的选择却又往往反映出对于问题领域中的概念本质的理解，对于设计意图的反映是否正确、合理，因为它们表现了概念间的不同关系。只有正确理解面向对象的设计原则并灵活使用抽象类和接口，才能设计出易用的系统 。

12.3 类的实现

在实现阶段，经过详细设计的类中包含了绝大多数的属性和所有的方法，下一步就是使用程序设计语言来实现这些方法，将设计类中的方法和属性，变成具体的 Java 代码。

12.3.1 方法的实现

对于图 12.3 中所示的 CLine 类，方法的实现代码如下：

```
public void SetStart(CPoint st){
  start.x = st.x;
  start.y = st.y;
}
public void SetEnd(CPoint ed){
  end.x = ed.x;
  end.y = ed.y;
}
public CPoint GetStart(){
  return start;
}
public CPoint GetEnd(){
  return end;
}
public void draw(Graphics g){
  g.drawLine(
    start.GetX(), start.GetY(),
    end.GetX(), end.GetY()
  );
}
```

本例中的方法都比较简单，可以直接实现。在 Java 程序设计中提倡小方法，每个单独的工作和功能由单独的方法来实现。一般情况下，每个方法的代码长度不会超过十几行。在实际的应用中，如果方法需要完成的功能相对复杂，可以使用顺序图、流程图或伪代码进行设计，根据设计再编写程序。

12.3.2 代码设计

在代码设计部分主要包括两方面内容：代码的结构设计和代码的编码规范。

1．代码的结构设计

在进行代码的结构设计时，没有一个准确的答案，每个程序员都有自己的工作方式和习惯，但大家都会遵守一些基本的规则。

- 明确业务目的。

对代码要实现具体什么功能、有哪些限制和约束、编码规范是什么等，要有清晰、明确的认识，代码首先应当做它应当承担的责任。不要小看这个问题，许多程序员经常自作主张添加一些额外的“精彩”内容，而代码的“本职”工作却被放在了第二位。真正好的代码应该做好它的职责，同样不会去做它不应当做的事情，即便那很精彩。

- 规划代码结构。

进入正式的编程工作，首先应根据任务的特点画一画流程图、状态图、协作图，考虑一下变量和常量，这些会使编程工作有条不紊的进行，而且代码结构也会更优良。规划代码结构主要是进行代码功能的划分、代码段的大小规划、代码之间的接口设计。没有好的代码结构，再多的注释也是惘然。结构不好，注释的结构也不会好，甚至无法描述。

- 代码执行效率。

评价代码优劣还要看它完成任务的效率和开销。但在当前的硬件发展状况下，对代码执行效率的要求比以前有了很大的下降。

- 代码的容错。

在编写代码时，常需要代码具有必要的容错功能。在容错性编程中，其中心思想是，即使一个子程序被传入了坏数据，它也不会被伤害，哪怕这个数据是由其他子程序错误而产生的。不管它被输入的是什么，一个好程序的特点是“输入垃圾，什么也不产生”，或“输入垃圾，输出错误信息”，也可以是“不允许垃圾进入”。从现在的观点来看“输入垃圾，输出垃圾”，往往是劣质程序。

2. 代码的编码规范

在使用 Java 语言编写程序时，应该遵循相应的编码规范。不同的公司会制定不同的编码规范。对于在校学生建议使用小公司推荐的编码规范，该规范主要在以下几个方面做了必要的要求。

- 文件名
- 文件内容编排
- 缩进排版
- 注释
- 声明
- 语句
- 空白
- 命名规范

有关这个编码规范的详细内容可以从小公司的官方网站上下载。下面就编写代码中一些需要注意的地方进行说明。

① 命名规范。在编码规范中需要定义命名规范，目的是使程序更易读，从而更易于理解，让所有程序员编写的代码看起来都像一个人写的，方便项目组成员之间的相互交流，便于代码的维护。在编码规范中应该说明类名、包名、属性名、方法名的命名和书写方法。

② 文件格式。对文件的组织方法和主要格式进行说明。例如，每个类单独保存在一个文件中；一个类的长度限制；包的组织方法；一个类的各个部分的书写格式等。

③ 注释说明。Java 程序有两类注释：实现注释（implementation comments）和文档注释（document comments）。实现注释在 C++中是常见的，使用/*...*/和//界定的注释。文档注释（被称为“doc comments”）是 Java 独有的，并由/**...*/界定。文档注释可以通过 javadoc 工具转换成 HTML 文件。

Java 源程序的任何位置都可以添加注释信息，用来对程序进行说明。一般习惯上在程序的开头添加程序说明，用来描述类名和类说明、版本信息、作者信息和版权信息；在每个方法的开头添加说明方法功能的注释，说明方法提供的参数和得到的结果；也可以在某些属性后面添加属性说明注释，在某个程序段后面添加功能说明注释。

④ 标注说明。标注（Annotation）又称批注，它以对象的形式存在。每个标准对象封装了很多描述性信息，这些信息也是应用程序的一个部分，这些标注不会影响 Java 程序运行，它的作用是对程序特定的代码单元进行说明，这些说明信息可以使用 Java 的反射机制进行读取和处理。标注提供了更加高级的注释信息，例如，我们可以设计一个小程序利用标注统计某一作者写了多少个类，多少个方法。也可以利用标准把一个类的某一方法设置为过时的，不再鼓励程序设计者使用。当程序员使用了该方法后，编译器会给出一个过时提示。

12.3.3 类的包装

一般来说，在进行软件项目开发时程序员都力求软件工程系统的高集成性。一个具有高集成性的软件系统包含着各种执行独立任务的成分，而每一个独立任务都是整个系统的重要组成部分。相反，如果一个软件系统的集成性差，那么系统所包含的各种成分由于没有很好地被定义而往往会容易发生冲突。

在了解 Java 封装的知识时，我们知道，重载的概念是非常重要的。下面主要介绍 Java 封装知识的几点内容。

- 生成高集成性的封装

重载是类的重要特性，在实际开发过程中很少单独对一个类进行重载。相反，一般重载都是对多个类进行。例如 java.io 封装就是一个高集成性的成功范例。该封装中很少有类单独地使用，通常都是同时使用多个类来达到预期的目的。

对于高集成性的封装，软件维护和升级都很容易，因为它们提供了各种集成模块，这些模块中的类能提供各种功能齐全的函数。集成性差的封装包含的类中的函数都是自成一体，相互独立，这样使用起来就会非常困难，因为必须从其他类中提供接口，当然软件的维护也会变得很困难，因为在使用这样的封装时往往不得不更改其中的类。这样的封装结果为软件的部署带来很大的麻烦。

- 封装内容对重载的影响

当设计封装时，通常要注意考虑封装中类的使用情况，除此之处，也应该考虑到那些虽不是封装的内容但经常与封装有联系的类。当完成一个高集成性的封装后，就可以把这一封装看成是完整的，可重载的各种成分的集合。

- 封装过程中强调重载功能

封装是各个类的集合，其中的每一个类在程序中都执行一定的功能单元。这样的封装都剔除了很多特定的细节使各种功能单元变得更加容易使用。但是，为了更有效地使用这些封装，开发人员必须深刻地理解封装的函数功能和懂得如何与封装进行通信。

- 以简化方式设计封装

封装中的函数比一个独立类中的函数更简化有效。提供这样的服务也会产生软件维护的挑战，因为这需要封装的用户必须对封装的内部函数功能有着清楚的了解。

- 提供完整的封装接口

一个封装的接口包括很多公用类及公用函数。工程中任意一个其他类都可以调用类中的公用函数，这样一旦这个公用函数改变，调用这个函数的类也要作出相应的更改。如果程序比较简单，就可以很容易地找到调用这一函数的位置。然而，如果在不同程序之间使用封装，那么问题就会变得很复杂。一个封装的接口是一些公用函数，这意味着它可以被第三者调用。所以封装的接口必须需要很好的设计。因为一个封装接口就是一些公用函数，所以开发人员在调用这些函数时无需有过多的犹豫。

Java 语言开发的应用程序可以使用 Java 归档工具 Jar 进行封装。Jar 工具是一个 Java 应用程序，可将多个文件合并为单个 Jar 归档文件。Jar 是个多用途的存档及压缩工具，它基于 ZIP 和 ZLIB 压缩格式。设计 Jar 的主要目的是便于将多个 Java 类文件打包成单个归档文件，方便应用。下面以一个小应用程序为例说明打包过程。

多个小程序 Applet 的文件（.class 文件、图像和声音等）合并成单个归档文件时，可以用浏览器在一次 HTTP 事务处理过程中对它们进行下载，而不是对每个文件都请求一个新连接，这大大缩短了下载时间。Jar 还能压缩文件，从而进一步提高了下载速度。此外，它允许 Applet 的作者对文件中的各个项进行签名，因而可认证其来源。

有一个 Java 小应用程序，该程序中有一个类文件和一个图像文件，可以把这两个文件压缩成一个 Jar 文件。在当前目录下使用命令：

```
>jar cvf pic.jar *.class *.jpg
```

系统给出提示如下：

```
标明清单（manifest）
增加：pictureDemo.class（读入= 627）（写出= 393）（压缩了 37%）
增加：lily.jpg（读入= 83794）（写出= 82780）（压缩了 1%）
```

查看当前目录中的文件，增加了一个新建文件 pic.jar。这个压缩文件可以方便在网上传送。使用 Jar 命令封装小应用程序可以实现代码的归档、压缩，消除了不同系统使用自己专有的压缩软件带来的差异，增加了小应用程序的可移植性。

对于普通的单机应用程序，也可以归档压缩成一个或多个 Jar 文件，方便软件的发布和部署。

12.4　小　　结

本章首先介绍在面向对象实现阶段，如何选择面向对象的语言，如何对类和接口进行详细描述，并使用选择的程序设计语言实现。在实现阶段需要把 UML 设计的各种模型图最终转化成具体程序，这也是使用 UML 进行面向对象分析和设计的最终目的。这个阶段和选用的程序设计语言与开发环境关系密切,不同的语言和开发环境转换的方法和过程有一些差异，需要读者对具体选用的开发语言比较熟练，这样可以方便实现转换。

12.5　习　　题

1. Java 语言有哪些特征？其应用领域主要有哪些？

2. 参照图 12.3 的 CLine 的详细设计，自己实现类 CArc 的详细设计。

3. 使用 Java 语言实现 CArc 类。

4. 简要说明 Java 中接口与抽象类的区别。

5. 在教务管理系统中对学生和课程的管理是经常遇到的。对学生信息的管理主要涉及对学生成绩的查询修改，对姓名的查询等；对课程的操作主要有对课程名的查询和学分的查询等。请自己设计一个类模型图，详细列出每个类的信息，并使用 Java 语言实现。

第 13 章 UML 项目实训

本书前面章节介绍了面向对象的基本概念、软件开发过程和 UML 的主要图符、模型图以及这些模型图的应用。

读者在学习了这些知识、方法和技能后可能还不清楚如何在一个实际项目中应用 UML。本章将给出一个具体的实例—“打击游戏”，把这个示例作为一个软件项目，参照软件公司的项目组织和开发方式，应用 UML 完成项目的需求分析、设计实现、集成和测试的过程。

13.1 项目启动

在实际的软件公司中，软件项目一般都是由软件项目组开发的。在软件项目组中每个项目组的成员都有自己明确的分工，他们相互合作完成项目开发。项目启动就是参照软件公司的软件项目开发方式，先组建项目组，确定项目的目标，制定项目开发计划，为实际的项目开发做好准备。

13.1.1 建立项目组

项目组一般由多人组成，采用自由结组的方式。项目组的目标就是开发一个软件产品。为了方便项目组工作，需要为项目组成员定义角色，考虑到项目组需要完成整个软件的开发过程，可以为项目组定义 4 种角色。

- 项目经理。项目经理的主要职责包括：创建项目组、项目工作管理、制定开发计划、负责项目工作安排、项目开发协调、负责项目工作记录、解决项目组中存在的问题。
- 系统分析员。系统分析员的主要职责包括：软件需求分析、软件系统的设计、协助项目经理分配项目工作，制定项目计划，协助测试员集成系统。
- 程序员。程序员的主要职责包括：准备项目需要的开发工具，负责组织软件具体实现、负责项目组软件实现的技术支持。
- 测试员。测试员负责系统集成、组织项目的测试工作，包括设计测试用例、组织测试工作，完成测试报告。

根据项目组成员的经历和个人兴趣爱好，每个项目组成员承担一个项目角色，共同完成程序员的工作。

13.1.2 制定开发计划

项目组组建后，由项目经理负责项目的开发工作。首先需要确定要开发的项目，明确项目的目标，制定项目开发计划。

前面已经提到，这里要开发的项目是一个“打击游戏”。接下来项目组就需要讨论项目的目标。

项目目标是对项目开发目的和项目内容给出的一个概要说明。通过项目目标，项目组成员可以了解为什么要开发这样一个项目，以及要开发一个什么样的项目。

打击游戏的项目目标可以确定为：

开发一个简单的小娱乐游戏，通过点击游戏窗口中的图片，可以赢得游戏分数，随着分数的积累能够升级。

确定了开发目标后，项目组需要制定项目开发计划。项目开发计划列出了开发项目的目的和目标、计划开发时间、项目交付的产品，项目开发的组织方式，项目开发进度安排。项目开发计划样例如图 13.1 所示。

1．简介

打击游戏是一个小游戏软件，作为学习 UML 建模方法的一个开发实例。

打击游戏项目开发计划使用来指导项目的开发工作，计划内容包括项目的组织方式的进度安排。

1.1 目的

编写打击游戏项目开发计划的目的是为了指导项目组的项目开发工作，跟踪和评价项目完成情况，保证项目的顺利进行。另外，也是为了练习如何编制软件开发计划。

1.2 范围

本计划适用于打击游戏软件项目。

2．项目概述

2.1 项目的目的和目标

开发一个简单的小娱乐游戏，通过点击游戏窗口中的图片，可以赢得游戏分数，随着分数的积累能够升级。

2.2 项目开发时间

项目开发计划的时间单位是天。

整个软件项目开发计划需要 9 天时间。

2.3 项目的可交付产品

项目开发完成后提交产品：

- 项目开发计划
- 需求分析规格说明书
- 系统设计规格说明书
- 可以运行的软件
- 软件源代码
- 项目开发总结报告

3．项目组织

3.1 组织结构

为了能够完成打击游戏软件项目开发，项目组的成员有：

- XX1：项目经理，负责创建项目组、项目工作管理、制定开发计划、负责项目工作安排、项目开发协调、负责项目工作记录、解决项目组中存在的问题。
- XX2：系统分析员，负责软件需求分析、软件系统的设计、协助项目经理分配项目工作，制定项目计划，协助测试员集成系统。
- XX3：程序员，负责准备项目需要的开发工具，负责组织软件具体实现、负责项目组软件实现的技术支持。
- XX4：测试员，负责系统集成、组织项目的测试工作，包括设计测试用例、组织测试工作，完成测试报告。

3.2 对外交流

项目经理负责与用户交流。

4．项目进度计划

4.1 项目进度估计

项目组需要 9 天的时间完成软件项目的开发。

4.2 项目计划

按照项目主要任务和时间安排制定工作进度计划如下表所示。表中第一行周数代表项目进展时间；表中第一列是项目工作，表中内容是完成这项工作的人员。

项目工作	1 天	2 天	3 天	4 天	5 天	6 天	7 天	8 天	9 天
项目启动	XX1								
需求分析		XX2							
系统设计			XX2						
类设计				XX3					
编码实现					XX3	XX3	XX3		
系统测试								XX4	
系统集成								XX4	
项目总结									XX1

5．说明

本计划从项目启动之日起开始执行，由项目经理负责计划实施、跟踪，并根据计划的具体实施情况进行必要的调整。

图 13.1 项目开发计划样例

大家也许会有疑问，在项目启动的时候还没有进行项目需求分析，如何能够制定比较详细的项目开发计划。

一般在软件项目开发之初会根据项目开发的合同时间确定一个项目计划，在项目开发过程中再根据实际情况调整这个计划。如果在项目开始时没有开发计划，将很难控制项目的开发时间。

13.2 项目需求分析

项目组中的系统分析员负责用户需求的获取、分析、整理，编写需求分析规格说明书。

根据项目类型不同，系统的需求分析获取方式也不相同。如果是为别人开发的软件项目，需要与委托开发方的用户进行沟通和交流，了解用户需要开发软件的内容，对软件的要求等，在用户要求的基础上进行需求分析，得到最终的用户需求。如果是开发自己的产品，则需要根据市场需要，来分析有什么样的需求，并对需求进行整理，形成需求规格说明书。

13.2.1　需求获取

这里要开发的打击游戏属于开发自己的产品，因此需要系统分析员组织项目组成员进行系统的需求分析。具体的需求可以参考市面上流行的这些小游戏，根据它们提供的功能特点，游戏特色，吸引玩家的地方等进行需求分析。在项目组全体成员的共同努力下，尽量多地挖掘出系统的需求。

13.2.2　需求描述

打击游戏的需求分析要从功能描述、界面描述两个方面着手的。游戏提供一个界面，界面上有 12 个位置，在窗口上放置一幅图片。玩家可以点击该幅图片，当图片被点中时，图片消失，在窗口上别的位置上再出现一幅图片，游戏继续；如果在规定的时间内玩家没有点中图片，游戏结束。

玩家每次点中图片后，给玩家加分，并将分数显示在界面上。当玩家的分数达到一定的数值后，游戏晋级，表现为图片停留的最长时间减少。

对上面的需求进行分析和进一步的细化，使用用例模型图进行描述，如图 13.2 所示。需要说明的是，不同人进行需求分析得到的用例模型图可能会不完全相同，只要能够正确描述系统要完成的功能和提供的价值就可以了。

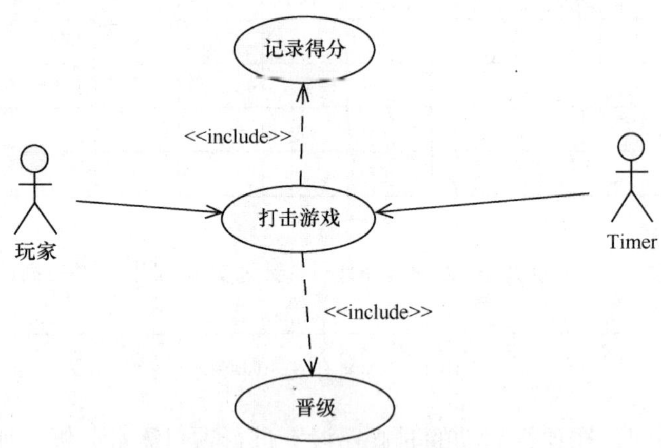

图 13.2　游戏用例模型图

在上面的用例模型图中，有两个执行者和三个用例，首先对它们进行简要的说明。

- 玩家：实际游戏的软件使用者，通过点击图片，获取分数。
- Timer：计算机系统的定时器，负责放置图片，记录图片显示时间。
- 打击游戏：玩家点击图片，赢得分数。
- 记录分数：系统记录玩家的分数，显示玩家的最后得分。
- 晋级：当玩家得到的分数达到某个规定的限值时游戏晋升到下一个级别。

选择用例“打击游戏”，对这个用例进行详细的描述。给出这个用例的事件流，基本事件流如图 13.3 所示。

1. 玩家启动游戏，进入游戏界面；
2. 玩家点击开始按钮，游戏开始；
3. 定时器在界面的某个位置放置一张图片；
4. 在规定时间内，玩家点击图片，图片消失，玩家得分；
5. 系统显示玩家的分数；
6. 循环 3~4；
7. 当玩家分数达到一个规定的值时，玩家晋级，显示玩家的级别；
8. 如果玩家已经通关，游戏结束；
9. 循环 3~8。

图 13.3　用例“打击游戏”基本事件流

备选事件流如图 13.4 所示。

3.a 玩家没有点击到图片，并且时间片结束，游戏结束，显示对话框“游戏结束，您的得分为×××，是否重新开始游戏！”；
8.a 玩家通关后，显示对话框“您已经通关，是否重新开始游戏！”；

图 13.4　用例“打击游戏”备选事件流

其余的用例，也可以参照“打击游戏”用例的分析方法，给出用例的基本事件流和备选流，如果有需要还可以参照前面所讲，给出更详细的用例描述。

13.2.3　软件界面描述

游戏软件界面的主界面样式如图 13.5 所示，软件的窗口大小设计为：300 像素×300 像素点大小。

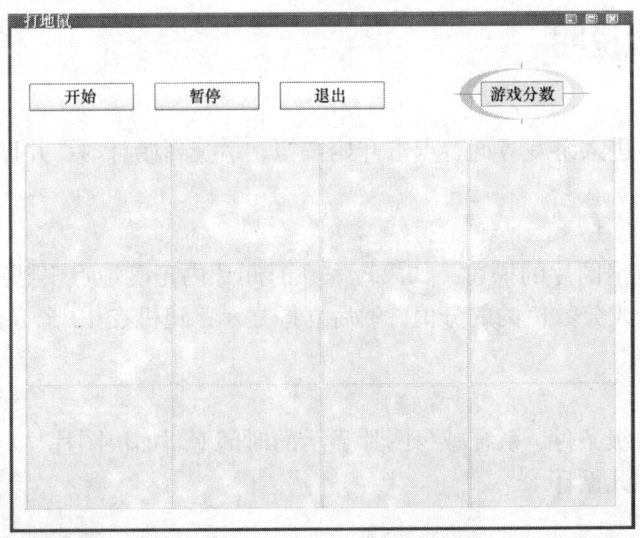

图 13.5　“打击游戏”主界面

软件界面分成 3 个部分。

第一部分是控制命令部分，这个部分给玩家提供一个控制游戏的命令，包括 3 个按钮（开始，暂停/恢复，退出）。

第二部分是结果显示区域显示玩家的级别和得分，使用两个标签（分数显示，等级）来实现。

第三部分是游戏的操作区，显示图片，接受玩家的点击动作。

把这个区域称为一个棋盘，使用面板来实现，棋盘上分成 3×4 的方格，每个方格用来显示一幅图片。

软件的界面设计是放在需求分析阶段还是放在设计阶段，不同的公司做法不同。多数公司把它放在了需求分析阶段，通过界面设计可以更好地了解用户与系统的交互过程。

13.2.4 游戏规则定义

1. 加分规则

玩家每次点中图片，系统给玩家加分，玩家的分数累计显示在分数显示区中。每次加分的分值计算方法如下：

点击加分值＝基数（10 分）＋级数×2

分数计算包括两个部分：基数 10 分；根据级别不同，每增加一个级别点击一次的分数值加 2。

2. 晋级规则

游戏的级别用来表示游戏的难度和玩家的能力。游戏每次晋升一级游戏中图片停留的最长时间都会减少，同时每一次点击赢得的分数也会增加。

游戏设立 6 个等级，分别是 0～5 级。分数每超过 100 的整数倍时，游戏晋升到下一个级别。

3. 难度规则

游戏的难度表现为游戏中图片停留的最长时间。在第一级图片停留的最长时间设定为 2s，每升一级减少 0.3s。

13.2.5 游戏说明

1. 启动游戏

玩家启动游戏，进入游戏界面，点击开始按钮，系统开始计时，并且在 12 个方格内随机显示图片。

2. 进行游戏

玩家能正确地点击图片的描述：如果玩家在时间片内正确地点击到图片，图片消失，系统给玩家加分，并修改分数栏内的分值，然后立即显示（随机在 12 个方格中的一个）下一张图片，如此循环。

3. 游戏晋级

如果分数达到晋级条件，系统减少图片显示的时间（即加快图片显示速度），同时修改等级栏中的等级数，如此循环。

4. 游戏通关

如果玩家晋级到最后一个等级，并完成最后一个等级的挑战，则系统结束游戏，并提示玩家过关。

5. 游戏失败

玩家不能正确地点击图片的描述：如果玩家在时间片内，点击到图片以外的其他棋盘区域，系统忽略玩家的点击。

6. 暂停游戏

在玩家进行游戏期间，用户可以根据自己需要随时的暂停、继续游戏。用户点击暂停按钮后，游戏暂时停止，玩家的级别和分数不变，图片消失，按钮变成“恢复”；用户在此点击“恢复”按钮，玩家的级别和分数不变，游戏重新显示一幅图片，游戏继续，按钮的名字变成“暂停”。

需求分析完成后，按照第 5 章讲述的需求分析规格说明书的格式，完成项目的需求规格说明书，包括功能需求和非功能需求，具体的样式不再给出。

13.3 使用 UML 进行系统设计

在需求分析阶段，使用 UML 来描述对问题分析的结果。在设计阶段，需要根据对问题的分析结果给出解决问题的方案，使用 UML 来记录分析过程和描述设计方案。

在进行系统设计时，主要遵循以下步骤。

- 首先，根据对需求用例的事件流进行分析，找到系统中的备选对象。
- 其次，分析系统中具体对象和对象之间的关系，也就是对象之间如何进行消息传递。
- 再次，根据上面的分析，设计出系统顺序图或协作图。
- 最后，进行抽象得到系统的静态结构图——类图。

13.3.1 系统备选对象

在图 13.3 和图 13.4 中的事件流描述中，提到了很多具体的事物，这些事物可能就是对象，把它们逐一列出来。

界面：游戏的界面，如图 13.5 所示。

图片：打击游戏界面上显示的图片。

分数：游戏玩家在玩游戏中赢得的分数。

级别：游戏的难度等级，玩家获得的分数达到一定值，游戏晋级。

定时器：控制游戏界面中图片的显示时间。

在图 13.5 中可以看到，图片显示区域被划分成多个小矩形，3 行 4 列共计 12 个。图片在窗口中不是在任意位置都可以显示，而是必须显示在每个小矩形中。

为了便于管理，这里把可以显示图片的区域称为游戏的棋盘，这个棋盘也可以作为一个对象。

棋盘：游戏界面中的显示图片的区域，被划分成 3 行 4 列共 12 个单元格，每个单元格中可以显示图片。

在玩游戏的过程中，需要控制和管理一些系统的事件。为了描述方便，可以增加一个对象“系统”。

系统：控制和管理游戏中的系统事件

通过以上分析找出了 7 个对象，如图 13.6 所示。

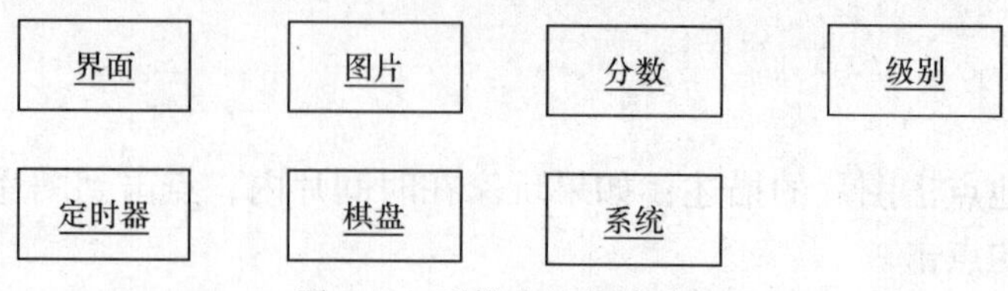

图 13.6　系统中的备选对象

13.3.2　系统对象分析

找出了备选的对象，下面对这些对象进行分析，找出对象之间的关系。为了以后实现方便，下面描述中对象的名字都使用英文名字。

- 系统：System
- 图片：Picture
- 棋盘：Board
- 定时器：Timer
- 级别：GameLevel
- 分数：Score

第一步，还是先看用例模型图，在用例模型图中玩家开始玩打击游戏。玩家要想开始游戏，就需要发一个开始消息。这个消息发给谁呢？经过分析认定应该是游戏玩家给系统对象发送消息。这样就得到了对象协作图，如图 13.7 所示。游戏玩家 Player 对象给系统对象 System 发送一个消息 start()。

第二步，系统对象收到开始游戏后，首先需要显示游戏的棋盘。这时系统对象 System 需要给游戏盘对象 Board 发送一个显示棋盘的消息 displayPic()，如图 13.8 所示。

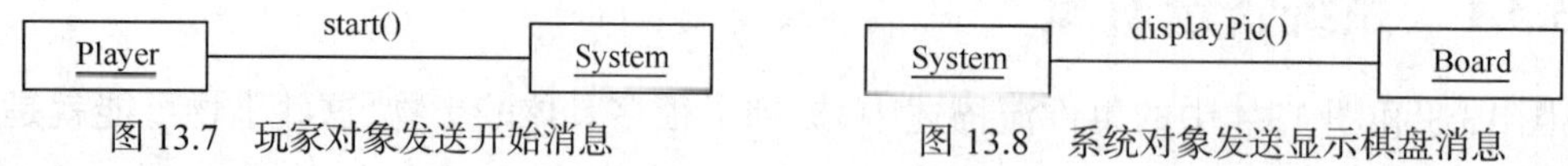

图 13.7　玩家对象发送开始消息　　图 13.8　系统对象发送显示棋盘消息

第三步，显示棋盘，同时还需要在棋盘上显示一张图片。这时需要棋盘对象 Board 给图片对象 Picture 发送一个消息 show()，如图 13.9 所示。

第四步，显示完图片后，需要开始记录图片的显示时间。这时需要系统对象 System 给定时器对象 Timer 发送一个消息 start()，如图 13.10 所示

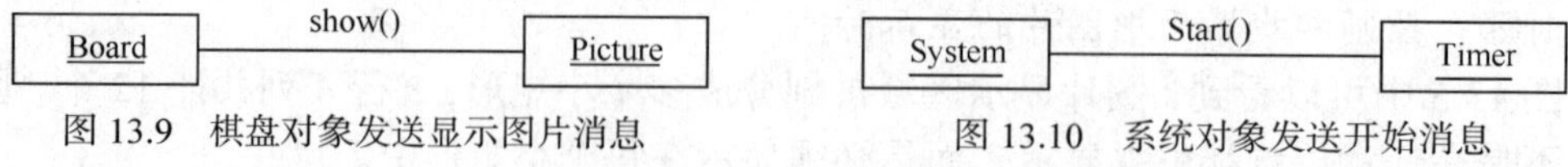

图 13.9　棋盘对象发送显示图片消息　　图 13.10　系统对象发送开始消息

把上面的分析结果汇总到一起得到系统的协作图如图 13.11 所示。

同样按照上面的方法进行分析，玩家击正图片后，系统需要获取点击的位置，位置正确则中止定时器，隐藏图片，增加分数，计算晋级。

- hit()：玩家向系统发送的点击图片消息。
- getPostion()：系统向棋盘发送的取得图片位置的消息。
- killTimer()：系统向定时器发送的结束计时的消息。
- hidePic()：系统向棋盘发送的让图片消失的消息。
- hide()：棋盘向图片发送的隐藏图片的消息。

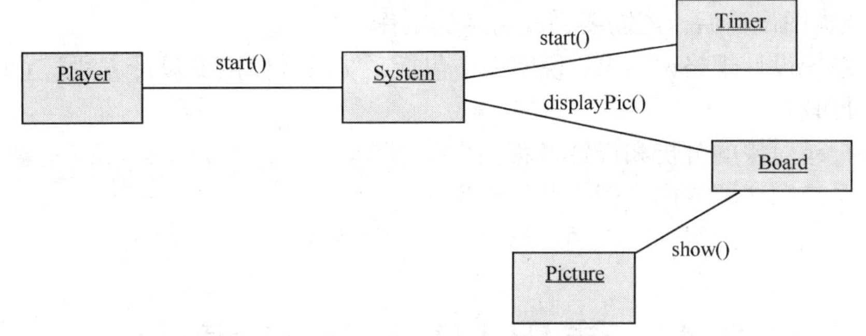

图 13.11　系统开始时的对象协作图

- addScore()：系统向分数发送的计算增加分数的消息。
- addLevel()：系统向级别发送的计算和增加等级的消息。

协作图如图 13.12 所示。

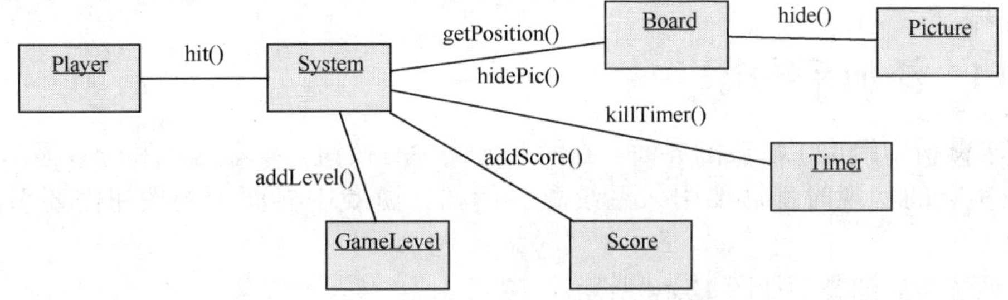

图 13.12　玩家点击图片时的对象协作图

按照上面的思路继续进行分析，可以找出游戏进行的不同场景下的其他的对象协作图，并画出这些协作图。

13.3.3　系统类图设计

前面分析了系统中的对象，进一步对这些对象进行抽象可以得到类和类间关系，如图 13.13 所示。

图 13.11 和图 13.12 中的对象经过抽象后得到每一个和对象对应的类，图中的消息变成了类的方法。

图 13.13 中标注了类的主要方法，而且还给出了类的可见性标注，具体分析过程将在后面进行详细介绍。

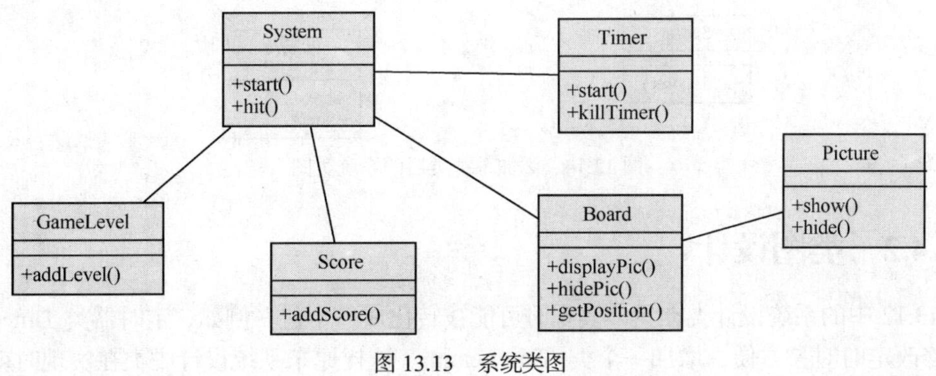

图 13.13　系统类图

完成系统类图设计后，还需要完成后续的工作。

● 编写系统设计规格说明书，说明书中包括系统设计使用的设计方法、工具、主要的设计人员和设计过程。

● 详细记录对象的分析和设计过程。

● 给出系统顺序图或协作图，并给出说明。

● 给出经过抽象后得到的类图，给出类的主要属性和方法的描述。

13.4 使用 UML 进行类设计

类设计负责把系统设计中的类图转化成实际需要使用程序设计语言来实现的类。

图 13.13 中的系统类在转换过程中可能变成一个包，也可能还是一个类，甚至还可能这个类消失了。

13.4.1 添加系统类

在需求分析中给出了游戏的界面，在游戏界面中有按钮，棋盘区域和分数显示区域，每个区域在实际的实现时都需要引入系统类。例如，游戏中界面中的按钮需要引入系统的 JButton 类。

引入系统类后的类图如图 13.14 所示。

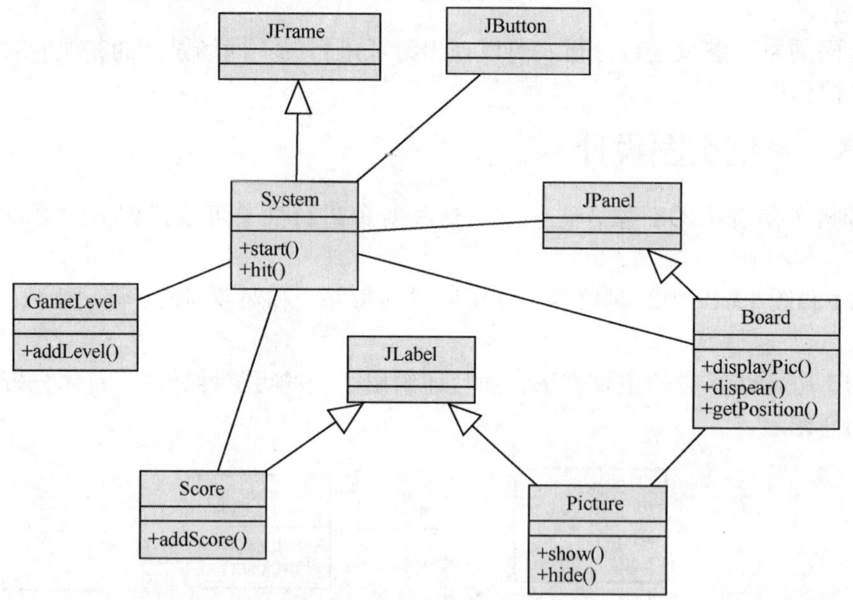

图 13.14 添加系统类后的系统类图

13.4.2 类图设计

图 13.12 中的系统设计类在具体实现时可能被转化成一个包。例如，定时器类 Timer 在实现时为了修改定时时长方便，增加一个类 TimeLength。这样原来系统设计中类在实现时就对应一

个实现包 Timer。包中类如图 13.15 所示。

系统设计中的类在实现中也可能还映射成一个类，如 System 类。有时系统设计中的类在实现时可能消失或者变成了一个属性或方法。

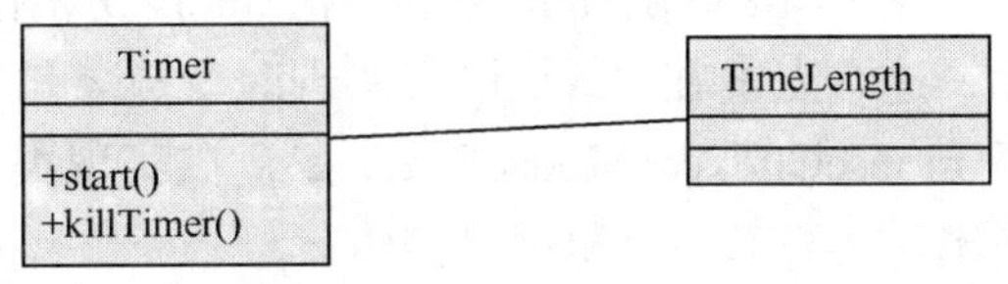

图 13.15 包 Timer 中的类图

13.4.3 添加属性

得到每一个设计类后需要对设计类进行细化。根据对系统的分析和设计，给每一个设计类增加属性和方法。添加的属性主要考虑类的主要特征和类的引用属性。

例如，类 Level 中需要增加一个属性 gameLevel，用来记录游戏的级别。这个属性就是 Level 类的一个主要的特征。

再如，类 Board 中需要增加一个图片类的引用属性 pic，用来指示棋盘上需要显示的图片。

接下来定义属性的类型和可见性，一般属性的可见性都是不可见的，定义为私有的属性。添加属性后的类 Board 和类 Level 如图 13.16 所示。

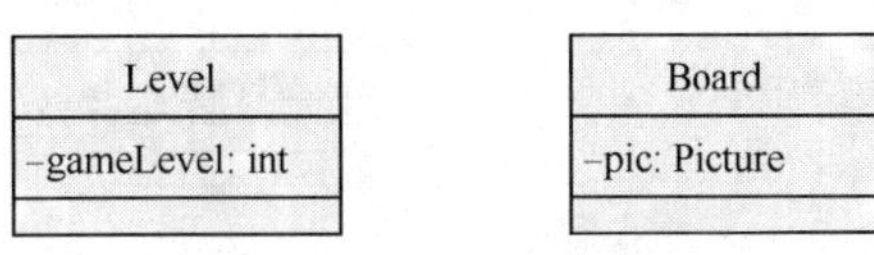

图 13.16 添加属性后的类

13.4.4 添加方法

在为每个设计类添加了属性后，还需要为这些设计类添加方法。

下面以系统类 System 为例来说明如何进一步添加类的各种方法。在图 13.13 中可以看到类 System 有两个方法。

- `start()`：开始游戏方法。
- `hit()`：用户点击动作处理方法。

系统类 System 除了上面的两个方法，还应该有哪些方法呢？首先我们会想到应该给这个类增加一个构造函数。

- `System()`：构造系统中的主要对象。

另外系统中许多重要的对象属性需要进行初始化，例如，游戏的分数类 Score 的对象属性“分数”，级别类 Level 的对象的“级别”属性值等，因此需要增加一个初始化方法。

- `init()`：初始化重要对象的属性。

在上面给出了一个方法 start()，用于开始游戏，同样也需要一个对应的方法来结束当前游戏。

- `stop()`：结束游戏。

继续分析，当游戏玩家得到分数后，需要加分和显示分数，当游戏玩家分数达到一定值时，需要晋升游戏级别，这就需要两个方法。

- `addScore()`：游戏加分。
- `addLevel()`：游戏晋级。

通过上面的分析得到了增加方法后的 System 类图如图 13.17 所示。

图 13.14 中 System 类的方法 hit()表示用户点击游戏图片，这个点击在 Java 语言实现时变成了鼠标事件处理程序 mouseClicked(MouseEvent e)，在实现类的类图中不再列出。

由于 System 类是一个启动类，负责启动和运行游戏，因此需要在这个类中再增加一个 main()方法。

添加类的方法后，需要进一步列出每个方法的参数的个数、类型，每个方法的返回值以及方法的可见性。

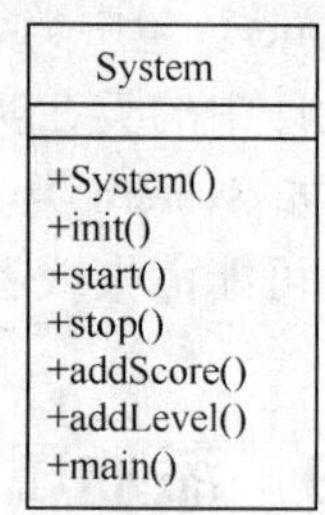

图 13.17 添加方法后的 System 类

13.4.5 类图设计

按照前面的分析过程，对每个类逐一进行分析可以得到实现类图，如图 13.18 所示。

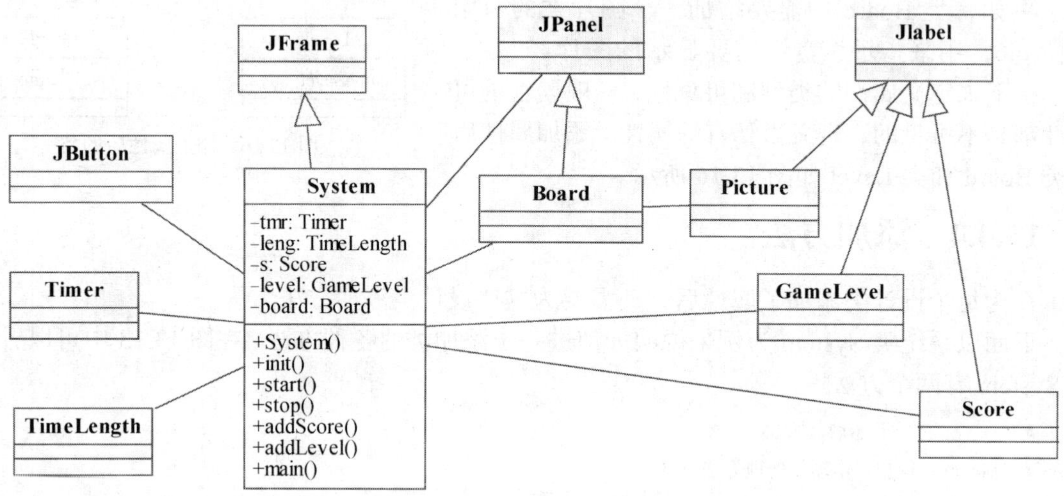

图 13.18 系统的实现类图

在图 13.18 中只列出了 System 类的主要方法和属性，其他类的方法和属性没有一一列出，读者可以自己列出每个类的方法。

图 13.18 中以字母 J 开头的类都是 Java 的系统类，如 JButton。下面可以根据实现类图给出实现的程序。

- System 类的主要方法：

```
init()：初始化参数；
start()：启动计时器，并显示图片；
stop()：游戏结束；
addScore()：计算和增加玩家分数；
addLevel()：计算和增加玩家级别；
```

- Timer 类的主要属性和方法：

```
Star()：启动计时器；
```

- TimeLength 类的主要属性和方法：

```
INIT_TIME_LENGTH：初始的时间片长度属性的值
```

```
getTimeLenth()：获取时间片长度；
setTimeLenth()：重新设置时间片长度；
```

- Board 类的主要方法：

```
displayPic()：显示一张图片；
hidePic()：隐藏图片；
```

- Score 类的主要方法：

```
addScore()：点击图片正确后，玩家加分；
displayScore()：显示玩家的得分；
getScore()：获得玩家的得分；
```

- GameLevel 类的主要方法：

```
getLevel()：获取玩家的级别；
setLevel()：重新设置玩家的级别；
displayLevel()：显示玩家的级别；
```

上面列出了模型图中类的主要方法说明，读者可以自己尝试完成类中每个方法的详细设计。

13.5　UML 设计模型到代码实现转换

对主要的类进行分析和设计后，接下来可以根据详细设计使用 Java 语言实现每一个类，下面列出主要类的实现代码。

System 类：

```
/**
* 定义 System 类（包含主类）；
* 用途：实现打击游戏的主要控制；
* 2008.04.26
*/
import java.awt.*;
import java.awt.event.*;
import javax.swing.*;

/*System 类的定义*/
public class System extends JFrame
    implements MouseListener, ActionListener{
    JButton start,pause,exit;
    Timer tmr;
    TimeLength leng;
    Score s;
    GameLevel level;
    Picture m;
    Board board;
    JPanel panScore;
    int flag = 0;

/*System 类的基本构造方法*/
```

```
public System(){
        super("打地鼠游戏");
        start = new JButton("开始");
        pause = new JButton("暂停");
        exit = new JButton("退出");
        start.addActionListener(this);
        pause.addActionListener(this);
        exit.addActionListener(this);

        setLayout(new BorderLayout());
        leng = new TimeLength();
        s = new Score();
        level = new GameLevel();
        panScore = new JPanel();
        board = new Board();
        board.getP().addMouseListener(this);        //board 中的图片

        panScore.setLayout(new FlowLayout());
        panScore.add(start);
        panScore.add(pause);
        panScore.add(exit);
        panScore.add(level);
        panScore.add(s);

        add(panScore,BorderLayout.NORTH);
        add(board, BorderLayout.CENTER);

        setSize(500,500);
        setVisible(true);

        addWindowListener(new WindowAdapter(){
            public void windowClosing(WindowEvent e){
                System.exit(0);
            }
        });
    }
    /*初始化游戏*/
    public void init(){
        leng.init();
        level.init();
        s.init();
        start();
        flag = 0;
    }
    /*启动游戏*/
    public void start(){
        tmr = new Timer(leng.getTimeLength(), this);
        tmr.start();
        board.displayPic();
    }
    /*暂停游戏*/
    public void stop(){
        tmr.stop();
```

```
        board.hidePic();
    }
    /*游戏加分操作*/
    public void addScore(){
        s.addScore();
        s.displayScore();
    }
    /*游戏等级操作*/
    public void addLevel(){
        if(s.getScore()<100) {
            if(flag == 0){
                level.setLevel(1);

            }
            flag = 1;
            System.out.println(leng.getTimeLength());
            System.out.println(flag);
        }
        if(s.getScore()>90&&s.getScore()<190) {
            if(flag == 1){
                level.setLevel(2);
                leng.setTimeLength(leng.getTimeLength()-300);
            }
            flag = 2;
            System.out.println(leng.getTimeLength());
            System.out.println(flag);
        }
        if(s.getScore()>190&&s.getScore()<290) {
            if(flag == 2){
                level.setLevel(3);
                leng.setTimeLength(leng.getTimeLength()-300);
            }
            flag = 3;
            System.out.println(leng.getTimeLength());
            System.out.println(flag);
        }
        if(s.getScore()>290&&s.getScore()<390) {
            if(flag == 3){
                level.setLevel(4);
                leng.setTimeLength(leng.getTimeLength()-300);
            }
            flag = 4;
            System.out.println(leng.getTimeLength());
            System.out.println(flag);
        }
        if(s.getScore()>390&&s.getScore()<490) {
            if(flag == 4){
                level.setLevel(5);
                leng.setTimeLength(leng.getTimeLength()-300);
            }
            flag = 5;
            System.out.println(leng.getTimeLength());
            System.out.println(flag);
        }
```

```
        if(s.getScore()>490) {
            if(flag == 5)
                flag = 6;
        }

        if(flag == 6){
            tmr.stop();
            JOptionPane.showMessageDialog(null, "您的分数是: "+ s.getScore(), "恭喜
通关! ",JOptionPane.PLAIN_MESSAGE);
            System.exit(3);
        }


        level.displayLevel();
    }
    /*游戏点击图片动作的监听*/
    public void mousePressed(MouseEvent e){}
    public void mouseReleased(MouseEvent e){}
    public void mouseEntered(MouseEvent e){}
    public void mouseExited(MouseEvent e){}
    public void mouseClicked(MouseEvent e){

        board.hidePic();
        addLevel();
        addScore();
        stop();
        start();
    }
    /*游戏其他事件的监听*/
    public void actionPerformed(ActionEvent e){
        if(e.getSource() == start){
            init();
        }
        if(e.getSource() == pause){
            if(pause.getText() == "暂停"){
                pause.setText("继续");
                stop();
                remove(board);
            }
            else{
                pause.setText("暂停");
                start();
                add(board, BorderLayout.CENTER);
            }
        }
        if(e.getSource() == exit){
            System.exit(0);
        }
        if(e.getSource() == tmr){
            stop();
            board.hidePic();
            if(JOptionPane.YES_OPTION == JOptionPane.showConfirmDialog (null, "您的
分数是: "+ s.getScore() +",开始新游戏吗? ", "游戏提示! ", JOptionPane.YES_NO_OPTION)){
```

```
                init();
            }
            else{
                System.exit(0);
            }
        }
    }
  /*主方法*/
    public static void main(String args[]){
        new System();
    }
}
```

Board 类实现代码：

```
/**
*根据设计的修改版本 3 的实现；
* 定义 Board 类和 Picture 类；
* 用途：在 Board 中实现 3*4 棋盘格式；用于随机显示图片；
* 2008.04.28
*/

import java.awt.*;
import java.awt.event.*;
import javax.swing.*;

/*Board 类的定义*/
public class Board extends JPanel{
    final int PW = 68;
    final int PH = 68;
    final int ROW = 3;
    final int COL = 4;
   final int BW = (int)(300/4);
    final int BH = (int)(225/3);

  private Picture gamePicture; //声明一个图片对象
  private int posX;//定义图片位置 wideth 值；
  private int posY;//定义图片位置 heigth 值；

  /*定义大小*/
  public Board(){
    setLayout(null);
    gamePicture = new Picture();
    gamePicture.setSize(PW,PH);
    displayPic();
      gamePicture.setVisible(false);
      add(gamePicture);
      setSize(300,(int)(300*3/4));
      setVisible(true);
    }

    Picture getP(){
        return gamePicture;
    }
```

```
    /*随机产生图片要显示的位置*/
    public int getRow(){
        return (int)(Math.random() * ROW);
    }

    public int getCol(){
        return (int)(Math.random() * COL);
    }

    /*获取图片显示的位置*/
    public void getPosition(){
        posX =  getRow();
        posY =  getCol();
     }

    /*显示图片*/
    public void displayPic(){
      gamePicture.setLocation(getCol() * BW, getRow() * BH);
      gamePicture.setVisible(true);
    }

    /*隐藏图片*/
    public void hidePic(){
        gamePicture.setVisible(false);
    }

}//Board类结束;

/*Picture类的实现*/
class Picture extends JLabel{
      public Picture(){
              super(new ImageIcon(Picture.class.getResource("pic.gif")));
      }
}
```

TimeLength 类实现代码：

```
/**
* 定义TimeLength类;
* 用途：在timer中实现对间隔时间的改变;
* 2008.04.26
*/
/*TimeLength类的定义*/
public class TimeLength extends Object{
    final int init_time_length =1000 * 2;
    int game_time_Length ;
    /*时间间隔初始化*/
    public TimeLength(){
        game_time_Length = init_time_length;
    }

  public void init(){
```

```
        game_time_Length = init_time_length;
    }

    /*返回间隔时间*/
    public int getTimeLength(){
        return game_time_Length;
    }
    /*设置间隔时间*/
    public void setTimeLength(int timelen){
        game_time_Length =timelen;
    }
}
```

GameLevel 类实现代码：

```
/**
 * 定义 GameLevel 类——打击游戏中的一个类.
 * 用途:控制游戏等级.
 * 2008.04.26.
 */

class GameLevel extends javax.swing.JLabel {
    /**
     * 定义整型变量 level.
     * 用途:存放游戏等级.
     */
    private int level = 0;

    /**
     * 定义构造方法.
     */
    public GameLevel() {
        super("等级: ");   //初始化显示文本内容.
        setFont(new java.awt.Font("楷体",10,10));    //设置字体，不喜欢可改.
        setForeground(new java.awt.Color(200,100,13));  //设置前景色，不喜欢可改.
        level = 0; //设置初始等级为 0.
    }

    public void init() {
        level = 0;
        displayLevel();
    }

    /**
     * 定义 setLevel 方法.
     * 用途:设置游戏等级.
     */
    public void setLevel(int level) {
        this.level = level;
    }

    /**
     * 定义 getLevel 方法.
     * 用途:返回游戏等级.
```

```
    */
    public int getLevel() {
        return level;
    }

    /**
     * 定义 displayLevel 方法.
     * 用途:显示等级.
     */
    public void displayLevel() {
        setText("等级: " + level);
    }

}
```

Score 类实现代码:

```
/**
 * 定义 Score 类——打击游戏中的一个类.
 * 用途:控制游戏分数.
 * 2008.04.26
 */

class Score extends javax.swing.JLabel {
    /**
     * 定义整型变量 score.
     * 用途:存放游戏等级.
     */
    private int score = 0;

    /**
     * 定义整型变量 flag.
     * 用途:标志, 取值为 0 和 1.
     */
    private int flag = 0;
    /**
     * 定义整型常量 base
     * 用途:存放游戏加分基数.
     */
    private final int base = 10;

    /**
     * 定义构造方法.
     */
    public Score () {
        super("分数: ");    //初始化显示文本内容.
        setFont(new java.awt.Font("楷体",10,10));    //设置字体, 不喜欢可改.
        setForeground(new java.awt.Color(200,100,13));  //设置前景色, 不喜欢可改.
        score = 0;    //设置初始分数为 0.
    }

    public void init() {
        score = 0;
        flag = 0;
```

```
        displayScore();
    }

    /**
     * 定义 addScore 方法.
     * 用途:设置游戏分数.
     */
    public void addScore() {
        if((score >= 0) && (score < 100)) {
            score = score + base;
            if(score == 100) {
                flag = 1;
            }
        }

        if((score >= 100) && (score < 200)) {
            if(flag == 0) {
                score = score + base + 1 * 2;
                }
            flag = 0;
            if(score >= 200) {
                flag = 1;
            }
        }

        if((score >= 200) && (score < 300)) {
            if(flag == 0 ) {
                score = score + base + 2 * 2;
            }
            flag = 0;
            if(score >= 300) {
                flag = 1;
            }
        }

        if((score >= 300) && (score < 400)) {
            if(flag == 0) {
                score = score + base + 3 * 2;
            }
            flag = 0;
            if(score >= 400) {
                flag = 1;
            }
        }

        if((score >= 400) && (score < 500)) {
            if(flag == 0 ) {
                score = score + base + 4 * 2;
            }
            flag = 0;
            if(score >= 500) {
                flag = 1;
            }
        }
```

```
            if((score >= 500) && (score < 600)) {
                if(flag == 0) {
                    score = score + base + 5 * 2;
                }
                flag = 0;
            }
        }

        /**
         * 定义 getScore 方法.
         * 用途:设置游戏分数.
         */
        public int getScore() {
            return score;
        }

        /**
         * 定义 displayScore 方法.
         * 用途:显示等级.
         */
        public void displayScore() {
            setText("分数: " + score);
        }
    }
```

以上各个类实现了基本打击、加分和晋级等功能，用户可以参考这个程序自己进一步完成其他的功能。

13.6 UML 在测试阶段的应用

程序实现后，需要对程序完成的功能进行测试，确认程序是否完成了最初进行需求分析时所列出的系统功能。

表 13.1 列出了部分测试用例和测试结果。

表 13.1 测试用例和测试结果

编号	操作	期望结果	实际结果	结果
1	点击图片	图片消失，系统给玩家加分，分数栏显示分值的变化	图片消失，系统给玩家加分，分数栏显示分值的变化	与期望的结果相符
2	没有点中或未点击图片	弹出对话框，提示游戏结束，询问是否重新开始	弹出对话框，提示游戏结束，询问是否重新开始	与期望的结果相符
3	点击对话框上的"是"按钮	游戏重新开始，各项数据置为初始值	游戏重新开始，分数和级别初始为 0	与期望的结果相符
4	点击对话框上的"否"按钮	游戏结束	游戏结束	与期望的结果相符

设计测试用例，使用这些用例进行测试。通过测试发现系统中存在的问题，对问题进行定

位和修复。经过一轮测试后，对系统中存在缺陷情况进行评估，确定是否进行下一轮的测试。

经过两轮的测试和修改，系统基本上完成了需求中列出的功能和性能。测试阶段结束，对程序进行打包和发布。

13.7　项目总结

本项目在开发过程中是由一个 4～5 人组成的项目小组完成的，小组参照 RUP 的过程进行，每个项目组成员分配了不同的角色，项目开发过程中划分成多个阶段，每个阶段完成一个软件版本，在开发过程中使用 UML 来描述各个阶段的软件产品，项目使用面向对象的 Java 语言来实现。

本章只完成了主要的功能，读者可以按照这个过程继续完成其他功能，也可以参照这个例子完成其他的项目。

读者如果有条件也可以按照一个项目小组来开发一个小的项目，这样不仅可以学习如何在软件开发过程中应用 UML，同时也可以了解软件开发的过程，项目组成员如何协调工作共同完成一个项目。

13.8　小　　结

本章以一个打击游戏为例，介绍了如何使用 UML 来描述一个项目的需求，进行面向对象的分析和设计，最终完成一个项目。这个项目中只用到了部分 UML 模型图，读者如果有兴趣，可以使用其他的 UML 用例图来分析和设计这个项目。

13.9　习　　题

1. 某汽车维修站拟开发一套小型汽车维修管理系统，对车辆的维修情况进行管理。

具体的需求如下：

（1）对于新客户及车辆，汽车维修管理系统首先登记客户信息。

信息主要包括：客户编号、客户名称、客户性质（个人、单位）、折扣率、联系人、联系电话等信息；还要记录客户的车辆信息，包括：车牌号、车型、颜色等信息。一个客户至少有一台车。

客户及车辆信息如下表所示。

客户及车辆信息

客户编号	GS0051	客户名称	××公司	客户性质	单位
折扣率	95%	联系人	杨浩东	联系电话	82638779
车牌号		颜色	车型	车辆类别	
**0765		白色	帕萨特	微型车	

（2）记录维修车辆的故障信息。

信息主要包括：维修类型（普通、加急）、作业分类（大、中、小修）、结算方式（自付、三包、索赔）等信息。维修厂的员工分为：维修员和业务员。车辆维修委托给业务员。业务员对车辆进行检查和故障分析后，与客户磋商，确定故障现象，生成维修委托书，如下表所示。

维修委托书

No.20070702003　　　　登记日期：2007-07-02

车牌号	**0765	客户编号	GS0051	维修类型	普通
作业分类	中修	结算方式	自付	进厂时间	20070702 11:09
业务员	张小江	业务员编号	012	预计完工时间	
故障描述					
车头损坏，水箱漏水					

（3）维修车间根据维修委托书和车辆的故障现象，在已有的维修项目中选择并确定一个或多个具体维修项目，安排相关的维修工及工时，生成维修派工单。

维修派工单如下表所示。

维修派工单

No.20070702003

维修项目编号	维修项目	工时	维修员编号	维修员工种
012	维修车头	5.00	012	机修
012	维修车头	2.00	023	漆工
015	水箱焊接补漏	1.00	006	焊工
017	更换车灯	1.00	012	机修

（4）客户车辆在车间修理完毕后，根据维修项目单价和维修派工单中的工时计算车辆此次维修的总费用，记录在委托书中。